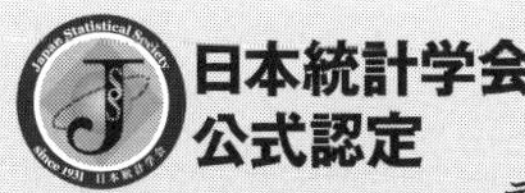

日本統計学会◉編

データに基づく数量的な思考力を測る全国統一試験

統計検定 1級 公式問題集

2019～2022年

実務教育出版

まえがき

昨今の目まぐるしく変化する世界情勢の中，日本全体のグローバル化とそれに対応した社会のイノベーションが重要視されている。イノベーションの達成には，あらたな課題を自ら発見し，その課題を解決する能力を有する人材育成が不可欠であり，課題を発見し，解決するための能力の一つとしてデータに基づく数量的な思考力，いわゆる統計的思考力が重要なスキルと位置づけられている。

現代では，「統計的思考力（統計的なものの見方と統計分析の能力）」は市民レベルから研究者レベルまで，業種や職種を問わず必要とされている。実際に，多くの国々において統計的思考力の教育は重視され，組織的な取り組みのもとに，あらたな課題を発見し，解決する能力を有する人材が育成されている。我が国でも，初等教育・中等教育においては統計的思考力を重視する方向にあるが，中高生，大学生，職業人の各レベルに応じた体系的な統計教育はいまだ十分であるとは言えない。しかし，最近では統計学に関連するデータサイエンス学部を新設する大学も現れ，その重要性は少しずつ認識されてきた。現状では，初等教育・中等教育での統計教育の指導方法が未成熟であり，能力の評価方法も個々の教員に委ねられている。今後，さらに進むことが期待されている日本の小・中・高等学校および大学での統計教育の充実とともに，統計教育の質保証をより確実なものとすることが重要である。

このような背景と問題意識の中，統計教育の質保証を確かなものとするために，日本統計学会は2011年より「統計検定」を実施している。現在，能力に応じた以下の「統計検定」を実施し，各能力の評価と認定を行っているが，着実に受験者が増加し，認知度もあがりつつある。

「統計検定　公式問題集」の各書には，過去に実施した「統計検定」の実際の問題を掲載している。そのため，使用した資料やデータは検定を実施した時点のものである。また，問題の趣旨やその考え方を理解するために解答のみでなく解説を加えた。過去の問題を解くとともに，統計的思考力を確実なものとするために，あわせて是非とも解説を読んでいただきたい。ただし，統計的思考では数学上の問題の解とは異なり，正しい考え方が必ずしも一通りとは限らないので，解説として説明した解法とは別に，他の考え方もあり得ることに注意いただきたい。

1級	実社会の様々な分野でのデータ解析を遂行する統計専門力
準1級	統計学の活用力 — 実社会の課題に対する適切な手法の活用力
2級	大学基礎統計学の知識と問題解決力
3級	データの分析において重要な概念を身につけ，身近な問題に活かす力
4級	データや表・グラフ，確率に関する基本的な知識と具体的な文脈の中での活用力
統計調査士	統計に関する基本的知識と利活用
専門統計調査士	調査全般に関わる高度な専門的知識と利活用手法
データサイエンス基礎	具体的なデータセットをコンピュータ上に提示して，目的に応じて，解析手法を選択し，表計算ソフトExcelによるデータの前処理から解析の実践，出力から必要な情報を適切に読み取る一連の能力
データサイエンス発展	数理・データサイエンス教育強化拠点コンソーシアムのリテラシーレベルのモデルカリキュラムに準拠した内容
データサイエンスエキスパート	数理・データサイエンス教育強化拠点コンソーシアムの応用基礎レベルのモデルカリキュラムを含む内容

（「統計検定」に関する最新情報は統計検定のウェブサイトで確認されたい）

「統計検定　公式問題集」の各書は，「統計検定」の受験を考えている方だけでなく，統計に関心ある方や統計学の知識をより正確にしたいという方にも読んでいただくことを望むが，統計を学ぶにはそれぞれの級や統計調査士，専門統計調査士に応じた他の書物を併せて読まれることを勧めたい。

最後に，「統計検定　公式問題集」の各書を有効に利用され，多くの受験者がそれぞれの「統計検定」に合格されることを期待するとともに，日本統計学会は今後も統計学の発展と統計教育への貢献に努める所存です。

一般社団法人　日本統計学会
会　長　樋口知之
理事長　大森裕浩
（2023年２月１日現在）

CONTENTS

PART 1

統計検定
受験ガイド

「統計検定」ってどんな試験？
いつ行われるの？　試験会場は？　受験料は？
何が出題されるの？　学習方法は？
そうした疑問に答える、公式ガイドです。

受験するための基礎知識

●統計検定とは

「統計検定」とは，統計に関する知識や活用力を評価する全国統一試験です。

データに基づいて客観的に判断し，科学的に問題を解決する能力は，仕事や研究をするための21世紀型スキルとして国際社会で広く認められています。日本統計学会は，中高生・大学生・職業人を対象に，各レベルに応じて体系的に国際通用性のある統計活用能力評価システムを研究開発し，統計検定として資格認定します。

統計検定の試験制度は年によって変更されることもあるので，**統計検定のウェブサイト（https://www.toukei-kentei.jp/）**で最新の情報を確認してください。

●統計検定の種別

統計検定は2011年に発足し，現在は以下の種別が設けられています。統計検定１級以外はすべてコンピュータ上で実施するCBT（Computer Based Testing）方式で行われます。また，すべての種別には学割価格が設定されています。

試験の種別	試験時間	受験料
統計検定１級	90分（10：30～12：00）統計数理 90分（13：30～15：00）統計応用	各6,000円 両方の場合10,000円
統計検定準１級	120分	8,000円
統計検定２級	90分	5,000円
統計検定３級	60分	4,000円
統計検定４級	60分	3,000円
統計調査士	60分	5,000円
専門統計調査士	90分	10,000円

（2023年５月現在）

●受験資格

どなたでも受験することができ，どの種別からでも受験することができます。

各試験種別では目標とする水準を定めていますが，年齢，所属，経験等に関して，受験上の制限はありません。

●統計検定１級とは

「統計検定１級」は，準１級までの基礎知識を基に，それをさらに発展させ，実社会におけるさまざまな分野におけるデータ解析のニーズに応えるための基本的な能力の習得如何を問うものです。レベル的には定量的なデータ解析に深くかかわるような大学での専門分野修了程度となっています。

●試験の実施結果

これまでの実施結果は以下のとおりです。

統計検定１級　実施結果

	申込者数	受験者数	合格者数	合格率
2022年11月数理	1,364	998	224	22.44％
2022年11月応用	1,283	911	188	20.64％
2021年11月数理	1,185	872	225	25.80％
2021年11月応用	1,113	789	189	23.95％
2019年11月数理	1,285	878	202	23.01％
2019年11月応用	1,221	793	125	15.76％
2018年11月数理	881	592	124	20.95％
2018年11月応用	833	548	108	19.71％
2017年11月数理	526	322	79	24.53％
2017年11月応用	499	302	79	26.16％
2016年11月数理	499	266	70	26.32％
2016年11月応用	477	243	58	23.87％
2015年11月数理	415	244	26	10.66％
2015年11月応用	450	249	56	22.49％
2014年11月	484	288	38	13.19％
2013年11月	402	227	32	14.10％
2012年11月	228	158	25	15.82％

※2020年11月試験は中止しました。

統計検定1級の実施方法

※2023年以降の実施については，統計検定のウェブサイトで最新情報を確認するようにしてください。団体申込については省略します。

●試験日程（2022年）

試験日：11月20日（日）

申込期間（個人申込の場合）：9月7日（水）10：00～10月7日（金）15：00

※銀行振込の場合は10月6日（木）までとなります。

●申込方法

統計検定のウェブサイトから申込フォームにアクセスし，必要情報を入力してください。

受験料の支払いは，クレジットカード決済と銀行振込のいずれかを選べます。

●受験料

1級（統計数理および統計応用）	10,000円
1級（統計数理のみ）	6,000円
1級（統計応用のみ）	6,000円

●受験地

1級：札幌，東京23区内，名古屋，大阪地域，福岡地域

※具体的な試験会場は，申込完了後に送られる受験票に記載されます。

●試験時間

1級（統計数理）：10：30～12：00の90分間

1級（統計応用）：13：30～15：00の90分間

●試験の方法

1級：論述式です。「統計数理」と「統計応用」で構成されます。

「統計数理」は5問出題され，受験時に3問選択します。

「統計応用」は「人文科学」「社会科学」「理工学」「医薬生物学」の4分野があり，申込時点で1分野を選択します。各分野5問出題され，受験時に3問選択します。

統計検定１級の出題範囲

●試験内容

大学専門課程（３・４年次）で習得すべきことについて，専門分野ごとに検定を行います。

具体的には，下記の①，②を踏まえ，各専門分野において研究課題の定式化と研究仮説の設定に基づき適切なデータ収集法を計画・立案し，データの吟味を行ったうえで統計的推論を行い，結果を正しく解釈しコミュニケートする力を試験します。

①統計検定準１級の内容をすべて含みます。

②各種統計解析法の考え方および数理的側面の正しい理解

以下の出題範囲表を参照してください。

なお，統計検定１級では，解答に必要な統計数値表は問題冊子に掲載されます。

統計検定１級出題表（統計数理）

大項目	小項目	ねらい	項目（学習しておきべき用語）例
確率と確率変数	事象と確率	確率と確率分布に関する基礎的な事項を理解し，種々の場面に応じた確率計算が正しくできる。	確率の計算，統計的独立，条件付き確率，ベイズの定理，包除原理
	確率分布と母関数		確率関数，確率密度関数，累積分布関数，生存関数，危険率，同時分布，周辺分布，条件付き分布
			確率母関数，モーメント母関数（積率母関数）
	分布の特性値	分布の各種特性値の意味を理解すると共に，特性値の値から分布の形状が推測できる。	モーメント，期待値，分散，標準偏差，歪度，尖度，変動係数，パーセント点，中央値，四分位数，範囲，四分位範囲，最頻値，共分散，相関係数，偏相関係数
	変数変換	変数変換後の分布が導出できる。	変数変換，確率変数の線形結合
	極限定理と確率分布の近似	確率分布の極限的な性質を理解すると共に，分布の近似に応用できる。	大数の弱法則，中心極限定理
			二項分布の正規近似とポアソン近似，少数法則，連続修正
種々の確率分布	離散型分布	基本的な離散型分布を理解すると共に，各種の確率計算ができる。	一様分布，ベルヌーイ分布，二項分布，超幾何分布，幾何分布，ポアソン分布，負の二項分布，多項分布
	連続型分布	基本的な連続型分布を理解すると共に，各種の確率計算ができる。	一様分布，正規分布（ガウス分布），指数分布，ガンマ分布，ベータ分布，コーシー分布，対数正規分布，ワイブル分布，ロジスティック分布，多変量正規分布
	標本分布	標本分布を理解し，応用に用いることができる。	t分布，カイ二乗分布，F分布
統計的推測（推定）	母集団と標本・統計量	尤度などの統計的推測に重要な役割を果たす概念を理解すると共に，パラメータの推定法の原理を知り，推定量の良さを数学的に立証できる。また，区間推定とは何かを理解し，信頼区間の性質を正しく述べることができる。	十分統計量，ネイマンの分解定理，順序統計量
	尤度と最尤推定		尤度関数，対数尤度関数，有効スコア関数，最尤推定
	各種推定法		モーメント法，最小二乗法，線形推定（BLUE），その他の手法
	点推定量の性質		不偏性，一致性，十分性，有効性，推定量の相対効率
	モデル評価規準		カルバック・ライブラー情報量，情報量規準AIC，クロスバリデーション
	漸近的性質など		クラーメル・ラオの不等式，フィッシャー情報量（1次元），最尤推定量の漸近正規性，デルタ法
	区間推定		信頼係数，信頼区間の構成，被覆確率

統計的推測（検定）	検定の基礎	統計的検定の原理を理解し，種々の最適化で検定が構成でき，その性質を数学的に立証できる。特に正規分布に関する検定を正しく理解すると共に，そのほかの代表的な分布に関する検定ができる。	仮説，検定統計量，P値，有意水準，棄却域，第一種の過誤，第二種の過誤，検出力（検定力），検出力曲線
	検定法の導出		ネイマン・ピアソンの基本定理，尤度比検定，ワルド型検定，スコア型検定
	正規分布に関する検定		平均値と分散に関する検定，複数の平均に関する検定
	種々の検定法		二項分布・ポアソン分布など基本的な分布に関する検定，適合度の検定，ノンパラメトリック検定
データ解析法の考え方と各種分析手法	分散分析	データ解析法の中でも重要な位置を占める分散分析と回帰分析について正しく理解し，応用することができる。	一元配置分散分析，二元配置分散分析，交互作用，共分散分析，多重比較
	回帰分析		線形単回帰，線形重回帰，最小二乗推定，回帰の分散分析，重相関係数，決定係数，残差，変数変換，平均への回帰（回帰効果）
	分割表の解析	実際問題で遭遇する分割表の解析ならびにノンパラメトリックな方法について理解し，実践することができる。	カイ二乗検定，フィッシャー検定，マクネマー検定，イェーツの補正
	ノンパラメトリック法		符号検定，ウィルコクソン順位和検定（マン・ホィットニーU検定），ウィルコクソン符号付き順位和検定，順位相関係数
	不完全データ	不完全データの分析について理解すると共に，コンピュータを用いたシミュレーションができる。モデル構築に役立てる。	欠測（欠損），打ち切り，トランケーション
	シミュレーション		乱数，モンテカルロシミュレーション，MCMC，ブートストラップ
	ベイズ法		事前分布，事後分布，階層ベイズモデル，ギブスサンプリング

統計検定１級出題表（統計応用）

大項目	小項目	ねらい	項目（学習しておきべき用語）例
共通した事項	確率・統計の基礎事項（統計検定２級の範囲）に加え，各応用分野に共通した事項		
	研究の種類	研究法の違いを理解すると共に，データの取り方に関する基礎事項を理解し実践に応用できる。	実験研究，観察研究，調査
	標本調査法		完全無作為抽出，層化抽出，二段階抽出，サンプルサイズの設計
	実験計画法		フィッシャーの３原則，一元配置法，二元配置法，ブロック化，乱塊法，一部実施要因計画
	重回帰分析	重回帰分析・各種多変量解析法・確率過程・時系列解析について正しく理解すると共に，ソフトウェアの出力結果の解釈ができる。	重回帰モデル，変数選択，残差分析，一般化最小二乗推定，ガウス・マルコフの定理，多重共線性，L_1正則化法，回帰診断法
	各種多変量解析法		主成分分析，因子分析，判別分析，クラスター分析，ロジスティック回帰分析，プロビット分析，一般化線形モデル，非線形回帰モデル，サポートベクターマシン
	確率過程		マルコフ連鎖，ランダムウォーク，ポアソン過程，ブラウン運動，
	時系列解析		ARIMAモデル，状態空間モデル
人文科学分野	想定分野：文学，心理，教育，社会，地理，言語，体育，人間科学		
	データの取得法	研究の目的を達成しかつ実行可能なデータの収集法を理解し，得られたデータの基本的な集計ができる。	実験と準実験，アンケート調査の設計と実践
	データの集計		クロス集計，独立性の検定，連関の指標，四分相関
	多変量データ分析法	人文科学分野に特有な分析法を理解すると共に実際のデータ解析に応用できる。分析ソフトウェアの出力の解釈が的確にできる。	数量化理論，コレスポンデンス分析，パス解析，多次元尺度構成法，構造方程式モデル，共分散構造分析，（確証的，探索的）因子分析
	潜在構造モデル		潜在特性，潜在クラス分析
	テストの分析		テストの信頼性・妥当性，外的妥当性，内的妥当性，項目反応理論，困難度，識別力，クロンバックのアルファ

<table>
<tr><td rowspan="8">社会科学分野</td><td colspan="3">想定分野：経済，経営，社会，政治，金融工学，保険</td></tr>
<tr><td>調査の企画と実施</td><td>目的に合った調査法を企画立案すると共に調査法の特質を理解する。</td><td>標本誤差，非標本誤差，センサス，無作為抽出，系統抽出，二段階抽出，集落抽出</td></tr>
<tr><td>重回帰モデルとその周辺</td><td rowspan="6">社会科学分野におけるデータの特徴を理解すると共に，それらを分析する力を身につける。特に，モデルの標準的な仮定が満たされない場合の影響ならびにそれらに対する対処法を理解する。コンピュータの出力を読み取る力を身につけ，的確な判断ができる。</td><td>重回帰分析，多重共線性，一般化最小二乗法（誤差項の系列相関と不均一分散），変数選択</td></tr>
<tr><td>計量モデル分析</td><td>外生変数，内生変数，同時方程式モデル，操作変数法（二段階最小二乗法），連立方程式モデル，構造変化検定，質的選択モデル，切断回帰モデル</td></tr>
<tr><td>時系列解析</td><td>トレンド，季節調整，自己相関，自己回帰，移動平均，単位根，共和分，ARCHモデル，指数平滑化法</td></tr>
<tr><td>パネル分析</td><td>固定効果モデル，変量効果モデル，ハウスマン検定</td></tr>
<tr><td>経済指数</td><td>経済指数（総合指数，景気判断指数），経済指数の例（ラスパイレス指数，パーシェ指数，フィッシャー指数），ジニ係数，ローレンツ曲線</td></tr>
<tr><td colspan="3"></td></tr>
<tr><td rowspan="7">理工学分野</td><td colspan="3">想定分野：数学，物理，化学，地学，工学，環境</td></tr>
<tr><td>多変量解析法</td><td rowspan="4">統計手法の数理的な側面を正しく理解し，応用に結び付けることができる。特に，解析や線形代数などの数学的な理論が実際の応用にどう結び付くのかを理解する。</td><td>多変量正規分布，平均ベクトル，分散共分散行列，相関行列，固有値・固有ベクトル</td></tr>
<tr><td>確率過程</td><td>ランダムウォーク，マルコフ過程，ポアソン過程，マルコフ連鎖，時系列解析，自己回帰過程，移動平均過程，ARIMA過程</td></tr>
<tr><td>線形推測</td><td>線形モデル，一般化線形モデル，線形結合の分布，線形対比，線形制約</td></tr>
<tr><td>漸近理論</td><td>大数の法則，中心極限定理，最尤推定量の漸近正規性，漸近分散，一致性，デルタ法</td></tr>
<tr><td>品質管理</td><td rowspan="2">品質管理に関する種々の統計手法を正しく使うことができる。</td><td>管理図，信頼性，保全性，プロセス管理，工程能力指数</td></tr>
<tr><td>実験計画</td><td>実験の計画と実施，固定効果，変量効果，交絡因子，ブロック化，直交表，交絡法</td></tr>
<tr><td rowspan="11">医薬生物学分野</td><td colspan="3">想定分野：医学，歯学，薬学，疫学，公衆衛生，看護学，生物学，農・林・水産学</td></tr>
<tr><td>研究の種類</td><td>医薬生物学分野における種々の研究法を理解し，研究目的に応じかつ実行可能な研究デザインは何かを理解する。</td><td>介入研究と観察研究，コホート研究，ケース・コントロール研究，臨床試験</td></tr>
<tr><td>データ収集法</td><td>研究目的に応じ，交絡を排除したデータを得るための方法論を理解する。</td><td>無作為抽出と無作為割り付け，盲検化，ダブルブラインド，プラセボ対照</td></tr>
<tr><td>処置効果</td><td rowspan="8">医薬生物学のデータ解析に特有な概念を理解すると共に，実際問題でよく用いられる統計手法について正しい知識を身につけ，実際の場面での応用ができる。特に，人間に関するデータを扱う上での留意点についても正しく理解する。</td><td>効果の大きさ，サロゲートエンドポイント，サンプルサイズ設計</td></tr>
<tr><td>効果の指標</td><td>変化量，変化率，リスク比，リスク差，相対リスク，オッズ，オッズ比，対数オッズ比，ハザード，ハザード比</td></tr>
<tr><td>カテゴリカルデータ解析</td><td>カイ二乗検定，残差，標準化残差，順序カテゴリカルデータ，分割表の解析，フィッシャー検定，多重ロジスティック回帰分析，対数線形モデル</td></tr>
<tr><td>ノンパラメトリック法</td><td>ウィルコクソン順位和検定（マン・ホィットニーU検定），ウィルコクソン符号付き順位和検定，順位相関係数，マクネマー検定</td></tr>
<tr><td>交絡の調整</td><td>交絡，層別解析，標準化，SMR</td></tr>
<tr><td>生存時間と繰り返し測定</td><td>生存時間解析，繰り返し測定データの解析，カプラン・マイヤー法，打ち切りデータ，LOCF，比例ハザード</td></tr>
<tr><td>検査の性能評価</td><td>検査の感度・特異度，ROC曲線</td></tr>
<tr><td colspan="2"></td></tr>
</table>

試験当日および試験終了後

※2023年以降の実施については，統計検定のウェブサイトで最新情報を確認するようにしてください。

●試験当日に持参するもの

- 受験票（受験者本人の写真を貼付のうえ，持参してください。写真が貼られていない場合は受験できません）
- 筆記用具（HBまたはBの鉛筆・シャープペンシル，消しゴム）
- 時計（通信端末の付いたものは認められません）
- 電卓

【持ち込み可能な電卓】

四則演算（＋－×÷）や百分率（%），平方根（$\sqrt{\ }$）の計算ができる普通電卓（一般電卓）または事務用電卓

【持ち込み不可の電卓】

上記の電卓を超える計算機能を持つ金融電卓や関数電卓，プログラム電卓，グラフ電卓，電卓機能を持つ携帯端末

※ 机の上に出せる電卓は１台までとなります。
※ 試験会場では筆記用具・電卓の貸し出しは行っておりません。
※ 試験前に電卓の確認を行うことがあります。
※ 携帯電話などを電卓として使用することはできません。

●試験終了後

試験日の約１ヶ月後に統計検定センターのWebページに合格者の受験番号を掲載します（Web合格発表を希望した方のみ。解答用マークシートに，Web合格発表の希望を確認する欄があります）。

試験日の約２ヶ月後に，「試験結果通知書」，合格者には「合格証」を発送します。

試験日の約３ヶ月後に，統計検定１級「統計応用」と統計検定１級「統計数理」の合格者に「統計検定１級合格証」を送付します。

なお，**統計検定１級**合格には，「統計数理」および「統計応用（少なくとも１分野）」の合格が必要です。

「統計数理」にのみ合格した場合，経過措置として試験合格の有効期間内に「統計応用」に合格すれば「１級合格」とします。同様に「統計応用」にのみ合格した場合，試験合格の有効期間内に「統計数理」に合格すれば「１級合格」とします。経過措置は９年（試験合格の有効期間10年間）です。ただし，2020年のPBT方式試験中止にともない，統計検定１級の経過措置は1年間延長いたします。

統計検定の標準テキスト

日本統計学会では，統計検定１～４級にそれぞれ対応した標準テキストを刊行しています。学習に役立ててください。

●１級対応テキスト

日本統計学会公式認定　統計検定１級対応

統計学

日本統計学会 編
定価：本体3,200円＋税
東京図書

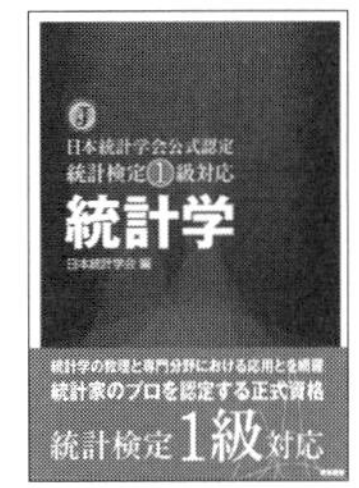

●準１級対応テキスト

日本統計学会公式認定　統計検定準１級対応

統計学実践ワークブック

日本統計学会 編
定価：本体2,800円＋税
学術図書出版社

●２級対応テキスト

改訂版　日本統計学会公式認定　統計検定２級対応

統計学基礎

日本統計学会 編　定価：本体2,200円＋税　東京図書

●３級対応テキスト

改訂版　日本統計学会公式認定　統計検定３級対応

データの分析

日本統計学会 編　定価：本体2,200円＋税　東京図書

●４級対応テキスト

改訂版　日本統計学会公式認定　統計検定４級対応

データの活用

日本統計学会 編　定価：本体2,000円＋税　東京図書

PART 2

1級
2022年11月
問題／解答例

2022年11月に実施された
統計検定１級で実際に出題された問題文および、
解答例を掲載します。

※**統計数理**（必須解答）は５問中３問に解答します。
統計応用は選択した分野の５問中３問を選択します。
※統計数値表は本書巻末に「付表」として掲載しています。

統計数理　問 1

確率空間の事象 A, B, C の確率がそれぞれ

$$P(A) = P(B) = P(C) = \frac{3}{4} \tag{1}$$

であるとする。以下の各問に答えよ。

〔1〕事象 A, B, C が互いに独立なとき，$P(A \cap B)$ および $P(A \cap B \cap C)$ をそれぞれ求めよ。

〔2〕事象 A と B が互いに独立とは限らないとき，$P(A \cap B)$ の取り得る値の範囲を求めよ。

〔3〕事象 A, B, C が互いに独立とは限らないとき，$P(A \cap B \cap C)$ の取り得る値の範囲を求めよ。

〔4〕条件 (1) に加え，さらに条件
$P(A \cap B) = P(A)P(B)$, $P(A \cap C) = P(A)P(C)$, $P(B \cap C) = P(B)P(C)$
を追加したとき，$P(A \cap B \cap C)$ の取り得る値の範囲を求めよ。

解答例

本問は事象の確率の存在範囲を問う問題である。最初に，その「範囲」が，互いに排反な複数個の区間ではなく 1 つの連続な区間で与えられることを確認しておく。記号を変え，事象の確率を p_{ijk} $(i, j, k \in \{0, 1\})$ と表す。すなわち，
$p_{111} = P(A \cap B \cap C)$, $p_{110} = P(A \cap B \cap C^C), \ldots, p_{000} = P(A^C \cap B^C \cap C^C)$
などである。これにより，各事象の周辺確率は，添え字の和 $(+)$ の記号を用いて $p_{1++} = P(A)$, $p_{0++} = P(A^C)$, $p_{11+} = P(A \cap B)$ などと表現される。ここで，A^C は A の余事象である。この問題は，条件 $p_{ijk} \geq 0$, $\displaystyle\sum_{i,j,k} p_{ijk} = 1$ に加え，例えば $p_{11+} = P(A \cap B) = p_{111} + p_{110} = 9/16$ のように各周辺確率が条件式として与えられることから，制約が線形不等式系となり，確率 $\{p_{111}, \ldots, p_{000}\}$ を 8 次元の点と考えると制約を満たす集合は凸集合になる。したがって個々の確率を 1 次元の点と考えると，制約を満たす集合は 1 次元の凸集合であるから，1 つの連続な区間となる。

〔1〕A, B, C が互いに独立なときは，積事象 $A \cap B$ や $A \cap B \cap C$ の確率はそれぞれの事象の確率の積になるので，$P(A) = P(B) = P(C) = 3/4$ より

$$P(A \cap B) = P(A)P(B) = \frac{3}{4} \times \frac{3}{4} = \frac{9}{16}$$

$$P(A\cap B\cap C)=P(A)P(B)P(C)=\frac{3}{4}\times\frac{3}{4}\times\frac{3}{4}=\frac{27}{64}$$

となる。

〔2〕$P(A\cap B)\le P(A)=3/4$ であるが，$A=B$ のとき $P(A\cap B)=3/4$ となることから，$P(A\cap B)$ の最大値は $3/4$ である。また，

$$P(A\cap B)=P(B)-P(A^C\cap B)\ge P(B)-P(A^C)=\frac{3}{4}-\frac{1}{4}=\frac{1}{2}$$

であり，$A^C\subset B$ のときは等号が成り立つので，最小値は $1/2$ である。よって，取り得る値の範囲は $[1/2,\ 3/4]$ となる。A と B が互いに独立な場合には，上問〔1〕より $P(A\cap B)=9/16$ であるので，この範囲に含まれる。

〔3〕$P(A\cap B\cap C)\le P(A)=3/4$ であり，$A=B=C$ のとき $P(A\cap B\cap C)=3/4$ であるから，最大値は $3/4$ である。次に，

$$\begin{aligned}P(A\cap B\cap C)&=P(B\cap C)-P(A^C\cap B\cap C)\\&\ge P(B\cap C)-P(A^C)\\&\ge\frac{1}{2}-\frac{1}{4}=\frac{1}{4}\end{aligned}$$

である。ただし2つ目の不等号は上問〔2〕の結果により，3つ目の不等式は上問〔2〕と同様に計算すると $P(B\cap C)$ の最小値が $1/2$ となることによる。例えば $\Omega=\{1,2,3,4\}$，$P(\{\omega\})=1/4\ (\omega\in\{1,2,3,4\})$ として，$A=\{1,2,3\}$，$B=\{1,2,4\}$，$C=\{1,3,4\}$ と置けば，$P(A\cap B\cap C)=P(\{1\})=1/4$ であるから，最小値は確かに $1/4$ である。よって，$P(A\cap B\cap C)$ の取り得る値の範囲は $[1/4,\ 3/4]$ である。

〔4〕$x=P(A\cap B\cap C)$ と置けば，仮定から

$$P(A^C\cap B\cap C)=P(B\cap C)-x=\frac{9}{16}-x$$

となる。同様にして $P(A\cap B^C\cap C)=P(A\cap B\cap C^C)=9/16-x$ が得られ，さらに，

$$\begin{aligned}P(A\cap B^C\cap C^C)&=P(A)-P(A\cap B\cap C)-P(A\cap B^C\cap C)-P(A\cap B\cap C^C)\\&=\frac{3}{4}-x-2\cdot\left(\frac{9}{16}-x\right)=-\frac{3}{8}+x\end{aligned}$$

が得られる。同じく

$$P(A^C\cap B\cap C^C)=P(A^C\cap B^C\cap C)=-\frac{3}{8}+x$$

となり，加えて

$$P(A^C\cap B^C\cap C^C)=1-P(A\cup B\cup C)$$

および

$$P(A\cup B\cup C)=P(A\cap B^C\cap C^C)+P(A\cap B\cap C^C)+P(A\cap B^C\cap C)$$
$$+P(A^C\cap B\cap C)+P(A^C\cap B^C\cap C^C)+P(A^C\cap B\cap C)$$

より

$$P(A^C\cap B^C\cap C^C)=1-3\cdot\left(\frac{9}{16}-x\right)-3\cdot\left(-\frac{3}{8}+x\right)-x=\frac{7}{16}-x$$

となる。これらはすべて $[0,\ 1]$ に入る必要があるため，

$$x\in\left[0,\ \frac{9}{16}\right]\cap\left[\frac{3}{8},\ 1\right]\cap\left[0,\ \frac{7}{16}\right]=\left[\frac{3}{8},\ \frac{7}{16}\right]$$

を得る。なお，A, B, C がすべて互いに独立な場合は，上問〔1〕より $x=27/64$ であり，確かに上記の範囲に含まれる。また，最小値 $3/8$ となる場合と最大値 $7/16$ となる場合のベン図は次のとおりである。

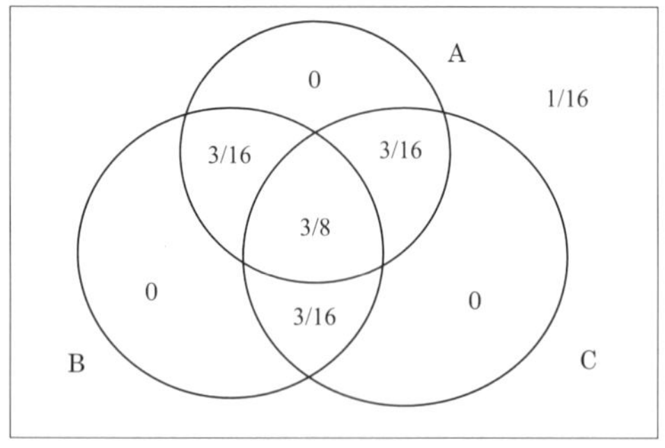

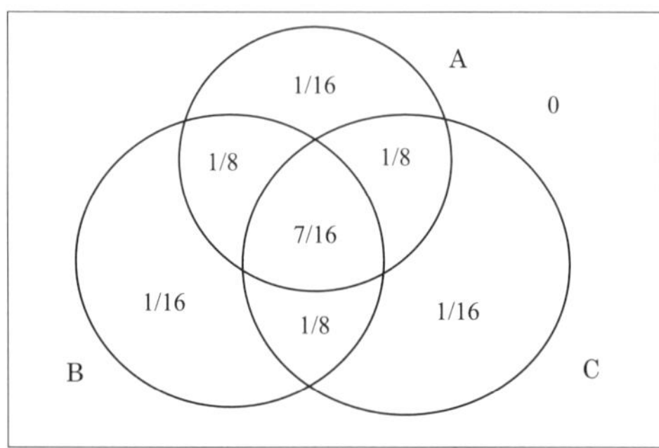

統計数理　問2

2変数連続型確率変数 (U, V) は，領域 $-1 \leq U, V \leq 1$，すなわち原点を中心とする1辺の長さが2の正方形内の値を取り，その同時累積分布関数は，その領域内で

$$F(u,v) = P(U \leq u, V \leq v) = \frac{uv + u + v + 1}{4}$$

であるとする。以下の各問に答えよ。

〔1〕U および V の周辺累積分布関数 $F_1(u) = P(U \leq u)$ および $F_2(v) = P(V \leq v)$ をそれぞれ求めよ。また，U および V の従う分布はそれぞれ何か。

〔2〕U と V は独立であるか。また，(U, V) の従う分布は何か。

〔3〕確率 $P(U^2 + V^2 \leq 1)$ を求めよ。

〔4〕確率 $P(U^2 - 2UV + V^2 \leq 1)$ を求めよ。

〔5〕条件 $U^2 - 2UV + V^2 \leq 1$ の下での (U, V) の条件付き確率分布に関して，V の期待値と分散，および (U, V) の相関係数をそれぞれ求めよ。

解答例

〔1〕確率変数 U の周辺累積分布関数は，$F(u, v)$ で $v = 1$ として

$$F_1(u) = F(u, 1) = \frac{2u + 2}{4} = \frac{u + 1}{2}$$

となり，同様に $F_2(v) = (v + 1)/2$ も得られる。U の確率密度関数は，$[-1, 1]$ の範囲で $f_1(u) = F_1{}'(u) = 1/2$ であり，これは区間 $[-1, 1]$ 上の一様分布である。同様に，V も区間 $[-1, 1]$ 上の一様分布に従う。

〔2〕上問〔1〕の結果から，u と v に関する独立な領域 $-1 \leq u,\ v \leq 1$ において $F(u, v) = F_1(u)F_2(v)$ が成り立つので，U と V は互いに独立である。(U, V) の従う分布は，確率密度関数が $-1 \leq u,\ v \leq 1$ の範囲で $f(u,v) = \dfrac{\partial^2 F(u,v)}{\partial u \partial v} = \dfrac{1}{4}$ であり，これは正方形 $[-1, 1] \times [-1, 1]$ 上の一様分布である。

〔3〕確率を求める領域 $U^2 + V^2 \leq 1$ は原点を中心とした半径1の円の周および内部であり，その面積は π である。一方，(U, V) は上問〔2〕より正方形 $[-1, 1] \times [-1, 1]$ 上の一様分布に従う。正方形の面積は4であるので，$P(U^2 + V^2 \leq 1)$ は円と正方形の面積比 $\pi/4$ となる。

積分計算によって確率を求めることもできる。$u = r\cos\theta$, $v = r\sin\theta$ と極座標変換すると，$0 \leq r \leq 1$, $0 \leq \theta \leq 2\pi$ で $dudv = rdrd\theta$ であるので，

$$P(U^2 + V^2 \leq 1) = \int\int_{u^2+v^2\leq 1} \frac{1}{4} dudv = \frac{1}{4}\int_0^{2\pi}\int_0^1 rdrd\theta = \frac{\pi}{4}$$

を得る。

〔4〕確率を求める領域 $U^2 - 2UV + V^2 \leq 1$ は，$U^2 - 2UV + V^2 = (U - V)^2 \leq 1$ より $-1 \leq U - V \leq 1$ となる。この領域を (U, V) 平面上で図示すると右図の実線の内側であり，その面積は 3 となることが容易にわかる。前問〔3〕と同様 (U, V) は $[-1, 1] \times [-1, 1]$ 上で確率密度関数 $f(u, v) = 1/4$ を持つ一様分布に従うので，求める確率は $3/4$ となる。

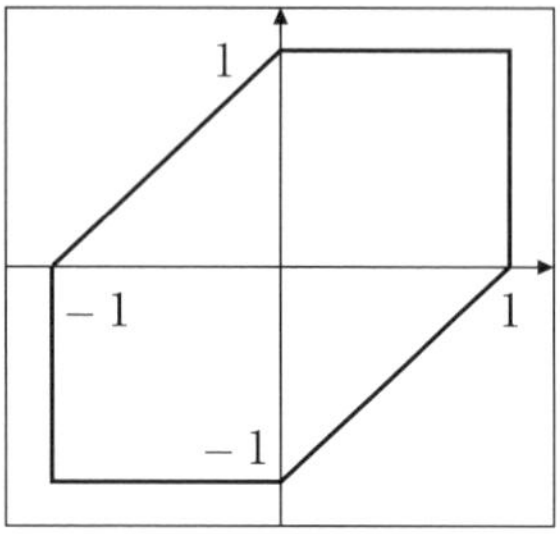

積分計算により確率を求めると以下のようになる。確率密度関数は，上問〔2〕より $[-1, 1] \times [-1, 1]$ で $f(u, v) = 1/4$ であるので，求める確率は，積分範囲に注意して

$$\begin{aligned}
&P(U^2 - 2UV + V^2 \leq 1) \\
&= \frac{1}{4}\int_{v=-1}^{v=0}\int_{u=-1}^{u=v+1} dudv + \frac{1}{4}\int_{v=0}^{v=1}\int_{u=v-1}^{u=1} dudv = \frac{1}{4}\int_{-1}^{0}[u]_{-1}^{v+1}dv + \frac{1}{4}\int_0^1 [u]_{v-1}^{1}dv \\
&= \frac{1}{4}\int_{-1}^{0}(v+2)dv + \frac{1}{4}\int_0^1(-v+2)dv = \frac{1}{4}\left[\frac{v^2}{2} + 2v\right]_{-1}^{0} + \frac{1}{4}\left[-\frac{v^2}{2} + 2v\right]_0^1 \\
&= \frac{1}{4} \times \frac{3}{2} + \frac{1}{4} \times \frac{3}{2} = \frac{3}{4}
\end{aligned}$$

となる。

〔5〕上問〔4〕の結果より，条件 $U^2 - 2UV + V^2 \leq 1$ の下での (U, V) の分布は，$-1 \leq U$, $V \leq 1$ および $U^2 - 2UV + V^2 \leq 1$ で定義される領域での一様分布で，その範囲での条件付き確率密度関数は，定義領域の面積は 3 であるので，$f(u, v) = 1/3$ である。よって一般に，関数 $g(U,V)$ の期待値は，上問〔4〕と同じ積分範囲で

$$E[g(U,V)] = \frac{1}{3}\int_{v=-1}^{v=0}\int_{u=-1}^{u=v+1} g(u,v)dudv + \frac{1}{3}\int_{v=0}^{v=1}\int_{u=v-1}^{u=1} g(u,v)dudv \quad (*)$$

となる。

V の周辺分布は上問〔4〕のグラフからも明らかなように 0 を中心に左右対称であるので，$E[V] = 0$ になる。式 (*) を使って積分計算すると，$g(u, v) = v$ と置いて，

$$
\begin{aligned}
E[V] &= \frac{1}{3}\int_{v=-1}^{v=0}\int_{u=-1}^{u=v+1} v du dv + \frac{1}{3}\int_{v=0}^{v=1}\int_{u=v-1}^{u=1} v du dv \\
&= \frac{1}{3}\int_{-1}^{0} v\cdot[u]_{-1}^{v+1} dv + \frac{1}{3}\int_{0}^{1} v\cdot[u]_{v-1}^{1} dv = \frac{1}{3}\int_{-1}^{0} v(v+2)dv + \frac{1}{3}\int_{0}^{1} v(-v+2)dv \\
&= \frac{1}{3}\left[\frac{v^3}{3}+v^2\right]_{-1}^{0} + \frac{1}{3}\left[-\frac{v^3}{3}+v^2\right]_{0}^{1} = 0
\end{aligned}
$$

となる。また，$E[V]=0$ であることから，分散は

$$
\begin{aligned}
V[V] = E[V^2] &= \frac{1}{3}\int_{v=-1}^{v=0}\int_{u=-1}^{u=v+1} v^2 du dv + \frac{1}{3}\int_{v=0}^{v=1}\int_{u=v-1}^{u=1} v^2 du dv \\
&= \frac{1}{3}\int_{-1}^{0} v^2(v+2)dv + \frac{1}{3}\int_{0}^{1} v^2(-v+2)dv = \frac{1}{3}\left[\frac{v^4}{4}+\frac{2v^3}{3}\right]_{-1}^{0} + \frac{1}{3}\left[-\frac{v^4}{4}+\frac{2v^3}{3}\right]_{0}^{1} \\
&= \frac{1}{3}\times\frac{5}{12} + \frac{1}{3}\times\frac{5}{12} = \frac{5}{18}
\end{aligned}
$$

となる。

別解として，V の周辺確率密度関数を求めると，$-1\leq v\leq 0$ では

$$
f_2(v) = \frac{1}{3}\int_{u=-1}^{u=v+1} du = \frac{1}{3}(v+2)
$$

となり，$0\leq v\leq 1$ では

$$
f_2(v) = \frac{1}{3}\int_{v-1}^{1} du = \frac{1}{3}(-v+2)
$$

となる（下図参照）。

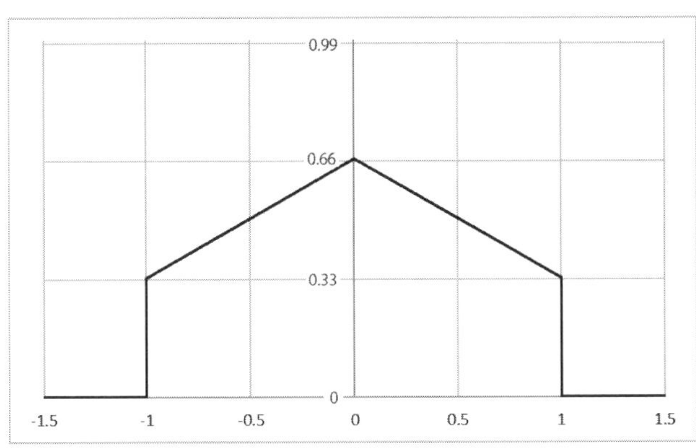

図より明らかに $E[V]=0$ であり，分散は上述の計算により $5/18$ となる。

共分散は，$E[V]=0$ と同様に $E[U]=0$ であるので，

$$
\begin{aligned}
Cov[U,V] &= E[UV] \\
&= \frac{1}{3}\int_{v=-1}^{v=0}\int_{u=-1}^{u=v+1} uvdudv + \frac{1}{3}\int_{v=0}^{v=1}\int_{u=v-1}^{u=1} uvdudv \\
&= \frac{1}{3}\int_{-1}^{0} v\left[\frac{u^2}{2}\right]_{-1}^{v+1} dv + \frac{1}{3}\int_{0}^{1} v\left[\frac{u^2}{2}\right]_{v-1}^{1} dv \\
&= \frac{1}{3}\int_{-1}^{0} v\left(\frac{(v+1)^2}{2}-\frac{1}{2}\right) dv + \frac{1}{3}\int_{0}^{1} v\left(\frac{1}{2}-\frac{(v-1)^2}{2}\right) dv \\
&= \frac{1}{6}\int_{-1}^{0} v(v^2+2v)dv + \frac{1}{6}\int_{0}^{1} v(-v^2+2v)dv \\
&= \frac{1}{6}\left[\frac{v^4}{4}+\frac{2v^3}{3}\right]_{-1}^{0} + \frac{1}{6}\left[-\frac{v^4}{4}+\frac{2v^3}{3}\right]_{0}^{1} \\
&= \frac{1}{6}\times\frac{5}{12}+\frac{1}{6}\times\frac{5}{12}=\frac{5}{36}
\end{aligned}
$$

となる。よって，$V[U]=V[V]=5/18$ より，相関係数は

$$
R[U,V]=\frac{5/36}{\sqrt{5/18}\sqrt{5/18}}=\frac{1}{2}
$$

と求められる。

統計数理　問 3

〔1〕離散型確率変数 X はパラメータ λ のポアソン分布に従うとする。すなわち X の確率関数は

$$
f(k)=P(X=k)=\frac{\lambda^k}{k!}e^{-\lambda}\ \ (k=0,1,2,\dots)
$$

である。このとき，X の期待値 $E[X]$ と分散 $V[X]$ を求めよ。

〔2〕非負の連続型確率変数 Λ は，パラメータ α, β を持つガンマ分布 $G(\alpha,\ \beta)$ に従うとする。すなわち，Λ の確率密度関数は

$$
g(\lambda)=\frac{\beta^\alpha}{\Gamma(\alpha)}\lambda^{\alpha-1}e^{-\beta\lambda}\ \ (\lambda\geq 0)
$$

である。ただし，$\alpha>0$ および $\beta>0$ であり，$\Gamma(\alpha)$ は

$$
\Gamma(\alpha)=\int_0^\infty t^{\alpha-1}e^{-t}dt
$$

で定義されるガンマ関数である。このとき，Λ の期待値 $E[\Lambda]$ と分散 $V[\Lambda]$ を求めよ。なお，ガンマ関数の性質 $\Gamma(\alpha+1)=\alpha\Gamma(\alpha)$ は用いてもよい。

〔3〕上問〔1〕におけるパラメータ λ が上問〔2〕のガンマ分布 $G(\alpha, \beta)$ に従うとき，確率変数 X に関する確率 $P(X=k)$ を求めよ。

〔4〕確率変数 X が上問〔3〕の分布に従うとき，$E[X]$ と $V[X]$ を求めよ。

〔5〕上問〔3〕の分布に従う n 個の互いに独立な確率変数を $X_1, \ldots, X_n$ とするとき，モーメント法によるパラメータ α および β の推定量を求めよ。また，それらの推定量が正となるための条件は何かを示せ。

解答例

〔1〕期待値は

$$E[X] = \sum_{x=0}^{\infty} x \times \frac{\lambda^x}{x!} e^{-\lambda} = \lambda \sum_{x=1}^{\infty} \frac{\lambda^{x-1}}{(x-1)!} e^{-\lambda} = \lambda \sum_{y=0}^{\infty} \frac{\lambda^y}{y!} e^{-\lambda} = \lambda$$

となる。ここで $y = x - 1$ と置いた。また，

$$E[X(X-1)] = \sum_{x=0}^{\infty} x(x-1) \times \frac{\lambda^x}{x!} e^{-\lambda} = \lambda^2 \sum_{x=2}^{\infty} \frac{\lambda^{x-2}}{(x-2)!} e^{-\lambda} = \lambda^2 \sum_{z=0}^{\infty} \frac{\lambda^z}{z!} e^{-\lambda} = \lambda^2$$

であるので（計算では $z = x - 2$ と置いた），分散は

$$V[X] = E[X(X-1)] + E[X] - (E[X])^2 = \lambda^2 + \lambda - \lambda^2 = \lambda$$

となる。

〔2〕期待値は，$\Gamma(\alpha+1) = \alpha\Gamma(\alpha)$ に注意し，$y = \beta\lambda$ と置くと $dy = \beta d\lambda$ であるので，

$$E[\Lambda] = \int_0^{\infty} \lambda \cdot \frac{\beta^\alpha}{\Gamma(\alpha)} \lambda^{\alpha-1} e^{-\beta\lambda} d\lambda = \frac{1}{\Gamma(\alpha)} \int_0^{\infty} y^{(\alpha+1)-1} e^{-y} \frac{1}{\beta} dy = \frac{\Gamma(\alpha+1)}{\beta\,\Gamma(\alpha)} = \frac{\alpha}{\beta}$$

となる。また，

$$E[\Lambda^2] = \int_0^{\infty} \lambda^2 \cdot \frac{\beta^\alpha}{\Gamma(\alpha)} \lambda^{\alpha-1} e^{-\beta\lambda} d\lambda = \frac{1}{\beta\,\Gamma(\alpha)} \int_0^{\infty} y^{(\alpha+2)-1} e^{-y} \frac{1}{\beta} dy$$
$$= \frac{\Gamma(\alpha+2)}{\beta^2\Gamma(\alpha)} = \frac{(\alpha+1)\alpha}{\beta^2}$$

より，分散は

$$V[\Lambda] = E[\Lambda^2] - (E[\Lambda])^2 = \frac{(\alpha+1)\alpha}{\beta^2} - \frac{\alpha^2}{\beta^2} = \frac{\alpha}{\beta^2}$$

と求められる。

〔3〕任意の実数 α と非負の整数 k に対して

$$\binom{\alpha}{k} = \frac{\alpha(\alpha-1)\cdots(\alpha-k+1)}{k!}$$

とすると，求める確率は

$$
\begin{aligned}
P(X=k) &= \int_0^\infty P(X=k|\Lambda=\lambda)f(\lambda)d\lambda \\
&= \int_0^\infty \frac{\lambda^k}{k!}e^{-\lambda}\frac{\beta^\alpha}{\Gamma(\alpha)}\lambda^{\alpha-1}e^{-\beta\lambda}d\lambda = \frac{\beta^\alpha}{\Gamma(\alpha)k!}\int_0^\infty \lambda^{\alpha+k-1}e^{-(\beta+1)\lambda}d\lambda
\end{aligned}
$$

（$y=(\beta+1)\lambda$ と置く）

$$
\begin{aligned}
&= \frac{\beta^\alpha}{\Gamma(\alpha)k!(\beta+1)^{\alpha+k}}\int_0^\infty y^{\alpha+k-1}e^{-y}dy = \frac{\beta^\alpha\Gamma(\alpha+k)}{\Gamma(\alpha)k!(\beta+1)^{\alpha+k}} \\
&= \frac{(\alpha+k-1)(\alpha+k-2)\cdots\alpha}{k!}\left(\frac{\beta}{\beta+1}\right)^\alpha\left(\frac{1}{\beta+1}\right)^k \\
&= \binom{\alpha+k-1}{k}\left(\frac{\beta}{\beta+1}\right)^\alpha\left(\frac{1}{\beta+1}\right)^k
\end{aligned}
$$

となる。これは負の二項分布あるいはガンマポアソン分布と呼ばれる分布である。

〔4〕確率変数が X と Λ の 2 つあるので，混乱を避けるため，下付き添え字の付かない記号 E および V でそれぞれ X の分布に関する期待値と分散を表し，Λ の添え字の付いた記号 E_Λ および V_Λ でそれぞれ確率変数 Λ の分布に関する期待値と分散を表す。上問〔1〕より $E[X|\Lambda]=\Lambda$, $V[X|\Lambda]=\Lambda$ であり,〔2〕の結果より $E_\Lambda[\Lambda]=\alpha/\beta$, $V_\Lambda[\Lambda]=\alpha/\beta^2$ であるので，条件付き期待値の公式から，期待値は

$$
E[X]=E_\Lambda[E[X|\Lambda]]=E_\Lambda[\Lambda]=\frac{\alpha}{\beta}
$$

であり，条件付き分散の公式から，分散は

$$
V[X]=E_\Lambda[V[X|\Lambda]]+V_\Lambda[E[X|\Lambda]]=E_\Lambda[\Lambda]+V_\Lambda[\Lambda]=\frac{\alpha}{\beta}+\frac{\alpha}{\beta^2}=\frac{\alpha}{\beta}\left(1+\frac{1}{\beta}\right)
$$

となる。すなわち負の二項分布は，期待値よりも分散が大きくなり，ポアソン分布の過分散（over dispersion）版になる。

なお,条件付き分散の式は,記号を $(X,\ Y)$ に変更し, X から Y への回帰の枠組みでは,

$$
V[Y]=E_X[V[Y|X]]+V_X[E[Y|X]]
$$

と表され，左辺の全分散が右辺の群内分散（の期待値）と群間分散の和で書けるという重要な結果に対応している。

〔5〕標本平均および標本分散をそれぞれ

$$
\bar{X}=\frac{1}{n}\sum_{i=1}^n X_i,\quad S^2=\frac{1}{n-1}\sum_{i=1}^n(X_i-\bar{X})^2
$$

とすると，これらはそれぞれ $E[X]=\dfrac{\alpha}{\beta}$，$V[X]=\dfrac{\alpha}{\beta}\left(1+\dfrac{1}{\beta}\right)$ の不偏推定量である。

$\bar{X}=\dfrac{\alpha}{\beta}$ および $S^2=\dfrac{\alpha}{\beta}\left(1+\dfrac{1}{\beta}\right)$ の関係式を α と β に関して解き直すことにより，モーメント法による推定量

$$\hat{\alpha} = \frac{\bar{X}^2}{S^2 - \bar{X}}, \quad \hat{\beta} = \frac{\bar{X}}{S^2 - \bar{X}}$$

を得る。

これより，$\hat{\alpha}, \hat{\beta} > 0$となる条件は$S^2 - \bar{X} > 0$である，なお，$\bar{X} = 0$となる場合は，$X_i \geq 0$より必然的に$S^2 = 0$となるので，推定量が定義されない。負の二項分布は分散が期待値よりも大きな分布であるので，$S^2 - \bar{X} > 0$の条件は自然な要請である。

統計数理　問4

連続型確率変数Xは累積分布関数

$$F(x) = P(X \leq x) = \begin{cases} 1 - x^{-1/\gamma} & (x > 1) \\ 0 & (x \leq 1) \end{cases} \tag{1}$$

を持つ分布に従うとする。ここでγは正のパラメータである。以下の各問に答えよ。なお，以下では log は自然対数を表すとする。

〔1〕Xの確率密度関数$f(x)$を求め，$\gamma = 1$のときの$f(x)$の概形を$1 \leq x \leq 3$の範囲で描け。

〔2〕γの範囲に注意して，Xの期待値$E[X]$と分散$V[X]$を求めよ。

〔3〕互いに独立に式(1)の分布$F(x)$に従うn個の確率変数を$X_1, \ldots, X_n$としたとき，これらをもとにγの最尤推定量$\hat{\gamma}$を求めよ。

〔4〕Xが式(1)の分布$F(x)$に従うとき，$T = \dfrac{1}{\gamma}\log X$の従う分布は何か。

〔5〕上問〔3〕で求めた$\hat{\gamma}$の期待値および分散を求めよ。

解答例

〔1〕Xの確率密度関数は，$x > 1$の範囲で

$$f(x) = F'(x) = \frac{1}{\gamma} x^{-(1/\gamma)-1}$$

である。$\gamma = 1$に加え，$\gamma = 0.5,\ 2$の各値に対する$F(x)$および$f(x)$のグラフは次のようである。γの値が大きいほど分布のすそが重く，Xは大きな値を取りやすくなる。

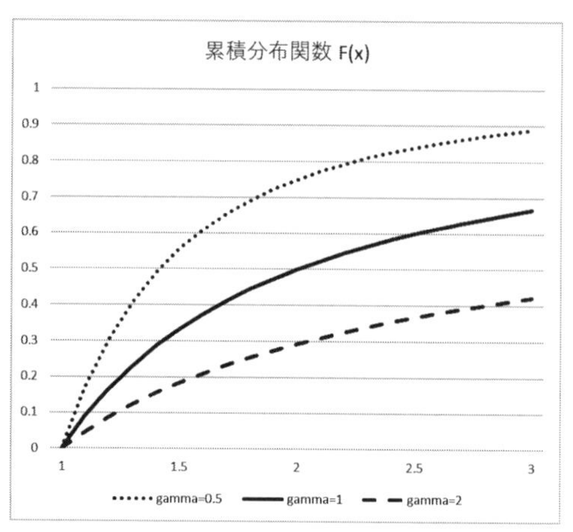

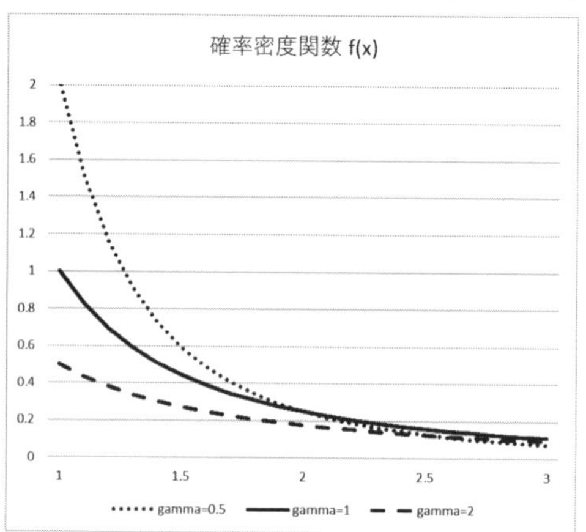

〔2〕期待値を定義に基づいて求めると，$\gamma \neq 1$ のとき，

$$E[X] = \frac{1}{\gamma}\int_1^\infty x \cdot x^{-(1/\gamma)-1}dx = \frac{1}{\gamma}\int_1^\infty x^{-(1/\gamma)}dx$$
$$= \frac{1}{\gamma}\left(-\frac{1}{\gamma}+1\right)^{-1}\left[x^{-(1/\gamma)+1}\right]_1^\infty$$
$$= \frac{1}{\gamma-1}\left[x^{(\gamma-1)/\gamma}\right]_1^\infty$$

であるので，$\gamma > 1$ のとき $\left[x^{(\gamma-1)/\gamma}\right]_1^\infty$ は ∞ に発散し，$0 < \gamma < 1$ のとき $\left[x^{(\gamma-1)/\gamma}\right]_1^\infty$ $= -1$ となる。$\gamma = 1$ のときは $\int_1^\infty x^{-1}dx = [\log x]_1^\infty$ は ∞ に発散するので，これらをまとめて

$$E[X] = \begin{cases} \dfrac{1}{1-\gamma} & (0 < \gamma < 1) \\ \infty & (\gamma \geq 1) \end{cases}$$

となる。

次に，$\gamma \neq 0.5$ とすると，

$$\begin{aligned} E[X^2] &= \frac{1}{\gamma}\int_1^\infty x^2 \cdot x^{-(1/\gamma)-1}dx = \frac{1}{\gamma}\int_1^\infty x^{-(1/\gamma)+1}dx \\ &= \frac{1}{\gamma}\left(-\frac{1}{\gamma}+2\right)^{-1}\left[x^{-(1/\gamma)+2}\right]_1^\infty \\ &= \frac{1}{2\gamma-1}\left[x^{(2\gamma-1)/\gamma}\right]_1^\infty \end{aligned}$$

であるので，$\gamma > 0.5$ のとき $\left[x^{(2\gamma-1)/\gamma}\right]_1^\infty$ は ∞ に発散し，$0 < \gamma < 0.5$ のとき $\left[x^{(2\gamma-1)/\gamma}\right]_1^\infty = -1$ となる。$\gamma = 0.5$ のときは $\int_1^\infty x^{-1}dx = [\log x]_1^\infty$ は ∞ に発散するので，これらをまとめて

$$E[X^2] = \begin{cases} \dfrac{1}{1-2\gamma} & (0 < \gamma < 0.5) \\ \infty & (\gamma \geq 0.5) \end{cases}$$

となる。よって，X の分散は，$0 < \gamma < 0.5$ の範囲で

$$\begin{aligned} V[X] = E[X^2] - (E[X])^2 &= \frac{1}{1-2\gamma} - \frac{1}{(1-\gamma)^2} = \frac{(1-\gamma)^2 - (1-2\gamma)}{(1-2\gamma)(1-\gamma)^2} \\ &= \frac{\gamma^2}{(1-2\gamma)(1-\gamma)^2} \end{aligned}$$

であり，$\gamma \geq 0.5$ では存在しない。

〔3〕パラメータ γ の尤度関数は

$$L(\gamma) = \prod_{i=1}^n \frac{1}{\gamma}{x_i}^{-(1/\gamma)-1} = \frac{1}{\gamma^n}\left(\prod_{i=1}^n X_i\right)^{-(1/\gamma)-1}$$

であるので，対数尤度関数は

$$l(\gamma) = \log L(\gamma) = -\left(\frac{1}{\gamma}+1\right)\sum_{i=1}^n \log x_i - n\log\gamma$$

となる。よって，

$$\frac{\partial l(\gamma)}{\partial\gamma} = \frac{1}{\gamma^2}\sum_{i=1}^n \log x_i - \frac{n}{\gamma} = 0$$

より，γ の最尤推定量

$$\hat{\gamma} = \frac{1}{n}\sum_{i=1}^{n}\log X_i$$

を得る。

〔4〕$T = \dfrac{1}{\gamma}\log X$ の累積分布関数は，$T > 0$ の範囲で

$$G(t) = P(T \leq t) = P\left(\frac{1}{\gamma}\log X \leq t\right) = P(X \leq e^{\gamma t}) = 1 - (e^{\gamma t})^{-1/\gamma} = 1 - e^{-t}$$

となる。よって，T はパラメータ（期待値）1 の指数分布に従う。

〔5〕上問〔4〕より $T = \dfrac{1}{\gamma}\log X$ はパラメータ 1 の指数分布に従うので，その期待値と分散はそれぞれ $E[T] = 1$ および $V[T] = 1$ である。よって，

$$E[\hat{\gamma}] = \frac{\gamma}{n}\sum_{i=1}^{n}E\left[\frac{1}{\gamma}\log X_i\right] = \frac{\gamma}{n}\times n = \gamma$$

となり，$\hat{\gamma}$ は γ の不偏推定量であることがわかる。また，

$$V[\hat{\gamma}] = \frac{\gamma^2}{n^2}\sum_{i=1}^{n}V\left[\frac{1}{\gamma}\log X_i\right] = \frac{\gamma^2}{n^2}\times n = \frac{\gamma^2}{n}$$

である。

統計数理　問 5

確率変数 $X_1, \ldots, X_n$ および $Y_1, \ldots, Y_n$ はそれぞれ互いに独立で，X_i は $N(\mu_i,\ \sigma^2)$ に従い，Y_i は $N(\mu_i + \theta,\ \sigma^2)$ に従うとする $(i = 1, \ldots, n)$。ここで，$\mu_1, \ldots, \mu_n,\ \theta,\ \sigma^2$ は未知パラメータであり，$n \geq 3$ とする。以下の各問に答えよ。

〔1〕各 i に対して，差 $D_i = Y_i - X_i$ の従う分布を求めよ。

〔2〕組 $(X_i,\ Y_i)$ の従うモデルを分散分析モデル

$$Z_{ij} = \nu + a_i + b_j + \varepsilon_{ij},\ \ \varepsilon_{ij} \sim N(0,\ \sigma^2)\ (i = 1, \ldots, n;\ j = 1,\ 2) \qquad (1)$$

として表すことを考える。ここで，$Z_{i1} = X_i$，$Z_{i2} = Y_i$ であり，$\sum_{i=1}^{n} a_i = 0$，$\sum_{j=1}^{2} b_j = 0$ という制約を課す。また ε_{ij} は互いに独立に $N(0,\ \sigma^2)$ に従う確率変数である。このとき，モデル (1) のパラメータ $\nu,\ a_1, \ldots, a_n,\ b_1,\ b_2$ を元のパラメータ $\mu_1, \ldots, \mu_n,\ \theta$ を用いて表せ。

〔3〕分散分析モデル (1) における水準 a_i 間の平方和を S_A，水準 b_j 間の平方和を S_B，残差平方和を S_E と表し，それぞれの自由度を ϕ_A，ϕ_B，ϕ_E とする。以下のそれぞれ

の帰無仮説に対して，適切な検定統計量と帰無分布（帰無仮説の下で検定統計量が従う分布）を求めよ。

(a) $H_0 : \theta = 0$

(b) $H_0 : \mu_1 = \cdots = \mu_n$

〔4〕観測値 $X_1, \ldots, X_n, Y_1, \ldots, Y_n$ のうち，X_1 が欠測となった場合を考える。このとき，上問〔3〕における (a) の帰無仮説に対する分散分析に基づく検定は，Y_1 を除いた残りの $n-1$ 組のデータだけを用いた分散分析に基づく検定と同じになることを説明せよ。

〔5〕上問〔4〕と同様に X_1 が欠測となった場合，上問〔3〕における (b) の帰無仮説に対する分散分析に基づく検定は，データから Y_1 を除いて行った分散分析に基づく検定と同じかどうか，理由とともに述べよ。

解答例

〔1〕$D_i = Y_i - X_i$ は正規分布に従い，その期待値は $E[D_i] = E[Y_i] - E[X_i] = \theta$ であり，X_i と Y_i は独立であるので，分散は $V[D_i] = V[Y_i] + V[X_i] = 2\sigma^2$ となる。よって，D_i は $N(\theta, 2\sigma^2)$ に従う。

〔2〕条件 $E[Z_{i1}] = E[X_i]$ および $E[Z_{i2}] = E[Y_i]$ はそれぞれ

$$\nu + a_i + b_1 = \mu_i, \quad \nu + a_i + b_2 = \mu_i + \theta$$

と書ける。両辺を i に関して平均すると，制約条件 $\displaystyle\sum_{i=1}^{n} a_i = 0$ より

$$\nu + b_1 = \bar{\mu}, \quad \nu + b_2 = \bar{\mu} + \theta$$

を得る。ここで，$\bar{\mu} = (\mu_1 + \cdots + \mu_n)/n$ である。さらにこれら 2 つの式の平均を取れば，$b_1 + b_2 = 0$ より

$$\nu = \bar{\mu} + \frac{\theta}{2}$$

を得る。あとは逆に代入することにより，

$$b_1 = \bar{\mu} - \nu = -\frac{\theta}{2}, \quad b_2 = \bar{\mu} + \theta - \nu = \frac{\theta}{2}$$

および

$$a_i = \mu_i - \nu - b_1 = \mu_i - \bar{\mu}$$

となる。

〔3〕全平均を

$$m=\sum_{i=1}^{n}\sum_{j=1}^{2}Z_{ij}$$

とし，パラメータ $a_1,\dots,a_n$ の因子を A とし，パラメータ b_1，b_2 の因子を B としたとき，それぞれの因子の各水準での平均を

$$m_{Ai}=(Z_{i1}+Z_{i2})/2 \quad (i=1,\ \dots\ ,n),\quad m_{Bj}=\frac{1}{n}\sum_{i=1}^{n}Z_{ij} \quad (j=1,2)$$

とすると，各偏差平方和 S_A，S_B，S_E は

$$S_A=\sum_{i=1}^{n}\left\{(Z_{i1}-m_{Ai})^2+(Z_{i2}-m_{Ai})^2\right\}$$

$$S_B=\sum_{i=1}^{n}(Z_{i1}-m_{B1})^2+\sum_{i=1}^{n}(Z_{i2}-m_{B2})^2$$

$$S_E=\sum_{i=1}^{n}\sum_{j=1}^{2}(Z_{ij}-m_{Ai}-m_{Bj}+m)^2$$

となる。また，各自由度は $\phi_A=n-1$，$\phi_B=1$，$\phi_E=n-1$ である。

(a) 仮説 $\theta=0$ は仮説 $b_j=0$ $(j=1,\ 2)$ と同値であるため，要因Bの効果に関する検定を行えばよい。よって，適切な検定統計量は $(S_B/\phi_B)/(S_E/\phi_E)$ であり，帰無分布は自由度 $(\phi_B,\ \phi_E)$ の F 分布である。

(b) 仮説 $\mu_1=\cdots=\mu_n$ は仮説 $a_i=0$ $(i=1,\dots,n)$ と同値であるため，要因Aの効果に関する検定を行えばよい。よって，適切な検定統計量は $(S_A/\phi_A)/(S_E/\phi_E)$ であり，帰無分布は自由度 $(\phi_A,\ \phi_E)$ の F 分布である。

〔4〕直感的には，μ_1 は未知であるため Y_1 から θ の情報は得られないことから，残りの $n-1$ 組のデータで検定を行えばよいと考えられる。このことを，分散分析の考え方に従って確認する。

まず Y_1 を除かない場合の検定統計量を求める。要因Bの有無に関する平方和を

$$S_B=\sum_{i=2}^{n}(\hat{X}_i-\hat{X}_i^0)^2+\sum_{i=1}^{n}(\hat{Y}_i-\hat{Y}_i^0)^2$$

と置く。ここで $\hat{X}_i^0$，$\hat{Y}_i^0$ は帰無仮説 $\theta=0$ における X_i，Y_i の当てはめ値であり，$\hat{X}_i$，$\hat{Y}_i$ は対立仮説 $\theta\neq0$ における X_i，Y_i の当てはめ値である。また，残差平方和を

$$S_E=\sum_{i=2}^{n}(X_i-\hat{X}_i)^2+\sum_{i=1}^{n}(Y_i-\hat{Y}_i)^2$$

と置く。このとき，分散分析の検定統計量は

$$F=\frac{S_B/\phi_B}{S_E/\phi_E}$$

と表される。ここで，$\phi_B=1$，$\phi_E=n-2$ はそれぞれの自由度である（問題文より

$n \geq 3$ であることに注意)。

平方和 S_B と S_E を具体的に計算する。帰無仮説 $\theta = 0$ における最尤推定量を計算すると，

$$\hat{\mu}_1^0 = Y_1, \quad \hat{\mu}_i^0 = \frac{X_i + Y_i}{2} \quad (i = 2, \ldots, n)$$

となる。また，対立仮説 $\theta \neq 0$ における最尤推定量は

$$\hat{\mu}_1 = Y_1 - \hat{\theta}, \quad \hat{\mu}_i = \frac{X_i + Y_i - \hat{\theta}}{2} \quad (i = 2, \ldots, n), \quad \hat{\theta} = \bar{Y}_{2:n} - \bar{X}_{2:n}$$

となる。ただし $\bar{X}_{2:n}$ は $X_2, \ldots, X_n$ の標本平均，$\bar{Y}_{2:n}$ は $Y_2, \ldots, Y_n$ の標本平均を表す。よって，X_i, Y_i の当てはめ値は

$$\hat{Y}_1 = Y_1, \quad \hat{X}_i = \frac{X_i + Y_i - \hat{\theta}}{2}, \quad \hat{Y}_i = \frac{X_i + Y_i + \hat{\theta}}{2}$$

となる。よって，各平方和は

$$\begin{aligned} S_B &= \sum_{i=2}^{n} \left(\frac{X_i + Y_i - \hat{\theta}}{2} - \frac{X_i + Y_i}{2} \right)^2 + \sum_{i=2}^{n} \left(\frac{X_i + Y_i + \hat{\theta}}{2} - \frac{X_i + Y_i}{2} \right)^2 \\ &= \frac{(n-1)\hat{\theta}^2}{2} \end{aligned}$$

および

$$\begin{aligned} S_E &= \sum_{i=2}^{n} \left(X_i - \frac{X_i + Y_i - \hat{\theta}}{2} \right)^2 + \sum_{i=2}^{n} \left(Y_i - \frac{X_i + Y_i + \hat{\theta}}{2} \right)^2 \\ &= \frac{1}{2} \sum_{i=2}^{n} (Y_i - X_i - \hat{\theta}^2)^2 \end{aligned}$$

となる。

Y_1 を除く場合も，μ_1 以外の最尤推定量は上記と同じとなり，S_B, S_E, ϕ_B, ϕ_E も同じ式となる。よって，2つの検定方式は同等である。

〔5〕帰無仮説 $\mu_1 = \cdots = \mu_n$ の検定については，Y_1 を無視することはできない。例えば Y_1 が $Y_2, \ldots, Y_n$ から非常に離れた値を取った場合には $\mu_1 \neq \mu_i$ $(i = 2, \ldots, n)$ と判断するのが合理的である。このことを上問〔4〕と同じように分散分析の考え方に従って確認する。検定統計量は

$$F = \frac{S_A/\phi_A}{S_E/\phi_E}$$

である。ここで S_A は要因 A の有無に関する平方和であり，$\phi_A = n - 1$ である。S_E と ϕ_E は上問〔4〕と同じである。

Y_1 を除かずに帰無仮説 $\mu_1 = \cdots = \mu_n\ (= \mu)$ の下での最尤推定量を求めると，

$$\hat{\mu}^0 = \bar{X}_{2:n}, \quad \hat{\theta}^0 = \bar{Y} - \bar{X}_{2:n}$$

となり，当てはめる値は

$$\hat{X}_i^0 = \bar{X}_{2:n}, \ \hat{Y}_i^0 = \bar{Y}$$

となる。ただし $\bar{Y} = n^{-1}\sum_{i=1}^{n} Y_i$ である。対立仮説における当てはめ値は上問〔4〕で求めたものと同じであるので，

$$S_A = \sum_{i=2}^{n}\left(\frac{X_i + Y_i - \hat{\theta}}{2} - \bar{X}_{2:n}\right)^2 + (Y_1 - \bar{Y})^2 + \sum_{i=2}^{n}\left(\frac{X_i + Y_i + \hat{\theta}}{2} - \bar{Y}\right)^2$$

となる。特に，$Y_1 \to \infty$ とすると S_A が発散することがわかる。

一方 Y_1 を除く場合，帰無仮説の下での当てはめ値は

$$\hat{X}_i^0 = \bar{X}_{2:n},\ \hat{Y}_i^0 = \bar{Y}_{2:n}$$

であるので，

$$S_A = \sum_{i=2}^{n}\left(\frac{X_i + Y_i - \hat{\theta}}{2} - \bar{X}_{2:n}\right)^2 + \sum_{i=2}^{n}\left(\frac{X_i + Y_i + \hat{\theta}}{2} - \bar{Y}_{2:n}\right)^2$$

となる。ここで $Y_1 \to \infty$ としても S_A は発散しない。以上から 2 つの検定方式は異なることがわかる。

統計応用（人文科学）問 1

次の令美さんと和夫君の会話文を読み，以下の各問に答えよ。なお，本問の計算では，サンプルサイズが n のとき，標本分散の偏差平方和の除数ならびに共分散の偏差積和の除数を共に n とする。

令美：　北京で行われた冬季オリンピックのカーリング女子の試合は盛り上がったわね。

和夫：　対戦した2チームの得点で勝敗を争うんだよね。確か10チームが予選を戦ったんだよね，引き分けはないのかな。得点の分布はどうだったんだろう。

令美：　予選リーグの対戦は10チーム総当たりなので，全部で45試合あったのね。試合で勝ったチームの得点を x として負けたチームの得点を y とすると，x の得点分布と y の得点分布は図1のようで，x と y の平均と分散，それから $(x,\ y)$ の相関係数は表1のようだったのね。最後に勝負がつくまで戦うので引き分けはなくて $x-y>0$ なの。

和夫：　なるほど。得点がたくさん入った試合は盛り上がるし，得点差が小さい接戦の試合も盛り上がるよね。各試合での両チームの得点の和 $x+y$ と差 $x-y$ はどれくらいだったんだろう。それから，得点の和と差の間って相関があるんだろうか。

令美：　日本チームは予選リーグ突破の4チームに入って，決勝トーナメントでは1回戦でスイスに勝ったけど，決勝でイギリスに負けて銀メダルだったのね。

和夫：　予選リーグでのスイスチームと日本チームの得点の分布ってどうだったんだろう。

令美：　両チームの予選リーグでの得点の平均と分散は表2のようだったの。日本チームのほうが得点のばらつきが大きかったようね。

和夫：　表2を見ると，スイスチームのほうが予選リーグでの得点の平均が大きいから，日本チームが勝つ確率は0.5よりも小さいって思われていたのかな。

令美：　そうなの。それでも日本が勝ったから盛り上がったわけね。

表1：勝ちチームの得点 (x) と負けチームの得点 (y) の基本統計量

	対戦数	平均	分散	相関係数
勝ちチーム (x)	45	8.6	2.0	0.16
負けチーム (y)	45	4.9	2.0	

表2：予選リーグでの日本とスイスの得点の平均と分散

チーム	平均	分散
日本	7.1	6.1
スイス	7.4	1.4

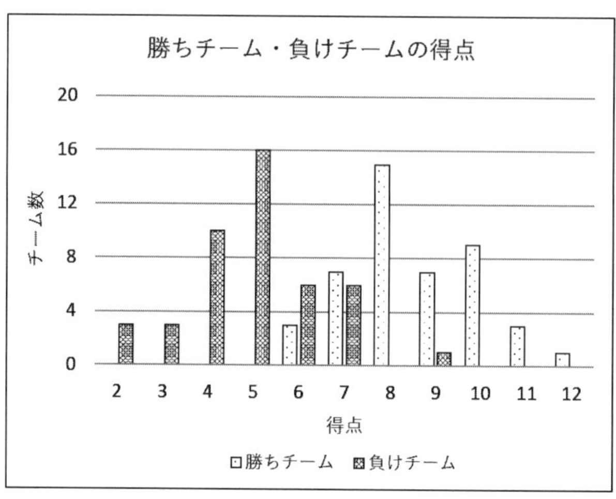

図 1：勝ちチームの得点 (x) と負けチームの得点 (y) の分布

資料：国際オリンピック委員会「北京 2022：カーリング」

（注：実際の数値を若干変更）

〔1〕表 1 における勝ちチームの 45 試合分の得点と負けチームの 45 試合分の得点を合せた 90 個の得点の平均と分散を求めよ。

〔2〕第 i 試合における勝ちチームの得点を x_i とし，負けチームの得点を y_i としたとき $(i = 1, \ldots, 45)$，両チームの得点の和 $w_i = x_i + y_i$ と差 $d_i = x_i - y_i$ の平均と分散をそれぞれ求めよ。

〔3〕上問〔2〕の和 w_i と差 d_i $(i = 1, \ldots, 45)$ の間の相関係数を求めよ。

〔4〕次の手順によって，決勝トーナメントでスイスチームと日本チームが対戦したときに日本チームが勝つ確率の近似値を求めよ。

(a) 日本チームの得点を表す確率変数を U とし，スイスチームの得点を表す確率変数を V とする。

(b) U と V は互いに独立にそれぞれ表 2 に与えられた平均と分散をもつ正規分布に従うとする。すなわち，$U \sim N(7.1,\ 6.1)$，$V \sim N(7.4,\ 1.4)$ である。

(c) 日本チームが勝つ確率を $P(U - V \geq 0)$ で近似し，正規分布表を用いて値を求める。

解答例

〔1〕勝ちチームの得点の平均と分散をそれぞれ $\bar{x}$ および s_x^2 とし，負けチームの得点の平均と分散をそれぞれ $\bar{y}$ と s_y^2 とする。また，全体での得点の平均と分散を $\bar{t}$ および s_t^2 とする。両群でのサンプルサイズが等しく n であると，全体での平均は

$$\bar{t} = \frac{1}{2n}(n\bar{x} + n\bar{y}) = \frac{\bar{x} + \bar{y}}{2}$$

となる。したがって，数値を代入して $\bar{t} = (8.6 + 4.9)/2 = 6.75$ を得る。

全体での分散は，除数が $2n$ であることに注意して

$$\begin{aligned}
s_t^2 &= \frac{1}{2n}\left\{\sum_{i=1}^{n}(x_i - \bar{t})^2 + \sum_{i=1}^{n}(y_i - \bar{t})^2\right\} \\
&= \frac{1}{2n}\left\{\sum_{i=1}^{n}(x_i - \bar{x} + \bar{x} - \bar{t})^2 + \sum_{i=1}^{n}(y_i - \bar{y} + \bar{y} - \bar{t})^2\right\} \\
&= \frac{1}{2n}\left\{\sum_{i=1}^{n}(x_i - \bar{x})^2 + n(\bar{x} - \bar{t})^2 + \sum_{i=1}^{n}(y_i - \bar{y})^2 + n(\bar{y} - \bar{t})^2\right\} \\
&= \frac{1}{2n}\left\{\sum_{i=1}^{n}(x_i - \bar{x})^2 + \sum_{i=1}^{n}(y_i - \bar{y})^2\right\} + \frac{1}{2n}\left\{\frac{n}{4}(\bar{x} - \bar{y})^2 + \frac{n}{4}(\bar{y} - \bar{x})^2\right\} \\
&= \frac{s_x^2 + s_y^2}{2} + \frac{(\bar{x} - \bar{y})^2}{4}
\end{aligned}$$

と求められる。$\bar{x} = 8.6$，$\bar{y} = 4.9$，$s_x^2 = 2.0$，$\mathrm{s}_y^2 = 2.0$ を代入すると，

$${s_t}^2 = \frac{2.0 + 2.0}{2} + \frac{(8.6 - 4.9)^2}{4} = 5.4225$$

となる。

〔2〕和 $w_i = x_i + y_i$ および差 $d_i = x_i - y_i$ の平均はそれぞれ

$$\bar{w} = \bar{x} + \bar{y}, \quad \bar{d} = \bar{x} - \bar{y}$$

であり，$s_{xy} = r_{xy}s_x s_y$ を x_i と y_i の共分散とすると，和と差の分散はそれぞれ

$$s_w^2 = s_x^2 + s_y^2 + 2\mathrm{s}_{xy}, \quad s_d^2 = s_x^2 + s_y^2 - 2s_{xy}$$

となる。これらの式に各数値を代入すると，平均はそれぞれ

$$\bar{w} = 8.6 + 4.9 = 13.5, \quad \bar{d} = 8.6 - 4.9 = 3.7$$

であり，共分散が

$$s_{xy} = \sqrt{2.0}\sqrt{2.0} \times 0.16 = 0.32$$

であるので，和と差の分散はそれぞれ

$$s_w^2 = 2.0 + 2.0 + 2 \times 0.32 = 4.64, \quad s_d^2 = 2.0 + 2.0 - 2 \times 0.32 = 3.36$$

と求められる。

〔3〕和 w と差 d の共分散は $s_{wd} = s_x^2 - s_y^2$ であり，相関係数は $r_{wd} = s_{wd}/(s_w s_d)$ となるため，本問では $s_x^2 - s_y^2 = 0$ より $r_{wd} = 0$ となる。

〔4〕 $U \sim N(7.1,\ 6.1)$，$V \sim N(7.4,\ 1.4)$ であり，U と V は独立であるので，$U-V \sim N(-0.3,\ 7.5)$ となる。したがって，$Z=(U-V+0.3)/\sqrt{7.5}$ とすれば，Z は標準正規分布 $N(0,\ 1)$ に従う。よって，正規分布表から

$$P(U-V \geq 0)=P(Z \geq 0.3/\sqrt{7.5}) \approx P(Z \geq 0.11) \approx 0.4562$$

を得る。

統計応用（人文科学） 問２

2変量データを用いた2群 G_1，G_2 の判別の問題を考える。ここでは，群 G_g $(g=1,\ 2)$ の母集団分布を分散共分散行列が等しい2変量正規分布 $N_2(\boldsymbol{\mu}_g,\ \Sigma)$ とし，Σ は正則とする。観測値 $\boldsymbol{x}=(x_1,\ x_2)^T$ と G_g の母平均 $\boldsymbol{\mu}_g=(\mu_{g1},\ \mu_{g2})^T$ との間のマハラノビス平方距離を

$$D_g^2=(\boldsymbol{x}-\boldsymbol{\mu}_g)^T\Sigma^{-1}(\boldsymbol{x}-\boldsymbol{\mu}_g) \quad (g=1,\ 2)$$

とする。ここで，上付き添え字の ^{T} は行列もしくはベクトルの転置を表す。

本問では，$\mathbf{1}=\begin{pmatrix}1\\1\end{pmatrix}$ および $R=\begin{pmatrix}1 & 0.5\\0.5 & 1\end{pmatrix}$ として，群 G_1 のデータの母集団分布を $N_2(\mathbf{1},\ R)$ とし，群 G_2 のデータの母集団分布を $N_2(-\mathbf{1},\ R)$ とする。このとき，以下の各問に答えよ。なお，1変量正規分布 $N(\mu,\ \sigma^2)$ の確率密度関数は

$$f(x)=\frac{1}{\sqrt{2\pi}\sigma}\exp\left[-\frac{(x-\mu)^2}{2\sigma^2}\right]$$

である。

〔1〕 2変量確率変数 $\boldsymbol{X}=(X_1,\ X_2)^T$ に対し，変数の和を $Y=X_1+X_2$ とする。$\boldsymbol{X}$ が G_1 の分布に従うときの Y の従う分布，および $\boldsymbol{X}$ が G_2 の分布に従うときの Y の従う分布の期待値と分散をそれぞれ求めよ。

〔2〕 設問の分布の設定における，観測値 $\boldsymbol{x}=(x_1,\ x_2)^T$ と各群の母平均との間のマハラノビス平方距離 D_1^2 および D_2^2 を求め，$D_1^2=D_2^2$ となるための x_1 と x_2 の条件を示せ。

〔3〕 設問の分布の設定で，群 G_1 および G_2 の事前確率を考慮しない判別関数を $Y=X_1+X_2$ とし，判別基準を「$Y \geq 0$ のとき G_1，$Y<0$ のとき G_2 と判別」とする（これを判別方式1とする）。群 G_1 および G_2 の事前確率をそれぞれ $\pi_1=2/3$ および $\pi_2=1/3$ としたとき，判別方式1の誤判別の確率 $Q=(2/3)P(Y<0|G_1)+(1/3)P(Y \geq 0|G_2)$ はいくらか。

〔4〕 G_1 と G_2 の事前確率 π_1，π_2 が上問〔3〕と同じであるとき，定数 c を定めて，判別関数 $Y=X_1+X_2$ の判別基準を「$Y \geq c$ のとき G_1，$Y<c$ のとき G_2 と判別」とする。

ここで，c は誤判別の確率 $Q^* = (2/3)P(Y < c|G_1) + (1/3)P(Y \geq c|G_2)$ が最小となるように選ぶ（この判別方式を判別方式 2 とする）。このときの c の値を求めよ。また，判別方式 2 の誤判別の確率 Q^* はいくらか。

解答例

〔1〕$\boldsymbol{X} \sim N_2(\mathbf{1},\ R)$ で $\mathbf{1} = \begin{pmatrix} 1 \\ 1 \end{pmatrix}$ および $R = \begin{pmatrix} 1 & 0.5 \\ 0.5 & 1 \end{pmatrix}$ のとき，$Y = X_1 + X_2$ は正規分布に従い，期待値は $E[Y] = 1 + 1 = 2$，分散は $V[Y] = 1 + 1 + 2 \times 0.5 = 3$ であるので，Y は $N(2,\ 3)$ に従う。一方，$\boldsymbol{X} \sim N_2(-\mathbf{1},\ R)$ のとき，$Y = X_1 + X_2$ も正規分布に従い，$E[Y] = -1 - 1 = -2$ および $V[Y] = 1 + 1 + 2 \times 0.5 = 3$ であるので，Y は $N(-2,\ 3)$ に従う。

〔2〕$R = \begin{pmatrix} 1 & 0.5 \\ 0.5 & 1 \end{pmatrix}$ の逆行列は $R^{-1} = \dfrac{1}{0.75}\begin{pmatrix} 1 & -0.5 \\ -0.5 & 1 \end{pmatrix}$ である。よって，$\boldsymbol{x}$ と各群の平均との間のマハラノビス平方距離は，それぞれ

$$
\begin{aligned}
D_1^2 &= (\boldsymbol{x} - \mathbf{1})^T \frac{1}{0.75}\begin{pmatrix} 1 & -0.5 \\ -0.5 & 1 \end{pmatrix}(\boldsymbol{x} - \mathbf{1}) \\
&= \frac{1}{0.75}(x_1 - 1, x_2 - 1)\begin{pmatrix} 1 & -0.5 \\ -0.5 & 1 \end{pmatrix}\begin{pmatrix} x_1 - 1 \\ x_2 - 1 \end{pmatrix} \\
&= \frac{1}{0.75}\{(x_1 - 1)^2 + (x_2 - 1)^2 - (x_1 - 1)(x_2 - 1)\} \\
&= \frac{1}{0.75}\{({x_1}^2 - 2x_1 + 1) + ({x_2}^2 - 2x_2 + 1) - (x_1x_2 - x_1 - x_2 + 1)\} \\
&= \frac{1}{0.75}({x_1}^2 + {x_2}^2 - x_1x_2 - x_1 - x_2 + 1)
\end{aligned}
$$

および

$$
\begin{aligned}
D_2^2 &= (\boldsymbol{x} + \mathbf{1})^T \frac{1}{0.75}\begin{pmatrix} 1 & -0.5 \\ -0.5 & 1 \end{pmatrix}(\boldsymbol{x} + \mathbf{1}) \\
&= \frac{1}{0.75}(x_1 + 1, x_2 + 1)\begin{pmatrix} 1 & -0.5 \\ -0.5 & 1 \end{pmatrix}\begin{pmatrix} x_1 + 1 \\ x_2 + 1 \end{pmatrix} \\
&= \frac{1}{0.75}\{(x_1 + 1)^2 + (x_2 + 1)^2 - (x_1 + 1)(x_2 + 1)\} \\
&= \frac{1}{0.75}\{({x_1}^2 + 2x_1 + 1) + ({x_2}^2 + 2x_2 + 1) - (x_1x_2 + x_1 + x_2 + 1)\} \\
&= \frac{1}{0.75}({x_1}^2 + {x_2}^2 - x_1x_2 + x_1 + x_2 + 1)
\end{aligned}
$$

となる。したがって，$D_1^2 = D_2^2$ と置いて $x_1 + x_2 = 0$ を得る。

〔3〕群 G_1 の下では Y は $N(2,\ 3)$ に従う。よって，Z を $N(0,\ 1)$ に従う確率変数として，

$$P(Y<0|G_1)=P\left(\frac{Y-2}{\sqrt{3}}<\frac{0-2}{\sqrt{3}}\right)=P\left(Z<-\frac{2}{\sqrt{3}}\right)$$
$$\approx P(Z<-1.15)\approx 0.1251$$

となる。一方，群 G_2 の下では Y は $N(-2,\ 3)$ に従う。よって，

$$P(Y>0|G_2)=P\left(\frac{Y+2}{\sqrt{3}}>\frac{0+2}{\sqrt{3}}\right)=P\left(Z>\frac{2}{\sqrt{3}}\right)$$
$$\approx P(Z>1.15)\approx 0.1251$$

と同じ値になる。よって，誤判別の確率は

$$Q=\frac{2}{3}\times 0.1251+\frac{1}{3}\times 0.1251=0.1251$$

となる。

〔4〕群 G_1 および G_2 の確率密度関数が $f_1(x)$，$f_2(x)$ で，事前確率が $\pi_1=2/3$，$\pi_2=1/3$ のとき，両群の確率密度関数 $(2/3)f_1(x)$，$(1/3)f_2(x)$ のグラフは次のようである。

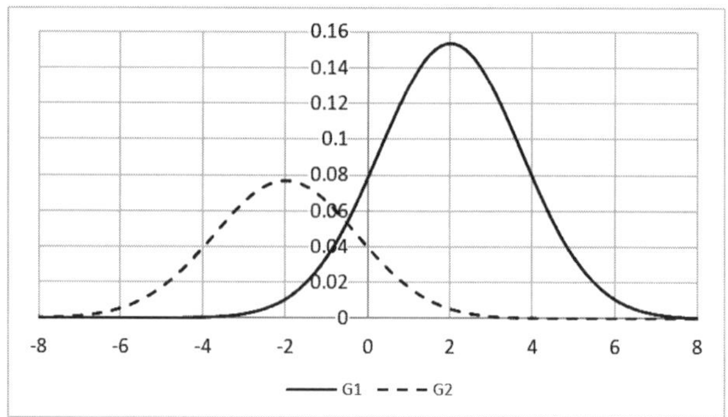

誤判別の確率を最小とするしきい値 c は，両群の確率密度関数の値が同じになる点，すなわち，$(2/3)f_1(c)=(1/3)f_2(c)$ となる c で与えられる。誤判別の確率は，この c の両側の確率密度関数のすそ側の曲線下の面積となる。しきい値がこの c からずれると，いずれかの曲線下の面積は増大するため，誤判別の確率は大きくなる。

両群の確率密度関数の比を取り，上問〔1〕の結果より

$$\frac{\pi_1 f_1(c)}{\pi_2 f_2(c)}=\frac{\dfrac{2}{3}\times\dfrac{1}{\sqrt{2\pi}\sqrt{3}}\exp\left[-\dfrac{(c-2)^2}{2\times 3}\right]}{\dfrac{1}{3}\times\dfrac{1}{\sqrt{2\pi}\sqrt{3}}\exp\left[-\dfrac{(c+2)^2}{2\times 3}\right]}=2\exp\left[-\frac{(c-2)^2}{6}+\frac{(c+2)^2}{6}\right]=1$$

となるので，対数を取って変形することにより，

$$\frac{1}{6}\{-(c-2)^2+(c+2)^2\}=\log(1/2)$$

$$8c = 6\log(1/2)$$
$$c = -\frac{3}{4}\log 2 \approx -0.52$$

を得る。

各群での誤判別の確率は，群 G_1 では $Y \sim N(2,\ 3)$ で，

$$P(Y < -0.52|G_1) = P\left(\frac{Y-2}{\sqrt{3}} < \frac{-0.52-2}{\sqrt{3}}\right) \approx P(Z < -1.45) \approx 0.074$$

であり，群 G_2 では $Y \sim N(-2,\ 3)$ で，

$$P(Y > -0.52|G_2) = P\left(\frac{Y+2}{\sqrt{3}} > \frac{-0.52+2}{\sqrt{3}}\right) \approx P(Z > 0.85) \approx 0.198$$

である。したがって，全体での誤判別の確率は

$$Q^* = \frac{2}{3} \times 0.074 + \frac{1}{3} \times 0.198 \approx 0.115$$

となる。

統計応用（人文科学）問3

クラスター分析において，P 変量の観測値 n 個を K 個のクラスター $C_1, \ldots, C_K$ に分割することを考える。このとき，第 i 観測値が第 k クラスター C_k に属することを $i \in C_k$ $(i=1, \ldots, n;\ k=1, \ldots, K)$ と記す。ここでは，観測値のクラスター内変動 $W(C_k)$ をユークリッド2乗距離を用いて

$$W(C_k) = \frac{1}{|C_k|}\sum_{\substack{i,j\in C_k \\ i<j}}\sum_{p=1}^{P}(x_{ip}-x_{jp})^2 \tag{1}$$

と定義する。ここで，$|C_k|$ は C_k 内の観測値数であり，x_{ip} は第 i 観測値の第 p 変量の値を表す。

2変量 $(X,\ Y)$ からなる5つの観測値のデータは表1のようであるとすると，各観測値間のユークリッド2乗距離は表2で与えられる。以下の各問に答えよ。

表1：データ

観測値 No.	X	Y
1	0	3
2	1	0
3	1	2
4	2	0
5	-1	1

表2：観測値間のユークリッド2乗距離

観測値 No.	1	2	3	4	5
1	0	10	2	13	5
2	10	0	4	1	5
3	2	4	0	5	5
4	13	1	5	0	10
5	5	5	5	10	0

〔1〕表 2 に基づく階層的クラスター分析を行う。

〔1-1〕最短距離法（最近隣法）によるデンドログラムと最長距離法（最遠隣法）によるデンドログラムを描け。

〔1-2〕最短距離法と最長距離法のデンドログラムに基づく $K=2$ のクラスターをそれぞれ示せ。

〔1-3〕上問〔1-2〕で形成された 2 つのクラスターについて，クラスター内変動の和 $W(C_1)+W(C_2)$ を求めよ。

〔2〕k-means 法による非階層的クラスター分析を行う。k-means 法は，クラスター数 K が与えられたとき，目的関数 $\sum_{k=1}^{K} W(C_k)$ を最小化する K 個のクラスターを探す手法である。この場合，式 (1) の $W(C_k)$ は，$\bar{x}_{kp}=\frac{1}{|C_k|}\sum_{i\in C_k} x_{ip}$ として，

$$W(C_k)=\sum_{i\in C_k}\sum_{p=1}^{P}(x_{ip}-\bar{x}_{kp})^2 \tag{2}$$

と書き直すことができる。

k-means 法は次のようなアルゴリズムでクラスタリングを行う。

Ⅰ：定められたクラスター数を K としたとき，1 から K の値をランダムに各観測値に割り当てる。これを初期クラスターとする。

Ⅱ：以下を繰返し，クラスターの割り当てが変化しなくなったら終了する。

ⅰ）K 個の各クラスターにおいて $\bar{x}_{kp}$ を計算する。

ⅱ）すべての観測値 i について，クラスター C_k に対しユークリッド 2 乗距離 $\sum_{p=1}^{P}(x_{ip}-\bar{x}_{kp})^2$ を計算する。各観測値を，この値が最も小さいクラスター C_k に割り当てることで，新しいクラスターを形成する。

〔2-1〕表 1 のデータに対し，$K=2$ とした場合の初期クラスターとして，観測値番号の $1,\ 2\in C_1$，$3,\ 4,\ 5\in C_2$ が得られたとする。このときの $\bar{x}_{kp}$ $(k=1,\ 2;\ p=1,\ 2)$ を求めよ。また，クラスター C_k ごとに $\sum_{p=1}^{P}(x_{ip}-\bar{x}_{kp})^2$ $(i=1,\dots,5;\ p=1,\ 2)$ を計算し $(k=1,\ 2)$，新たに得られたクラスターを示した上で，このときのクラスター内変動の和 $W(C_1)+W(C_2)$ を求めよ。

〔2-2〕上記のアルゴリズムを繰返すたびに目的関数 $\sum_{k=1}^{K} W(C_k)$ の値が減少する。このことについて説明せよ。また，k-means 法は初期クラスターによって結果が異なり，目的関数が最小になる値が常に得られるわけではない。目的関数の値をなるべく小さくする方法について記述せよ。

解答例

〔1〕

〔1-1〕それぞれのデンドログラムは次の図のようになる。

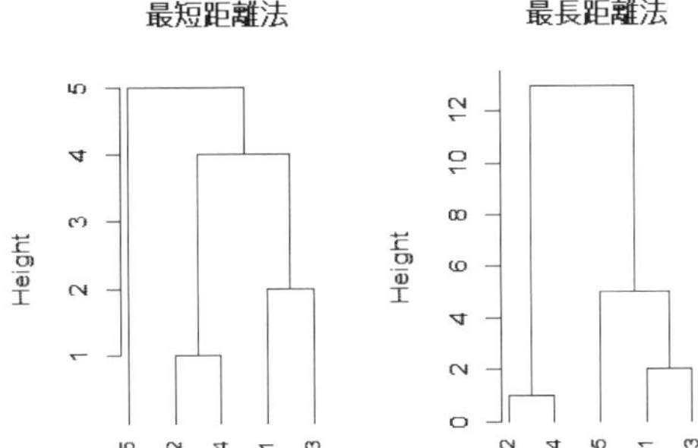

〔1-2〕$K = 2$ とすると，上問〔1-1〕のデンドログラムより，最短距離法のクラスターは $\{1, 2, 3, 4\}$ と $\{5\}$ に，最長距離法のクラスターは $\{1, 3, 5\}$ と $\{2, 4\}$ になる。

〔1-3〕最短距離法のクラスターでは

$$W(C_1) + W(C_2) = (10 + 2 + 13 + 4 + 1 + 5)/4 + 0/1 = 35/4$$

となり，最長距離法のクラスターでは

$$W(C_1) + W(C_2) = (2 + 5 + 5)/3 + (1)/2 = 9/2$$

となる。

〔2〕

〔2-1〕C_1 については $\bar{x}_{11} = 1/2$，$\bar{x}_{12} = 3/2$ となり，C_2 については $\bar{x}_{21} = 2/3$，$\bar{x}_{22} = 1$ となる。このことから，各観測値とのユークリッド2乗距離は，次の表の2列目および3列目になる。4列目に値の小さいほうを記した。つまり，次のクラスターは $\{1, 3, 5\}$ と $\{2, 4\}$ となる。

観測値 No.	C_1	C_2	
1	**5/2**	40/9	C_1
2	5/2	**10/9**	C_2
3	**1/2**	10/9	C_1
4	9/2	**25/9**	C_2
5	**5/2**	25/9	C_1

これは上問〔1-3〕で形成された最長距離法によるクラスターと同じになり，問題文の式 (1) と式 (2) は同値であることより，$W(C_1) + W(C_2) = (2 + 5 + 5)/3 + (1)/2 = 9/2$ となる。

なお，問題文の式 (1) と式 (2) が同値であることは計算により確かめられるが，このことは，$x_1, \ldots, x_n$ を n 個の観測値とし，それらの標本平均を $\bar{x}$ としたとき，各観測値間の差の2乗和と平均からの偏差平方和の関係

$$\frac{1}{n}\sum_{i<j}(x_i - x_j)^2 = \sum_{i=1}^{n}(x_i - \bar{x})^2 \qquad (*)$$

がある。式 (*) は，式変形により

$$\begin{aligned}
&\frac{1}{n}\sum_{i<j}(x_i - x_j)^2 \\
&= \frac{1}{2n}\sum_{i=1}^{n}\sum_{j=1}^{n}(x_i - x_j)^2 \\
&= \frac{1}{2n}\sum_{i=1}^{n}\sum_{j=1}^{n}\{(x_i - \bar{x}) - (x_j - \bar{x})\}^2 \\
&= \frac{1}{2n}\sum_{i=1}^{n}\sum_{j=1}^{n}\{(x_i - \bar{x})^2 + (x_j - \bar{x})^2 - 2(x_i - \bar{x})(x_j - \bar{x})\} \\
&= \frac{1}{2n}\left\{n\sum_{i=1}^{n}(x_i - \bar{x})^2 + n\sum_{j=1}^{n}(x_j - \bar{x})^2 - 2\sum_{i=1}^{n}(x_i - \bar{x})\sum_{j=1}^{n}(x_j - \bar{x})\}\right\} \\
&= \sum_{i=1}^{n}(x_i - \bar{x})^2
\end{aligned}$$

と示される。

〔2-2〕C_k 内の観測値に関して，偏差平方和 $\sum_{i \in C_k}(x_{ip} - m)^2$ を最小にする定数 m はアルゴリズムの i) で計算される $\bar{x}_{kp}$ で与えられる。すなわち $\sum_{i \in C_k}(x_{ip} - \bar{x}_{kp})^2$ は偏差平方和の最小値となる。また，ii) における再割り当てでは，各個体を平均値からの距離が最も短いクラスターに割り当てることから，問題文の式 (2) を小さくする（少なくとも増大はしない)。これを繰り返すことによって，目的関数 $\sum_{k=1}^{K} W(C_k)$ の値が減少する。

目的関数をなるべく小さくするクラスターを形成するためには，一般に，初期クラスターをランダムに決めることを何度か繰り返し，それぞれの中で最小になる結果を選択する。

統計応用（人文科学） 問4

心理テストや種々の質問票などを用いた態度や能力の測定では，評価指標として m 個の測定項目のスコア $X_1, \ldots, X_m$ の合計 $T = X_1 + \cdots + X_m$ がよく用いられる。そして，測定の信頼性を表す指標としてクロンバックの α 係数が用いられることが多い。m 個の測定項目間の分散共分散行列および相関行列をそれぞれ

$$S = \begin{pmatrix} s_1^2 & s_{12} & \cdots & s_{1m} \\ s_{21} & s_2^2 & \cdots & s_{2m} \\ \vdots & \vdots & \ddots & \vdots \\ s_{m1} & s_{m2} & \cdots & s_m^2 \end{pmatrix}, \quad R = \begin{pmatrix} 1 & r_{12} & \cdots & r_{1m} \\ r_{21} & 1 & \cdots & r_{2m} \\ \vdots & \vdots & \ddots & \vdots \\ r_{m1} & r_{m2} & \cdots & 1 \end{pmatrix}$$

としたとき，クロンバックの α 係数は，合計スコア T の分散を s_T^2 として，

$$\alpha = \frac{m}{m-1}\left(1 - \frac{\sum_{j=1}^{m} s_j^2}{s_T^2}\right) \tag{1}$$

によって定義される。また，クロンバックの α 係数には，相関を用いた定義もある。$Z_1, \ldots, Z_m$ を標準偏差を1に標準化したスコアとし，それらのスコアの合計 $W = Z_1 + \cdots + Z_m$ の分散を s_W^2 としたとき，相関係数に基づくクロンバックの α 係数は

$$\alpha' = \frac{m}{m-1}\left(1 - \frac{m}{s_W^2}\right) \tag{2}$$

と定義される。以下の各問に答えよ。

〔1〕測定の信頼性と妥当性とは何かを簡潔に説明せよ。特に，信頼性を表す尺度が高いことが必ずしもいいとは限らないことを，わかりやすい例を用いて示せ。

〔2〕分散共分散行列 S における m 個の分散 $s_1^2, \ldots, s_m^2$ の平均を $\bar{V}$ とし，$m(m-1)/2$ 個の共分散 s_{jk} $(j, k = 1, \ldots, m;\ j < \mathrm{k})$ の平均を $\bar{C}$ とする。また，相関行列 R の $m(m-1)/2$ 個の相関係数 r_{jk} $(j, k = 1, \ldots, m;\ j < k)$ の平均を $\bar{R}$ とする。このとき，(1) と (2) は

$$\alpha = \frac{m\bar{C}}{\bar{V} + (m-1)\bar{C}}, \quad \alpha' = \frac{m\bar{R}}{1 + (m-1)\bar{R}}$$

となることを示せ。また，$\alpha' = 0$ もしくは $\alpha' = 1$ となるのはそれぞれどのような場合であるかを述べよ。

〔3〕分散が同じで，それぞれの2項目間の相関係数が0.5であることがわかっている測定項目のプールから m 個の項目を選び出してテストを構成する。α 係数を0.8以上にするには m をいくつ以上とすればよいか。

〔4〕 4 個の測定項目 $\boldsymbol{X} = (X_1, X_2, X_3, X_4)^T$ に対し，因子分析モデル

$$\boldsymbol{X} = \boldsymbol{\mu} + \Lambda \boldsymbol{f} + \boldsymbol{u}$$

を想定する（上付き添え字の ^{T} は行列もしくはベクトルの転置を表す）。ここで $\boldsymbol{\mu}$ は期待値ベクトル，$\boldsymbol{f}$ は各成分が互いに独立に標準正規分布 $N(0, 1)$ に従う共通因子，$\boldsymbol{u}$ は平均ベクトルが $\boldsymbol{0} = (0, 0, 0, 0)^T$ で分散共分散行列が Ψ の独自因子である。また，$\boldsymbol{X}$ の各成分の分散はすべて 1 であると仮定する。

〔4-1〕 2 因子モデルを想定し，因子負荷量行列が

$$\Lambda = \begin{pmatrix} 0.8 & 0.2 \\ 0.8 & 0.2 \\ 0.2 & 0.8 \\ 0.2 & 0.8 \end{pmatrix}$$

であるとき，$\boldsymbol{X}$ に基づく測定における α' の値 α'_0 を求めよ。

〔4-2〕 1 因子モデルで因子負荷量の値 λ がすべて同じであるとした場合，すなわち $\Lambda = (\lambda, \lambda, \lambda, \lambda)^T$ のときに，α 係数が〔4-1〕で求めた α'_0 と同じ値となるような λ の値はいくらか。

解答例

〔1〕 測定の妥当性とは，測定すべきものがきちんと測定できているかを意味する。また，測定の信頼性とは，測定結果の安定性および一貫性を意味する。

ある尺度の信頼性が高いからと言って，それが必ずしも妥当性を持つとは限らない。例えば，中学生の数学の能力を測りたいとき，テストで計算問題ばかりを出題したのでは，そのテストの信頼性は高いかもしれないが，それが生徒の数学の能力を真に測定しているとは限らない。

〔2〕 合計スコア $T = X_1 + \cdots + X_m$ の分散は

$$\begin{aligned} s_T^2 &= \sum_{j=1}^{m} s_j^2 + 2\sum_{j=1}^{m-1} \sum_{k=j+1}^{m} s_{jk} \\ &= m \cdot \frac{1}{m} \sum_{j=1}^{m} s_j^2 + m(m-1) \cdot \frac{1}{m(m-1)/2} \sum_{j=1}^{m-1} \sum_{k=j+1}^{m} s_{jk} \\ &= m\bar{V} + m(m-1)\bar{C} \end{aligned}$$

と表される。したがって，

$$\alpha = \frac{m}{m-1}\left(1 - \frac{\displaystyle\sum_{j=1}^{m} s_j^2}{s_T^2}\right) = \frac{m}{m-1}\left(\frac{s_T^2 - \displaystyle\sum_{j=1}^{m} s_j^2}{s_T^2}\right)$$

$$= \frac{m}{m-1}\left(\frac{m(m-1)\bar{C}}{m\bar{V} + m(m-1)\bar{C}}\right) = \frac{m\bar{C}}{\bar{V} + (m-1)\bar{C}}$$

となる。相関行列の場合は $\bar{V}=1$，$\bar{C}=\bar{R}$ であるので，

$$\alpha' = \frac{m\bar{R}}{1+(m-1)\bar{R}} \tag{1}$$

を得る。

$\alpha'=0$ となるのは，(1) より $\bar{R}=0$ の場合であり，もちろんすべての相関係数が 0 の場合はそうなるが，それに限らず，相関係数に正と負が混在し，それらの平均が 0 であっても $\alpha'=0$ となる。しかし通常の測定においては，他の項目と負の相関を示す項目は，設問の文言を，例えば「そう思うか」を「そう思わないか」と変えるなどとすることにより相関を非負にできることがあり，そのような措置を施すことを前提とすれば，$\alpha'=0$ はすべての相関係数が 0 の場合であると言ってもよい。

$\alpha'=1$ となるのは (1) より $\bar{R}=1$ の場合で，相関係数は 1 より大きくはならないので，項目間のすべての相関係数が 1 の場合に限る。

〔3〕各項目の分散は同じとしているので，$\alpha=\alpha'$ となる。$\bar{R}=0.5$ であるので，上問〔2〕より

$$\alpha' = \frac{0.5m}{1+0.5(m-1)} \geq 0.8$$

と置いて，

$$m \geq 0.8 \times (1-0.5)/(0.5 - 0.5 \times 0.8) = 0.4/0.1 = 4$$

より，$m \geq 4$ とすればよい。

〔4〕

〔4-1〕因子負荷量行列 Λ から $\boldsymbol{X}$ の相関行列を求めると，

$$R = \Lambda\Lambda^T + \Psi = \begin{pmatrix} 0.8 & 0.2 \\ 0.8 & 0.2 \\ 0.2 & 0.8 \\ 0.2 & 0.8 \end{pmatrix} \begin{pmatrix} 0.8 & 0.8 & 0.2 & 0.2 \\ 0.2 & 0.2 & 0.8 & 0.8 \end{pmatrix} + \Psi$$

$$= \begin{pmatrix} 1 & 0.68 & 0.32 & 0.32 \\ 0.68 & 1 & 0.32 & 0.32 \\ 0.32 & 0.32 & 1 & 0.68 \\ 0.32 & 0.32 & 0.68 & 1 \end{pmatrix}$$

となる。これより，相関係数の平均は $\bar{R} = (0.68 \times 2 + 0.32 \times 4)/6 = 0.44$ であるので，クロンバックの α 係数は

$$\alpha' = \frac{m\bar{R}}{1 + (m-1)\bar{R}} = \frac{4 \times 0.44}{1 + 3 \times 0.44} \approx 0.76$$

となる。

〔4-2〕各成分の分散はすべて等しく1であるので，$\alpha = \alpha'$ である。1因子で $\Lambda = (\lambda,\ \lambda,\ \lambda,\ \lambda)^T$ の場合には，すべての相関係数は λ^2 であるので，α 係数は $\alpha = \alpha' = \dfrac{4\lambda^2}{1 + 3\lambda^2}$ である。上問〔4-1〕で求めた値より，$\alpha' = 0.76$ として λ を求めると $\lambda = \sqrt{0.76/(4 - 3 \times 0.76)} \approx 0.66$ となる。

〔4-2〕の1因子モデルは典型的な内的一貫性を表すモデルであるが，〔4-1〕の2因子モデルでの因子負荷量は，$\boldsymbol{X} = (X_1,\ X_2,\ X_3,\ X_4)^T$ が $(X_1,\ X_2)^T$ と $(X_3,\ X_4)^T$ の2グループに分離されることを示していて，内的一貫性があるとは言えない。しかしその場合でも α 係数は0.76と比較的高い値を示す。このように内的一貫性が疑われる場合であっても α 係数が高値を示すことがあり，上問〔1〕で述べたように，その解釈には注意を要する。

統計応用（人文科学）問5　統計応用4分野の共通問題

ある大企業で，健康診断の一環として従業員の血圧の測定が一定の期間を置いて2回行われた。37歳の昭雄さんは，1回目の血圧測定で最高血圧（収縮期血圧）が132mmHgであり，担当の看護師から「血圧が高めなので気を付けてください」と言われた。昭雄さんは，自分なりに節制したところ2回目の測定では128mmHgとなり，4mmHg下がったと同僚の成美さんに自慢げに言ったところ，彼女に「平均への回帰効果じゃないですか」と言われた。

以下の各問では，この企業の三十代の男性で降圧剤治療を受けていない人たち全体を母集団とする。そして，最高血圧の1回目の測定値を X，2回目の測定値を Yとし，$(X,\ Y)$は母集団全体で2変量正規分布 $N(\mu_X,\ \mu_Y,\ \sigma_X,\ \sigma_Y,\ \sigma_{XY})$ に従うと仮定する（ここで σ_{XY}は Xと Yの共分散)。

今回の健康診断の2回の血圧測定では，母集団全体での母平均は $\mu_X = \mu_Y = 120$ (mmHg)，母標準偏差は $\sigma_X = \sigma_Y = 12$ (mmHg) であり，Xと Yの間の母相関係数 ρ_{XY} は0.75である。

このとき，以下の各問に答えよ。なお，$X = x$が与えられたときの Yの条件付き分布は $N(\alpha + \beta x,\ \sigma^2)$ であり，$\beta = \frac{\sigma_{XY}}{\sigma_X^2}$，$\alpha = \mu_Y - \beta\mu_X$，$\sigma^2 = \sigma_Y^2 - \frac{\sigma_{XY}^2}{\sigma_X^2}$ となることは用いてよい。

〔1〕母集団全体における2回の血圧の測定値の差 $D = Y - X$の期待値と分散はいくらか。また，母集団全体で確率 $P(D \leq -4)$ はいくらか。

〔2〕1回目の測定値 Xが132mmHgの人の2回目の測定値 Yの条件付き期待値 $E[Y|X = 132]$ と条件付き分散 $V[Y|X = 132]$ はそれぞれいくらか。この結果をもとに，成美さんの言う「平均への回帰」とは何であるかを簡潔に説明せよ。また，昭雄さんの血圧下降分4mmHgのうちのどのくらいが平均への回帰分とみなされるであろうか。

平均への回帰の説明のため，次のモデルを想定する。血圧値は測定ごとに変動するが，各人は個人ごとに血圧の真値（その人では定数）θを持つとし，各人の測定値は $X = \theta + \varepsilon_1$，$Y = \theta + \varepsilon_2$ と表されるとする。そして θは，母集団全体では $N(\mu,\ \tau^2)$ に従って分布しているとする。ここで ε_1，ε_2 は互いに独立かつ θとも独立に，それぞれ $N(0,\ \psi^2)$ に従う確率変数である。

〔3〕上記のモデルの下で，Xおよび Yの母集団全体での各分散 $V[X]$，$V[Y]$ および共分散 $Cov[X,\ Y]$ はそれぞれ τ と ψ の関数としてどのように表現されるか。また，Xおよび Yの標準偏差ならびに Xと Yの間の相関係数が設問の値であるとき，分散 τ^2 と ψ^2 はそれぞれいくらか。

〔4〕1 回目の測定値が $X = 132$ の人たち全体では，血圧の真値 θ はどのように分布しているか。すなわち，$X = 132$ が与えられた下での θ の条件付き分布は何であり，その条件付き期待値 $E[\theta|X = 132]$ および条件付き分散 $V[\theta|X = 132]$ はそれぞれいくらか。

〔5〕血圧の真値 θ が上問〔4〕の分布に従うとき，$X = 132$ の人たちの 2 回目の測定値 Y の分布は何か。この結果から，上記のモデルの下で平均への回帰現象を説明せよ。昭雄さんの 2 回目の測定値は 128mmHg であったが，$X = 132$ の人たちの中で，2 回目の血圧の測定値 Y が 128mmHg 以下となる確率 $P(Y \leq 128|X = 132)$ はいくらか。

解答例

〔1〕一般に，差 $D = Y - X$ の期待値と分散は

$$E[D] = E[Y - X] = E[Y] - E[X]$$

および

$$V[D] = V[Y - X] = V[Y] + V[X] - 2Cov[X,\ Y]$$

であるので，数値を代入して

$$E[D] = 120 - 120 = 0$$
$$V[D] = 12^2 + 12^2 - 2 \times 12 \times 12 \times 0.75 = 72$$

となる。よって，Z を $N(0,\ 1)$ に従う確率変数として，求める確率は，

$$P(D \leq -4) = P\left(\frac{D-0}{\sqrt{72}} \leq \frac{-4-0}{\sqrt{72}}\right) = P\left(Z \leq -\frac{\sqrt{2}}{3}\right)$$
$$\approx P(Z \leq -0.47) \approx 0.32$$

となる。

〔2〕$X = x$ が与えられたときの Y の条件付き分布の関係式

$$\beta = \sigma_{XY}/\sigma_X^2,\ \ \alpha = \mu_Y - \beta\mu_X,\ \ \sigma^2 = \sigma_Y^2 - \sigma_{XY}^2/\sigma_X^2$$

のそれぞれに各数値を代入すると

$$\beta = 108/12^2 = 0.75,\ \ \alpha = 120 - 0.75 \times 120 = 30,\ \ \sigma^2 = 12^2 - 108^2/12^2 = 63$$

となる。よって，X = 132 のときの Y の条件付き期待値および条件付き分散はそれぞれ

$$E[Y|X = 132] = 30 + 0.75 \times 132 = 129,\ \ V[Y|X = 132] = 63$$

となり，条件付き分布は $N(129,\ 63)$ となる。ここで条件付き分散は X の値によらないことに注意。

1 回目の測定値が $X = 132$ のときの 2 回目の測定値 Y の条件付き期待値 $E[Y|X = 132] = 129$ は，母集団全体での 2 回目の測定値の全平均 120 より大きいものの，その全平均との差 $129 - 120 = 9$ は，1 回目の測定値 $X = 132$ の全平均との差 $132 - 120 = 12$ よりも小さい。2 回目の測定値の条件付き期待値は全平均の値に近づくこと

から，これを平均への回帰（regression to the mean）という。

昭雄さんの2回目の血圧の測定値は128mmHgであり，血圧下降度は4mmHgであるが，$X=132$ の人たちの2回目の測定値 Y の条件付き期待値は129mmHgであるので，昭雄さんの下降分の4mmHgのうち平均への回帰分は3mmHgとみなされ，昭雄さんの努力分もしくは偶然変動分は1mmHgとなる。

〔3〕θ と ε_1 は独立であるので，X の分散は $V[X]=V[\theta+\varepsilon_1]=V[\theta]+V[\varepsilon_1]=\tau^2+\psi^2$ であり，同様に $V[Y]=\tau^2+\psi^2$ となる。また，$Cov[X,\ Y]=V[\theta]=\tau^2$ となる。これらの計算は誤りではないが，期待値をどの分布で取るのかが判然としない。詳しく書くと以下のようになる。

まず θ が与えられた下での条件付き分布の分散，共分散を求め，それらを θ の分布で評価する。評価する確率変数を添え字で表現すると

$$
\begin{aligned}
V[X] &= V_\theta[E_{\varepsilon_1}[\theta+\varepsilon_1|\theta]]+E_\theta[V_{\varepsilon_1}[\theta+\varepsilon_1|\theta]]\\
&= V_\theta[\theta]+E_\theta[\psi^2]=\tau^2+\psi^2\\
Cov[X,\ Y] &= E_\theta[E_{\varepsilon_1\varepsilon_2}[\{(\theta-\mu)+\varepsilon_1\}\{(\theta-\mu)+\varepsilon_2\}|\theta]]\\
&= E_\theta[E_{\varepsilon_1}[(\theta-\mu)+\varepsilon_1|\theta]E_{\varepsilon_2}[(\theta-\mu)+\varepsilon_2|\theta]]\\
&= E_\theta[(\theta-\mu)^2]=\tau^2
\end{aligned}
$$

となる。

これより，設問の数値を代入して $V[X]=\tau^2+\psi^2=12^2$，$Cov[X,\ Y]=\tau^2=12^2\times 0.75=108$ であるので，$\tau^2=108$，$\psi^2=144-108=36=6^2$ を得る。

〔4〕$X=x$ のときの真値 θ の条件付き確率密度関数は，ベイズの定理の援用により

$$
g(\theta|x)=\frac{f(x|\theta)h(\theta)}{f(x)}
$$

であるが，右辺の分子は形式的に X と θ の同時分布であり，モデル $X=\theta+\varepsilon_1$ および上問〔3〕の結果から $(X,\ \theta)\sim N(\mu,\ \mu,\ \sigma_X^2,\ \tau^2,\ \tau^2)$ とみなされる。よって，$X=x$ が与えられたときの θ の条件付き分布は正規分布である。また，$\beta=\tau^2/\sigma_X^2$ として，$E[\theta|X=132]=\mu+\beta(x-\mu)$，$V[\theta|X=132]=\tau^2-(\tau^2)^2/\sigma_X^2$ である。数値を代入すると，$\mu=120$，$\sigma_X^2=12^2=144$，$\tau^2=108$，$\beta=108/144=3/4$ であるので，

$$
E[\theta|X=132]=129,\quad V[\theta|X=132]=27
$$

となる。

〔5〕$Y = \theta + \varepsilon_2$ であり，上問〔4〕より $\theta \sim N(129,\ 27)$ であること，および上問〔3〕より $\varepsilon_2 \sim N(0,\ 6^2)$ であるので，分散は $27 + 36 = 63$ となることから $Y \sim N(129,\ 63)$ を得る。これより，上問〔2〕の分布が再現される。

すなわち，このモデルの下での解釈として，2回目の測定値 Y の条件付き期待値が全平均に近づく理由は，1回目の測定値が $X = x\ (> \mu)$ となった人の真値 θ の分布は x よりも小さな平均を持つ分布に従い，2回目の測定値はその θ の分布を反映しているためであると言える。

なお，昭雄さんの測定値に関して求める確率は

$$
\begin{aligned}
P(Y \leq 128 | X = 132) &= P\left(\frac{Y - 129}{\sqrt{63}} \leq \frac{128 - 129}{\sqrt{63}}\right) \\
&\approx P(Z \leq -0.126) \approx 0.45
\end{aligned}
$$

となる。

統計応用（社会科学）問1

ある都市には全部で N 社の企業がある。企業の年間IT関連支出額 Y につき，第 i 番目の企業での支出額を y_i とし，この都市全体での支出額の総計

$$T_y = \sum_{i=1}^{N} y_i = y_1 + \cdots + y_N$$

の推定を考える。

この都市全体から大きさ n の標本 S を非復元で無作為抽出するが，抽出率は企業の特性により異なるとする。第 i 企業が標本に含まれる確率（1次の包含確率）を

$$\pi_i = P(i \in S), \quad i = 1, \ldots, N$$

とし，第 i 企業と第 j 企業がともに標本に含まれる確率（2次の包含確率）を

$$\pi_{ij} = P(i,\, j \in S), \quad i,\, j = 1, \ldots, N$$

とする。ここで $\pi_{ii} = \pi_i$ である。さらに，第 i 企業が標本に含まれるかどうかを表す指標関数を

$$I_i(S) = \begin{cases} 1 & (i \in S) \\ 0 & (i \notin S) \end{cases}$$

とする。

都市全体での支出額の総計 T_y に対する推定量

$$\hat{T}_\pi = \sum_{i \in S} \frac{y_i}{\pi_i}$$

を考える。ここで $\sum_{i \in S}$ は標本 S に属する企業すべてについての和を表し，指標関数を用いて

$$\hat{T}_\pi = \sum_{i=1}^{N} I_i(S) \frac{y_i}{\pi_i}$$

とも表現される。このとき，以下の各問に答えよ。

〔1〕$\hat{T}_\pi$ が総計 T_y の不偏推定量であることを示せ。

〔2〕$\hat{T}_\pi$ の分散 $V[\hat{T}_\pi]$ が

$$V[\hat{T}_\pi] = \sum_{i=1}^{N} \sum_{j=1}^{N} (\pi_{ij} - \pi_i \pi_j) \frac{y_i}{\pi_i} \frac{y_j}{\pi_j}$$

と表されることを示せ。

〔3〕分散 $V[\hat{T}_\pi]$ の推定量

$$\hat{V}_1[\hat{T}_\pi] = \sum_{i \in S} \sum_{j \in S} \frac{\pi_{ij} - \pi_i \pi_j}{\pi_{ij}} \frac{y_i}{\pi_i} \frac{y_j}{\pi_j}$$

は不偏推定量であることを示せ。

〔4〕標本の大きさ n が定数であるとき，

$$\sum_{j=1}^{N}(\pi_i\pi_j - \pi_{ij}) = n\pi_i - n\pi_i = 0 \quad (i = 1, \ldots, N)$$

となることを示せ。

〔5〕上問〔4〕の結果を用いて，標本の大きさ n が定数であるとき，推定量 $\hat{T}_\pi$ の分散 $V[\hat{T}_\pi]$ が

$$V[\hat{T}_\pi] = \frac{1}{2}\sum_{i=1}^{N}\sum_{j=1}^{N}(\pi_i\pi_j - \pi_{ij})\left(\frac{y_i}{\pi_i} - \frac{y_j}{\pi_j}\right)^2$$

と表され，

$$\hat{V}_2[\hat{T}_\pi] = \frac{1}{2}\sum_{i\in S}\sum_{j\in S}\frac{\pi_i\pi_j - \pi_{ij}}{\pi_{ij}}\left(\frac{y_i}{\pi_i} - \frac{y_j}{\pi_j}\right)^2$$

がその不偏推定量となることを示せ。

解答例

〔1〕最初に，

$$E[I_i(S)] = 1\cdot\pi_i + 0\cdot(1 - \pi_i) = \pi_i \quad (i = 1, \ldots, N)$$

に注意する。そして

$$\hat{T}_\pi = \sum_{i\in S}\frac{y_i}{\pi_i} = \sum_{i=1}^{N}I_i(S)\frac{y_i}{\pi_i}$$

と表されることから，

$$E[\hat{T}_\pi] = E\left[\sum_{i=1}^{N}I_i(S)\frac{y_i}{\pi_i}\right] = \sum_{i=1}^{N}E[I_i(S)]\frac{y_i}{\pi_i} = \sum_{i=1}^{N}\pi_i\cdot\frac{y_i}{\pi_i} = \sum_{i=1}^{N}y_i = T_y$$

となり，$\hat{T}_\pi$ が T_y の不偏推定量であることが示される。

〔2〕分散は，

$$V[\hat{T}_\pi] = V\left[\sum_{i=1}^{N}I_i(S)\frac{y_i}{\pi_i}\right] = \sum_{i=1}^{N}\sum_{j=1}^{N}Cov[I_i(S), I_j(S)]\frac{y_i}{\pi_i}\frac{y_j}{\pi_j}$$

により求められるが，ここで

$$E[I_i(S)I_j(S)] = 1\cdot\pi_{ij} + 0\cdot(1 - \pi_{ij}) = \pi_{ij} \quad (i, j = 1, \ldots, N)$$

であり，また

$$Cov[I_i(S),\ I_j(S)] = E[I_i(S)I_j(S)] - E[I_i(S)]E[I_j(S)] = \pi_{ij} - \pi_i\pi_j$$

であることから

$$V[\hat{T}_\pi] = \sum_{i=1}^{N}\sum_{j=1}^{N}(\pi_{ij} - \pi_i\pi_j)\frac{y_i}{\pi_i}\frac{y_j}{\pi_j}$$

と表される。

〔3〕上問〔1〕および〔2〕と同様に，

$$\hat{V}[\hat{T}_\pi] = \sum_{i\in S}\sum_{j\in S}\frac{\pi_{ij}-\pi_i\pi_j}{\pi_{ij}}\frac{y_i}{\pi_i}\frac{y_j}{\pi_j} = \sum_{i=1}^{N}\sum_{j=1}^{N} I_i(S)I_j(S)\frac{\pi_{ij}-\pi_i\pi_j}{\pi_{ij}}\frac{y_i}{\pi_i}\frac{y_j}{\pi_j}$$

と表されること，および $E[I_i(S)I_j(S)] = \pi_{ij}$ $(i, j = 1, \ldots, N)$ に注意すると，分散の推定値 $\hat{V}_1[\hat{T}_\pi]$ の期待値 $E[\hat{V}_1[\hat{T}_\pi]]$ は

$$\begin{aligned} E[\hat{V}_1[\hat{T}_\pi]] &= E\left[\sum_{i=1}^{N}\sum_{j=1}^{N} I_i(S)I_j(S)\frac{\pi_{ij}-\pi_i\pi_j}{\pi_{ij}}\frac{y_i}{\pi_i}\frac{y_j}{\pi_j}\right] \\ &= \left[\sum_{i=1}^{N}\sum_{j=1}^{N} E[I_i(S)I_j(S)]\frac{\pi_{ij}-\pi_i\pi_j}{\pi_{ij}}\frac{y_i}{\pi_i}\frac{y_j}{\pi_j}\right] \\ &= \left[\sum_{i=1}^{N}\sum_{j=1}^{N} \pi_{ij}\cdot\frac{\pi_{ij}-\pi_i\pi_j}{\pi_{ij}}\frac{y_i}{\pi_i}\frac{y_j}{\pi_j}\right] \\ &= \sum_{i=1}^{N}\sum_{j=1}^{N}(\pi_{ij}-\pi_i\pi_j)\frac{y_i}{\pi_i}\frac{y_j}{\pi_j} = V[\hat{T}_\pi] \end{aligned}$$

となり，$\hat{V}_1[\hat{T}_\pi]$ が $V[\hat{T}_\pi]$ の不偏推定量であることが示される。

〔4〕関係式

$$E[I_i(S)] = \pi_i \ (i = 1, \ldots, N), \quad E[I_i(S)I_j(S)] = \pi_{ij} \ (i, \mathrm{j} = 1, \ldots, N)$$

と $\sum_{i=1}^{N} I_i(S) = n$ および $\sum_{i=1}^{N} I_i(S)I_j(S) = nI_j(S)$ より，標本の大きさが n のとき，

$$\sum_{i=1}^{N}\pi_i = \sum_{i=1}^{N}E[I_i(S)] = E\left[\sum_{i=1}^{N}I_i(S)\right] = E[n] = n$$

および

$$\sum_{i=1}^{N}\pi_{ij} = \sum_{i=1}^{N}E[I_i(S)I_j(S)] = E\left[\sum_{i=1}^{N}I_i(S)I_j(S)\right] = E[nI_j(S)] = n\pi_j$$

となり，

$$\sum_{i=1}^{N}(\pi_i\pi_j - \pi_{ij}) = n\pi_j - n\pi_j = 0 \quad (j = 1, \ldots, N)$$

となる。添え字 i と j の対称性により

$$\sum_{j=1}^{N}(\pi_i\pi_j - \pi_{ij}) = n\pi_i - n\pi_i = 0 \quad (i = 1, \ldots, N)$$

も成り立つ。

〔5〕上問〔4〕の結果を用いると，

$$\sum_{i=1}^{N}\sum_{j=1}^{N}(\pi_i\pi_j-\pi_{ij})\left(\frac{y_i}{\pi_i}\right)^2=\sum_{i=1}^{N}\left(\frac{y_i}{\pi_i}\right)^2\sum_{j=1}^{N}(\pi_i\pi_j-\pi_{ij})=0$$

および

$$\sum_{j=1}^{N}\sum_{i=1}^{N}(\pi_i\pi_j-\pi_{ij})\left(\frac{y_j}{\pi_j}\right)^2=\sum_{j=1}^{N}\left(\frac{y_j}{\pi_j}\right)^2\sum_{i=1}^{N}(\pi_i\pi_j-\pi_{ij})=0$$

となる。よって，

$$\begin{aligned}V[\hat{T}_\pi]&=\sum_{i=1}^{N}\sum_{j=1}^{N}(\pi_{ij}-\pi_i\pi_j)\frac{y_i}{\pi_i}\frac{y_j}{\pi_j}=V[\hat{T}_\pi]\\&=\frac{1}{2}\sum_{i=1}^{N}\sum_{j=1}^{N}(\pi_i\pi_j-\pi_{ij})\left\{\left(\frac{y_i}{\pi_i}\right)^2+\left(\frac{y_j}{\pi_j}\right)^2-2\frac{y_i}{\pi_i}\frac{y_j}{\pi_j}\right\}\\&=\frac{1}{2}\sum_{i=1}^{N}\sum_{j=1}^{N}(\pi_i\pi_j-\pi_{ij})\left(\frac{y_i}{\pi_i}-\frac{y_j}{\pi_j}\right)^2\end{aligned}$$

が示される。

$\hat{V}_2[\hat{T}_\pi]$ が不偏推定量となることは，

$$\begin{aligned}V_2[\hat{T}_\pi]&=\sum_{i\in s}\sum_{j\in s}\frac{\pi_i\pi_j-\pi_{ij}}{\pi_{ij}}\left(\frac{y_i}{\pi_i}-\frac{y_j}{\pi_j}\right)^2\\&=\sum_{i=1}^{N}\sum_{j=1}^{N}I_i(S)I_j(S)\frac{\pi_i\pi_j-\pi_{ij}}{\pi_{ij}}\left(\frac{y_i}{\pi_i}-\frac{y_j}{\pi_j}\right)^2\end{aligned}$$

に注意すると，上問〔3〕と同様に示すことができる。

統計応用（社会科学） 問２

2018 年および 2019 年における「りんご」と「ぶどう」の 1 世帯当たり（全国，2 人以上の世帯）の年間の購入数量 (g) および平均価格（円／100g）は表 1 のようである。

表 1：「りんご」と「ぶどう」の購入数量と平均価格

	2018 年		2019 年	
	購入数量	平均価格	購入数量	平均価格
りんご	10,363	44.75	10,784	43.12
ぶどう	2,272	119.86	2,432	118.17

資料：総務省統計局「家計調査年報（家計収支編）令和元年」

〔1〕2018 年を基準年，2019 年を比較年とし，「りんご」と「ぶどう」の 2 種類の価格から，基準年の指数を 100 としたラスパイレス価格指数を計算せよ。

一般に，対象とする商品の品目を n 種類とし，t 時点の第 i 品目の価格を p_{ti}，消費者が購入する数量を q_{ti} と表す。以下の各問に答えよ。

〔2〕基準時点を $t=0$，比較時点を $t=1$ とするラスパイレス価格指数 (P_L) とパーシェ価格指数 (P_P)，ならびにラスパイレス数量指数 (Q_L) とパーシェ数量指数 (Q_P) の計算式をそれぞれ記せ。

〔3〕第 i 品目の個別価格指数を $x_i = p_{1i}/p_{0i}$，個別数量指数を $y_i = q_{1i}/q_{0i}$ と表す $(i=1,\ldots,n)$。このとき，$w_i = p_{0i}q_{0i}/\sum_{j=1}^{n} p_{0j}q_{0j}$ を重みとする x，y の加重平均 $\bar{x} = \sum_{i=1}^{n} w_i x_i$，$\bar{y} = \sum_{i=1}^{n} w_i y_i$ と，ラスパイレスの価格指数 (P_L) および数量指数 (Q_L) との関係を示せ。

〔4〕上問〔3〕の w_i を重みとする x と y の共分散 $s_{xy} = \sum_{i=1}^{n} w_i(x_i - \bar{x})(y_i - \bar{y})$ を P_L，P_P，Q_L を用いて表せ。

〔5〕上問〔4〕の結果から，P_L と P_P の大小関係について言えることを記せ。

解答例

〔1〕ラスパイレス価格指数は，基準時点の購入数量を固定して用いたときの支出金額の比

$$\frac{\sum \text{各商品の（比較時点の価格）} \times \text{（基準時点の購入数量）}}{\sum \text{各商品の（基準時点の価格）} \times \text{（基準時点の購入数量）}}$$

と表されるので，数値を代入して

$$P_L = \frac{43.12 \times 10363 + 118.17 \times 2272}{44.75 \times 10363 + 119.86 \times 2272} \times 100 \approx 97.18$$

となる。

〔2〕それぞれ定義から

$$P_L = \frac{\sum_i p_{1i}q_{0i}}{\sum_i p_{0i}q_{0i}} \times 100, \quad P_P = \frac{\sum_i p_{1i}q_{1i}}{\sum_i p_{0i}q_{1i}} \times 100$$

$$Q_L = \frac{\sum_i p_{0i}q_{1i}}{\sum_i p_{0i}q_{0i}} \times 100, \quad Q_P = \frac{\sum_i p_{1i}q_{1i}}{\sum_i p_{1i}q_{0i}} \times 100$$

となる。

〔3〕簡単のため $W=\sum_{i=1}^{n} p_{0i}q_{0i}$ と置くと，重みは $w_i = p_{0i}q_{0i}/W$ と書ける。これより，

$$\bar{x} = \sum_{i=1}^{n} w_i x_i = \frac{1}{W}\sum_{i=1}^{n} p_{0i}q_{0i}\frac{p_{1i}}{p_{0i}} = \frac{1}{W}\sum_{i=1}^{n} p_{1i}q_{0i} = P_L$$

$$\bar{y} = \sum_{i=1}^{n} w_i y_i = \frac{1}{W}\sum_{i=1}^{n} p_{0i}q_{0i}\frac{q_{1i}}{q_{0i}} = \frac{1}{W}\sum_{i=1}^{n} p_{0i}q_{1i} = Q_L$$

を得る。

〔4〕共分散 s_{xy} は，$\sum_{i=1}^{n} w_i = 1$ に注意すると $s_{xy} = \sum_{i=1}^{n} w_i x_i y_i - \bar{x}\bar{y}$ と変形される。このとき，

$$\sum_{i=1}^{n} w_i x_i y_i = \sum_{i=1}^{n} \frac{p_{0i}q_{0i}}{\sum_{i=1}^{n} p_{0i}q_{0i}} \frac{p_{1i}}{p_{0i}}\frac{q_{1i}}{q_{0i}} = \frac{\sum_{i=1}^{n} p_{1i}q_{1i}}{\sum_{i=1}^{n} p_{0i}q_{0i}} = \frac{\sum_{i=1}^{n} p_{1i}q_{1i}}{\sum_{i=1}^{n} p_{0i}q_{1i}} \cdot \frac{\sum_{i=1}^{n} p_{0i}q_{1i}}{\sum_{i=1}^{n} p_{0i}q_{0i}}$$
$$= P_P Q_L$$

となるので，上問〔3〕の結果を用いて，$s_{xy} = P_P Q_L - P_L Q_L = (P_P - P_L)Q_L$ を得る。

以下補足であるが，$s_{xy} = P_P Q_L - P_L Q_L = (P_P - P_L)Q_L$ を変形すると，$s_{xy} = r s_x s_y$ であるので

$$\frac{P_P - P_L}{P_L} = r\frac{s_x}{P_L}\frac{s_y}{Q_L}$$

となる。ここで，s_x，s_y はそれぞれ x と y の加重標準偏差，r は相関係数である。これは，Bortkiewicz の公式と呼ばれる関係式である。

〔5〕一般に，価格上昇率が相対的に大きな商品の購入量を減らし，その小さな商品の購入量を増やすのが合理的な行動と考えられる。このような行動が期待できる時期であれば，共分散は負（$s_{xy} < 0$）となる。この場合，$P_P < P_L$ が成立する。

統計応用（社会科学） 問3

時点 $t(t=1, \ldots, T)$ におけるある経済量（目的変数）を表す確率変数 Y_t と，政策的に水準を決めることができる説明変数 X_t 間に単回帰モデル

$$Y_t = \alpha + \beta X_t + U_t \quad (t=1, \ldots, T)$$

を想定する。ここで，α，β はともに未知パラメータであり，$\{U_t\}$ は期待値 0，分散 σ^2 を持つ互いに独立な確率変数列とする。なお，ここでは，U_t の分散 σ^2 は過去のデータから既知であると仮定する。以下の各問に答えよ。

〔1〕時点1から T のうち，期首 $(t=1)$ と期末 $(t=T)$ の値 $(X_1,\ Y_1)$ および $(X_T,\ Y_T)$ のみを用いた場合の α と β の推定量 $\tilde{\alpha}$，$\tilde{\beta}$ の式を求めよ。ただし，$X_1 \neq X_T$ とする。また，それぞれの推定量の分散は

$$V[\tilde{\alpha}] = \frac{(X_1^2 + X_T^2)\sigma^2}{(X_T - X_1)^2}, \quad V[\tilde{\beta}] = \frac{\sigma^2}{(X_T - X_1)^2/2}$$

となることを示せ。

〔2〕$(X_1,\ Y_1), \ldots, (X_T,\ Y_T)$ がすべて得られた場合の回帰係数 β の最小二乗推定量 $\hat{\beta}$ の分散は，$\bar{X}$ を $X_1, \ldots, X_T$ の標本平均として

$$V[\hat{\beta}] = \frac{\sigma^2}{\sum_{t=1}^{T}(X_t - \bar{X})^2}$$

である（証明する必要はない）。上問〔1〕の $V[\tilde{\beta}]$ とこの $V[\hat{\beta}]$ 間には不等式

$$V[\tilde{\beta}] \geq V[\hat{\beta}]$$

が成り立つが，ここで等号となるのはどのような場合か。

〔3〕上問〔1〕で求めた回帰式 $Y = \tilde{\alpha} + \tilde{\beta}X$ により，時点 $T+1$ の値 X_{T+1} を用いて目的変数の値を $\tilde{Y}_{T+1} = \tilde{\alpha} + \tilde{\beta}X_{T+1}$ と予測する。このときの予測分散 $V[\tilde{Y}_{T+1}]$ を求めよ。

〔4〕期首 $(t=1)$ と期末 $(t=\mathrm{T})$ 以外にもう1時点 $t=c(1<c<T)$ で観測できるとしたとき，X_c の値をどのように設定するのが望ましいかを論ぜよ。ただし，$X_1 \leq X_c \leq X_T$ とする。

解答例

〔1〕求めるのは2点 $(X_1,\ Y_1)$，$(X_T,\ Y_T)$ を通る直線であるので，連立方程式

$$\begin{cases} Y_1 = \alpha + \beta X_1 \\ Y_T = \alpha + \beta X_T \end{cases}$$

を α と β に関して解いて

$$\tilde{\alpha} = \frac{X_T Y_1 - X_1 Y_T}{X_T - X_1}, \quad \tilde{\beta} = \frac{Y_T - Y_1}{X_T - X_1}$$

を得る（最小二乗推定量の $T=2$ の場合である）。それぞれの分散は，$V[Y_1] = V[Y_T] = \sigma^2$ に注意すると，

$$V[\tilde{\alpha}] = \frac{X_T^2\sigma^2 + X_1^2\sigma^2}{(X_T - X_1)^2} = \frac{(X_1^2 + X_T^2)\sigma^2}{(X_T - X_1)^2}$$

$$V[\tilde{\beta}] = \frac{\sigma^2 + \sigma^2}{(X_T - X_1)^2} = \frac{\sigma^2}{(X_T - X_1)^2/2}$$

となる。

〔2〕上問〔1〕の推定量 $\tilde{\beta}$ は β の不偏推定量であり（簡単に示すことができる），最小二乗推定量 $\hat{\beta}$ は最小分散線形不偏推定量であることより $V[\hat{\beta}] \leq V[\tilde{\beta}]$ である。等号条件の導出のため，式の変形でこのことを示す。

推定量の分散 $V[\tilde{\beta}]$ の分母は，$m = (X_1 + X_T)/2$ と置くと，$(X_1 - m)^2 + (X_T - m)^2$ と変形される。これと $V[\hat{\beta}]$ の分母の $(X_1 - \bar{X})^2 + \cdots + (X_T - \bar{X})^2$ を比較する。まず，$\bar{X}$ がいかなる値であっても，$(X_1 - m)^2 + (X_T - m)^2 \leq (X_1 - \bar{X})^2 + (X_T - \bar{X})^2$ が成り立つ（一般に，標本平均は偏差平方和を最小にする値である）。等号は $m = \bar{X}$ の場合である。また，$(X_2 - \bar{X})^2 + \cdots + (X_{T-1} - \bar{X})^2 \geq 0$ であるので，これらより不等式 $(X_1 - m)^2 + (X_T - m)^2 \leq (X_1 - \bar{X})^2 + \cdots + (X_T - \bar{X})^2$ が成り立ち，常に $V[\hat{\beta}] \leq V[\tilde{\beta}]$ であることが示される。

以上の考察より，等号は，$X_1, \ldots, X_T$ 全体の平均が $m = (X_1 + X_T)/2$ であり，$X_2 = \cdots = X_{T-1} = m$ の場合に限ることがわかる。

〔3〕$T + 1$ 期の Y の真の値を Y_{T+1} とすれば，$Y_{T+1} = \alpha + \beta X_{T+1} + U_{T+1}$ と表すことができる。U_{t+1} は他の確率変数と独立であり，かつ，推定量 $\tilde{\alpha}$ と $\tilde{\beta}$ の共分散は，上問〔1〕より

$$Cov[\tilde{\alpha}, \tilde{\beta}] = \frac{Cov[X_T Y_1 - X_1 Y_T, Y_T - Y_1]}{(X_T - X_1)^2} - \frac{(X_1 + X_T)\sigma^2}{(X_T - X_1)^2}$$

と求められるので，予測分散は，$E[\hat{Y}_{T+1} - Y_{T+1}] = 0$ より，

$$\begin{aligned}
V[\tilde{Y}_{T+1}] &= V[\hat{Y}_{T+1} - Y_{T+1}] = V[(\tilde{\alpha} - \alpha) + (\tilde{\beta} - \beta)X_{T+1} - U_{T+1}] \\
&= V[\tilde{\alpha}] + V[\tilde{\beta} X_{T+1}] + 2Cov[\tilde{\alpha}, \tilde{\beta} X_{T+1}] + V[U_{T+1}] \\
&= \frac{(X_1^2 + X_T^2)\sigma^2}{(X_T - X_1)^2} + \frac{\sigma^2}{(X_T - X_1)^2/2} X_{T+1}^2 - \frac{2(X_1 + X_T)\sigma^2}{(X_T - X_1)^2} X_{T+1} + \sigma^2 \\
&= \frac{\sigma^2}{(X_T - X_1)^2/2}[(X_1^2 + X_T^2)/2 + X_{T+1}^2 - 2X_{T+1}\{(X_1 + X_T)/2\}] + \sigma^2 \\
&= \left\{ \frac{(X_T - X_1)^2/4 + \{X_{T+1} - (X_1 + X_T)/2\}^2}{(X_T - X_1)^2/2} + 1 \right\} \sigma^2 \\
&= \left\{ \frac{\{X_{T+1} - (X_1 + X_T)/2\}^2}{(X_T - X_1)^2/2} + \frac{3}{2} \right\} \sigma^2
\end{aligned}$$

となる。すなわち予測分散は，X_{T+1} が $m = (X_1 + X_T)/2$ から離れるに従って放物線的に大きくなる。

〔4〕説明変数を (X_1, X_c, X_T) としたとき，単回帰モデル $Y_t = \alpha + \beta X_t + U_t$ の下での β の最小二乗推定量 $\hat{\beta}$ の分散は，上問〔1〕より，$\bar{X} = (X_1 + X_c + X_T)/3$ として

$$V[\hat{\beta}] = \frac{\sigma^2}{(X_1 - \bar{X})^2 + (X_c - \bar{X})^2 + (X_T - \bar{X})^2}$$

で与えられる。この式の分母は X_c の2次関数で，$X_1 \leq X_c \leq X_T$ より，その最大値は $X_c = X_1$ もしくは $X_c = X_T$ で与えられることが示される。逆に最小値は $X_c = (X_1 + X_T)/2$ で与えられる。具体的に $X_1 = 0$，$X_T = 1$ とした場合のこの2次関数のグラフは下のようである（横軸：X_c）。モデル $Y_t = \alpha + \beta X_t + U_t$ が正しければ，これが1つの解となる。

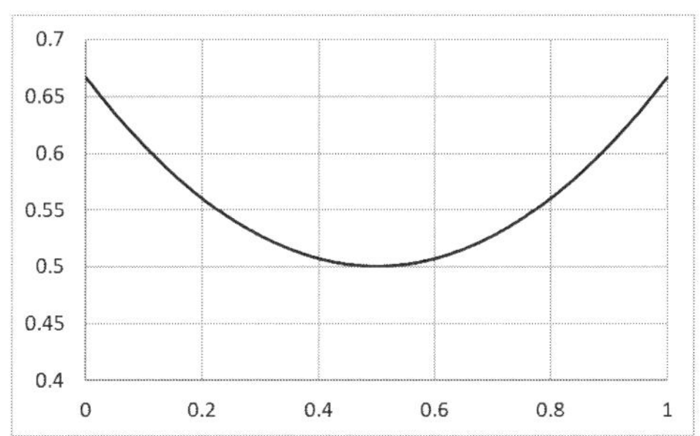

しかし，1次式モデルが正しいかどうかが不明な場合には，$X_c = X_1$ もしくは $X_c = X_T$ の選択では，モデルの1次性のチェックができない。そこで1つの案として，2次式モデル $Y_t = \alpha + \beta X_t + \gamma X_t^2 + U_t$ を想定し，X_t^2 の係数 γ が0と異なるかどうかを調べるとする。説明変数の行列を

$$X = \begin{pmatrix} 1 & X_1 & X_1^2 \\ 1 & X_c & X_c^2 \\ 1 & X_T & X_T^2 \end{pmatrix}$$

とすると，

$$(X^T X)^{-1} = \begin{pmatrix} 3 & X_1 + X_2 + X_3 & X_1^2 + X_c^2 + X_T^2 \\ X_1 + X_2 + X_3 & X_1^2 + X_c^2 + X_T^2 & X_1^3 + X_c^3 + X_T^3 \\ X_1^2 + X_c^2 + X_T^2 & X_1^3 + X_c^3 + X_T^3 & X_1^4 + X_c^4 + X_T^4 \end{pmatrix}^{-1}$$

であるので，γ の最小二乗推定量 $\hat{\gamma}$ の分散は

$$V[\hat{\gamma}] = \frac{\{3(X_1^2 + X_c^2 + X_T^2) - (X_1 + X_c + X_T)^2\}}{|X^T X|}\sigma^2$$

となる。この式の σ^2 の係数の分数の分子を最小化する X_c は，X_c で微分して0と置き

$$\begin{aligned} \{3(X_1^2 + X_c^2 + X_T^2) - (X_1 + X_c + X_T)^2\}' &= 6X_c - 2(X_1 + X_c + X_T) \\ &= 4X_c - 2(X_1 + X_T) = 0 \end{aligned}$$

より $X_c = (X_1 + X_T)/2$ となる。実は分子だけでなく，分母の $|X^T X|$ を加味してもこの選択が $V[\hat{\gamma}]$ の最小値を与えることが示される。なおこの場合は，3つのパラメータ（α, β, γ）に対し，観測値が3組しかないので，γ に関する検定などの統計的推測はできず，γ が0に近いかどうかは目視で判断する他はない。

$X_c = (X_1 + X_T)/2$ の選択は，1次式モデルが正しいことがわかっている場合には，上述のように最も不利な選択となるが，1次式モデルの成否が不明な場合には最良の選択となる。

統計応用（社会科学） 問４

四半期（3ヶ月）に１度の頻度で定期的に観測されている時系列データの変動を説明する統計モデルをデータから推定し，その統計モデルを利用して時系列の将来の値を予測する問題を考察する。ここでは，時系列データのトレンドは何らかの方法で除去されたものとする。観測データを四半期ごとの離散時間 $(t = 1, \ldots, T)$ の添字付き確率変数列 $\{y_t\}$ の実現値とみなし，当期の観測値 (y_t) はその１年前の値 (y_{t-4}) にのみ依存するという自己回帰過程

$$y_t = ay_{t-4} + v_t \quad (t = 1, \ldots, T) \tag{1}$$

を利用することにした。ただし，v_t は互いに無相関に正規分布 $N(0,\ \sigma^2)$ に従う確率変数列で，a は $|a| < 1$ を満足する未知パラメータである。以下の各問に答えよ。

〔1〕図１のグラフは，(1) のモデルにおいて，誤差分散を $\sigma^2 = 0.3$ と固定し，係数を $a = -0.8,\ 0,\ 0.8$ のいずれかとした実現系列である。(A) ～ (C) のどのグラフがどの a の値に対応しているのかを，その理由と共に述べよ。

(A)

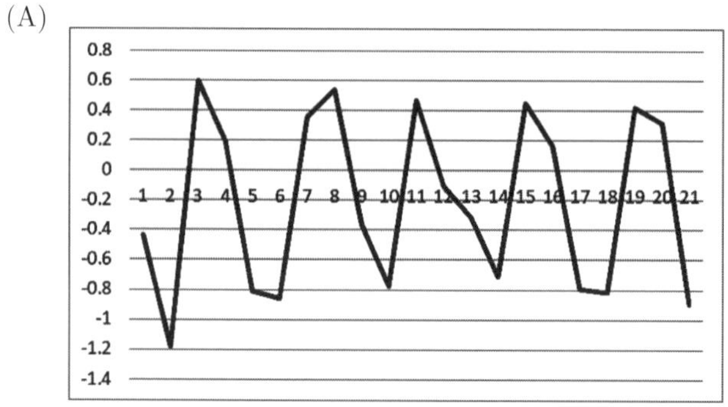

(B)

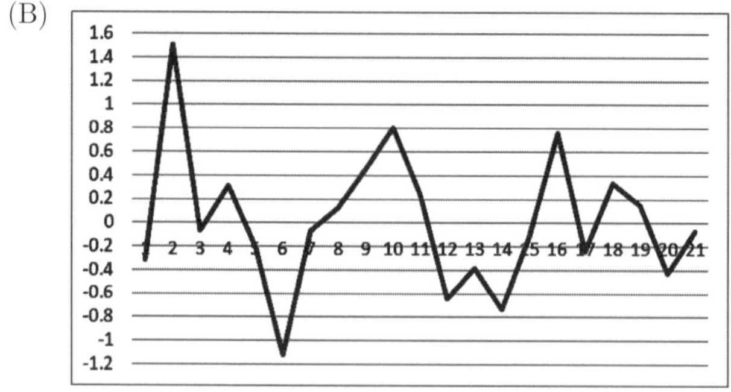

(C)

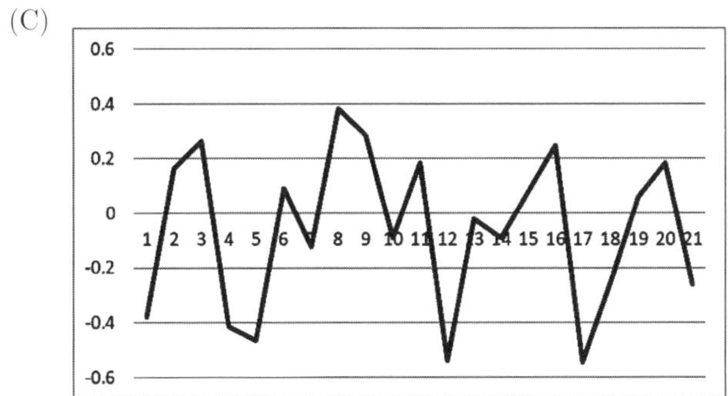

図 1：$a = -0.8,\ 0,\ 0.8$ のいずれかに対応した実現系列

〔2〕時系列 $\{y_t\}$ の移動平均表現を示せ。また，y_t の期待値と分散，および y_t と y_{t-k} の共分散を導出し，$\{y_t\}$ の自己相関関数を求めよ。

〔3〕時系列 y_t $(t = 1, \ldots, T)$ の観測値が得られたとき，モデル (1) におけるパラメータ a および σ^2 の最小二乗推定量を求め，その統計的な性質を述べよ。

〔4〕時系列 y_t $(t = 1, \ldots, T)$ の観測値が得られたとき，与えられた情報に基づいて将来の時系列の値 y_{T+k} $(k \geq 1)$ を統計的に予測する方法を述べ，その信頼性を説明せよ。

解答例

時系列 $\{v_t\}$ が互いに無相関で期待値 0，分散 σ^2 を持つとき，条件 $|a| < 1$ は $\{y_t\}$ が弱定常過程であり，かつ y_t が v_{t-j} $(j = 0,\ 1, \ldots)$ で表現できるための（これを反転可能性という）必要十分条件である。ここではさらに v_t は $N(0,\ \sigma^2)$ に従うとされているので，$\{y_t\}$ は強定常過程でもある。

〔1〕A : $a = 0.8$，B : $a = -0.8$，C : $a = 0$ である。下の〔2〕の解答からもわかるように，y_t の分散は $V[y_t] = \sigma^2/(1-a^2)$ であることから，$a = 0$ のときが最も分散が小さい。グラフの縦軸の目盛りより，C でのデータのばらつきが最も小さく，これが $a = 0$ に対応していることがわかる。次に，グラフから 4 時点ごとのデータを抜き出して吟味することにより，A では観測値がおおむね正または負の値が続き，B では観測値が相続く時点ごとに正負が交代している。したがって，$a > 0$ のとき正の値を，$a < 0$ のとき負の値を取る。よって A が $a = 0.8$ に対応し，B が $a = -0.8$ に対応していることがわかる。

〔2〕確率変数列 $\{y_t\}$ は過去から継続していて $y_t(t \leq 0)$ は存在するとする。問題文の式 (1) に $y_{t-4} = v_{t-4} + av_{t-8}$ などを逐次代入すると，移動平均表現

$$
\begin{aligned}
y_t &= v_t + a(v_{t-4} + av_{t-8}) = v_t + av_{t-4} + a^2 v_{t-8} \qquad (*)\\
&= v_t + av_{t-4} + a^2 v_{t-8} + \cdots
\end{aligned}
$$

が得られる。(*) の右辺の確率変数の無限級数は，理論的には平均 2 乗収束を意味する。すべての t に対して $E[v_t] = 0$ であるので $E[y_t] = 0$ である。また，$|a| < 1$ より

$$
\begin{aligned}
V[y_t] &= V[v_t] + a^2 V[v_{t-4}] + a^4 V[v_{t-8}] + \cdots\\
&= \sigma^2(1 + a^2 + a^4 + \cdots) = \frac{\sigma^2}{1-a^2}
\end{aligned}
$$

となる。

別解として，$\mu = E[y_t]$ とすると，$E[y_t] = aE[y_{t-4}] + E[v_t]$ より $\mu = a\mu$ であるので，$|a| < 1$ の条件より，$\mu = 0$ がわかる。また，$\tau^2 = V[y_t]$ とすると，$V[y_t] = a^2 V[y_{t-4}] + V[v_t]$ より $\tau^2 = a^2\tau^2 + \sigma^2$ であるので $\tau^2 = \sigma^2/(1-a^2)$ となる。

共分散については，h を自然数として $k = 4h$ のときは，移動平均表現 (*) より，

$$
\gamma(k) = E[y_t y_{t-k}] = \sigma^2 a^h (1 + a^2 + a^4 + \cdots) = \sigma^2 \frac{a^h}{1-a^2}
$$

であることがわかり，$k \neq 4h$ のときは，y_t と y_{t-k} は移動平均表現 (*) において共通の v_{t-j} $(j \geq 0)$ を持たないので $\gamma(k) = 0$ となる。したがって，自己相関関数は，$\rho(k) = \gamma(k)/\gamma(0)$ より

$$
\rho(k) = \begin{cases} a^h & (k = 4h,\ h \text{ は自然数})\\ 0 & (\text{それ以外}) \end{cases}
$$

となる。

〔3〕パラメータ a の最小 2 乗推定量 $\hat{a}$ は $\displaystyle\sum_{t=5}^{T} (y_t - by_{t-4})^2$ を最小にする b であるので，

$$
\hat{a} = \frac{\displaystyle\sum_{t=5}^{T} y_t y_{t-4}}{\displaystyle\sum_{t=5}^{T} y_{t-4}^2}
$$

となる。対数の強法則により，$T \to \infty$ のとき $\displaystyle\sum_{t=5}^{T} v_t y_{t-4}/T$ および $\displaystyle\sum_{t=5}^{T} y_{t-4}^2/T$ はそれぞれ $E[v_t y_{t-4}]$ $(=0)$，$E[y_{t-4}^2]$ $(= V[y_t])$ に概収束する。したがって，

$$
\hat{a} - a = \frac{\displaystyle\sum_{t=5}^{T} v_t y_{t-4}/T}{\displaystyle\sum_{t=5}^{T} y_{t-4}^2/T}
$$

は 0 に概収束する。すなわち，$\hat{a}$ は a の一致推定量である。また，中心極限定理により，

$T^{-1/2}\sum_{t=5}^{T} v_t y_{t-4}$ は $N(0,\ \sigma^2 V[y_t])$ に分布収束する。したがって $T^{1/2}(\hat{a}-a)$ は $N(0,\ 1-a^2)$ に分布収束する。

分散 σ^2 の推定量としては，

$$\hat{\sigma}^2 = \frac{1}{T}\sum_{i=5}^{T}(y_t - \hat{a}y_{t-4})^2$$

を用いる。このとき，

$$\begin{aligned}\hat{\sigma}^2 &= \frac{1}{T}\sum_{i=5}^{T}(v_t + (a-\hat{a})y_{t-4})^2 \\ &= \frac{1}{T}\sum_{i=5}^{T} v_t^2 + 2(a-\hat{a})\frac{1}{T}\sum_{i=5}^{T} v_t y_{t-4} + (a-\hat{a})^2\frac{1}{T}\sum_{i=5}^{T} y_{t-4}^2\end{aligned}$$

が成り立つ。大数の強法則と $\hat{a}$ の一致性より，$T \to \infty$ のとき，右辺第 1，2，3 項はそれぞれ σ^2，0，0 に概収束する。したがって，$\hat{\sigma}^2$ は σ^2 の一致推定量である。

〔4〕 $y_t\ (t=1,\ 2,\ \ldots,\ T)$ の関数の中で $y_{T+k}\ (k \geq 1)$ との平均 2 乗誤差を最小にするのは条件付き期待値 $E[y_{T+k}|y_T,\ \ldots,\ y_1]$ である。いま，$k = 4s + h\ (s \geq 0; h = 1,\ 2,\ 3,\ 4)$ と表せば，y_{T+k} は

$$y_{T+k} = \sum_{j=0}^{s} a^j v_{T+k-4j} + a^{s+1} y_{T+k-4(s+1)}$$

となる。$v_{T+k-4j}\ (j=0,\ 1,\ \ldots,\ s)$ は $y_t\ (t=1,\ \ldots,\ T)$ と独立であるので，T が十分大きいときは

$$a^{s+1} y_{T+k-4(s+1)} = E[y_{T+k}|y_T,\ \ldots,\ y_1]$$

となる。

実際には a は未知なので，それを $\hat{a}$ で代替し，予測量を

$$\hat{y}_{T+k|T} = \hat{a}^{s+1} y_{T+k-4(s+1)}$$

によって与える。このとき予測誤差は

$$y_{T+k} - \hat{y}_{T+k|T} = (a^{s+1} - \hat{a}^{s+1}) y_{T+k-4(s+1)} + \sum_{j=0}^{s} a^j v_{T+k-4j} \qquad (**)$$

となる。また，$V[\sum_{j=0}^{s} a^j v_{T+k-4j}] = \sigma^2 \sum_{j=0}^{s} a^{2j} = \sigma^2(1-a^{2s+2})/(1-a^2)$ である。したがって，$\hat{a}$ は a の一致推定量であることから，式 (**) の右辺第 1 項を無視し，σ^2 および a をそれぞれ $\hat{\sigma}^2$ および $\hat{a}$ で代替すれば，予測量 $\hat{y}_{T+k|T}$ の平均 2 乗誤差は，近似的に $\hat{\sigma}^2(1-\hat{a}^{2s+2})/(1-\hat{a}^2)$ により評価できる。

統計応用（社会科学） 問５

統計応用（人文科学）問 5 と共通問題。33 ページ参照。

統計応用（理工学）問1

ある工場には，同じ部品を製造するための機械Aと機械Bが1つずつある。機械Aを使うと1日あたりm個の部品が製造できるが，それぞれの部品は確率$p \in (0,\ 1)$で独立に不良品となる。また機械Bを使うと1日あたりn個の部品を製造できるが，それぞれの部品は確率$q \in (0,\ 1)$で独立に不良品となる。いま，機械Aと機械Bを両方使って合計$m+n$個の部品を製造したとき，この工場の製造責任者は，1日に生じる不良品の個数Zがどのくらいになるのかを知りたい。以下の各問に答えよ。なお，パラメータn，pの二項分布の確率関数は，$x=0,\ 1,\ \ldots,\ n$に対して$f(x) = {}_nC_x p^x (1-p)^{n-x}$であり，パラメータ$\lambda$のポアソン分布の確率関数は，$x=0,\ 1,\ \ldots$に対して$g(x) = \lambda^x e^{-\lambda}/x!$である。

〔1〕Zの期待値と分散を求めよ。

〔2〕Zのモーメント母関数$m_Z(\theta) = E\left[e^{\theta Z}\right]$を求めよ。

〔3〕$m=100$，$p=0.02$，$n=50$，$q=0.01$のとき，チェビシェフの不等式を利用して$P(Z \geq 10)$を上から評価せよ。

〔4〕パラメータの設定が上問〔3〕と同じであるとき，ポアソン近似を用いて$P(Z=0)$を求めよ。

〔5〕パラメータの設定が上問〔3〕と同じであるとき，ポアソン近似を用いてモーメント母関数$m_Z(\theta) = E\left[e^{\theta Z}\right]$を求めよ。さらに，次の定理を用いて$\log_{10} P(Z \geq 10)$を上から評価せよ。なお，定理の証明は不要である。

定理：確率変数Zと正の実数a，θに対して，不等式$P(Z \geq a) \leq e^{-\theta a} E\left[e^{\theta Z}\right]$が成り立つ。

解答例

〔1〕機械Aおよび機械Bの不良品数を表す確率変数をそれぞれX，Yとし，それらの和を$Z = X + Y$とする。X，Yは互いに独立にそれぞれ二項分布$B(m,\ p)$および$B(n,\ q)$に従うので，Zの期待値と分散はそれぞれ

$$E[Z] = E[X] + E[Y] = mp + nq$$
$$V[Z] = V[X] + V[Y] = mp(1-p) + nq(1-q)$$

となる。

〔2〕$X \sim B(m,\ p)$ のとき，そのモーメント母関数は

$$m_X(\theta) = E[e^{\theta X}] = \sum_{x=0}^{m} e^{\theta x} {}_mC_x p^x (1-p)^{m-x} = \sum_{x=0}^{m} {}_mC_x (pe^{\theta})^x (1-p)^{m-x}$$
$$= (pe^{\theta} + 1 - p)^m$$

である。X と Y は互いに独立であるので，$Z = X + Y$ のモーメント母関数は，

$$m_Z(\theta) = E[e^{\theta Z}] = E[e^{\theta(X+Y)}] = E[e^{\theta X}]E[e^{\theta Y}]$$
$$= (pe^{\theta} + 1 - p)^m (qe^{\theta} + 1 - q)^n$$

となる。

〔3〕$m = 100$，$p = 0.02$，$n = 50$，$q = 0.01$ とすると，上問〔1〕より，Z の期待値と分散は

$$E[Z] = 100 \times 0.02 + 50 \times 0.01 = 2.5$$
$$V[Z] = 100 \times 0.02 \times 0.98 + 50 \times 0.01 \times 0.99 = 2.455$$

となる。よって，チェビシェフの不等式

$$P(|Z - E[Z]| \geq a) \leq \frac{V[Z]}{a^2}$$

を用いて，

$$P(Z \geq 10) \leq P(|Z - 2.5| \geq 7.5) \leq \frac{2.455}{(7.5)^2} \approx 0.044$$

と評価できる。

〔4〕n，m が大きいとき，X，Y の分布はそれぞれパラメータ np，mp のポアソン分布で近似できる。また，ポアソン分布は再生性を満たす。したがって Z の分布は平均 $E[Z]$ のポアソン分布で近似できる。したがって，$P(Z=0) \approx e^{-2.5} = 1/(e^2 \times e^{0.5}) \approx 1/\{(2.7183)^2 \times 1.6487\} \approx 1/12.1875 \approx 0.082$ となる。

〔5〕確率変数 Z がパラメータ λ のポアソン分布に従うとき，そのモーメント母関数は

$$m_Z(\theta) = E[e^{\theta Z}] = \sum_{z=0}^{\infty} e^{\theta z} \frac{\lambda^z}{z!} e^{-\lambda} = \sum_{z=0}^{\infty} \frac{(\lambda e^{\theta})^z}{z!} e^{-\lambda} = \exp[\lambda(e^{\theta} - 1)]$$

である。よって，ポアソン分布による近似では，上問〔3〕より $\lambda = 2.5$ であるので，モーメント母関数は $\exp[2.5(e^{\theta} - 1)]$ となる。

定理の不等式で $a = 10$ と置けば

$$P(Z \geq 10) \leq e^{-10\theta} \cdot \exp[2.5(e^{\theta} - 1)]$$

となる。この式の右辺が最小となるのは $e^{\theta} = 4$ の場合であるので（自然対数を取って θ で微分し 0 と置くことで容易に求められる），求める値は

$$\log_{10} P(Z \geq 10) \leq -10 \log_{10} 4 + 7.5 \log_{10} e \tag{1}$$

の右辺で与えられる。よって，付表 5 を用いて

$$-10\log_{10}4+7.5\log_{10}e=-10\times0.6021+\frac{7.5}{2.3026}\approx-2.76$$

を得る。なお，$\log_e 10$ は付表 5 注に与えられ，$\log_{10}e$ の値は $1=\log e=2.3026\log_{10}e$ の関係式より導かれる。

問題文に示した定理の証明を与えておく。証明にはマルコフの不等式

「任意の確率変数 X と定数 $c\geq0$ に対し，$P(|X|\geq c)\leq E[X]/c$ が成り立つ」

を利用する。$X=e^{\theta(Z-a)}$ とするとこれは非負であり，$c=1$ として，

$$\begin{aligned}P(Z\geq a)&=P(Z-a\geq0)=P(\theta(Z-a)\geq0)=P(e^{\theta(Z-a)}\geq1)\\&\leq E[e^{\theta(Z-a)}]=e^{-\theta a}E[e^{\theta Z}]\end{aligned}$$

により示される。

統計応用（理工学）　問2

あるプレス工程において，材料の設定温度 (x) と製品の要求品質を達成するまでに必要な加工時間 (y) の関係を調べたところ，表 1 のようになった。ただし，各温度における 3 回ずつの実験は，それぞれランダムな順序で行われた。

表 1：設定温度 (x) と加工時間 (y)

設定温度	$x=150$	$x=200$	$x=250$	$x=300$
加工時間 (y)	31	44	45	45
	39	36	41	51
	35	31	52	54
平均	35.0	37.0	46.0	50.0

表 1 のデータに対し，設定温度 (x) と加工時間 (y) 間に回帰直線を当てはめたところ $y=17.7+0.108x$ となり，その際の分散分析表の一部は表 2 のようであった。また，設定温度を要因とした一元配置分散分析を行ったところ，分散分析表の一部は表 3 のようであった。以下の各問に答えよ。

表 2：単回帰分析での分散分析表

要因	平方和	自由度	平均平方
回帰	437.4	1	437.4
残差	246.6	10	24.66
計	684.0	11	

表 3：一元配置分散分析表

要因	平方和	自由度	平均平方
群間	462.0	3	154.0
群内	222.0	8	27.75
計	684.0	11	

〔1〕単回帰式 $y = 17.7 + 0.108x$ に関する，決定係数，および自由度調整済み決定係数はそれぞれいくらか。

〔2〕表 2 における回帰の有意性検定は有意水準 1% で有意であるか。その理由と共に答えよ。

〔3〕表 3 における群間差の有意性検定は有意水準 5% で有意であるか。その理由と共に答えよ。

設定温度 x_j における i 番目の観測値を y_{ij} $(i = 1, 2, 3;\ j = 1, 2, 3, 4)$ とし，x_j の下での 3 個の観測値の標本平均を $\bar{y}_j$，y の全平均を $\bar{y}$，y_{ij} と x_j の間の回帰直線を $y = a + bx$ とすると，観測値 y_{ij} の $\bar{y}$ からの偏差は

$$y_{ij} - \bar{y} = \{(a + bx_j) - \bar{y}\} + \{\bar{y}_j - (a + bx_j)\} + \{y_{ij} - \bar{y}_j\} \tag{1}$$

と｛　｝で囲った 3 つの部分に分解される。

〔4〕データの分解 (1) の右辺の各項の i および j に関する平方和をそれぞれ①，②，③としたとき，表 4 の分散分析表の (a) から (i) の値を求め，分散分析表を完成させよ。

表 4：分散分析表

要因	平方和	自由度	平均平方
①	(a)	(d)	(g)
②	(b)	(e)	(h)
③	(c)	(f)	(i)
計	684.0	11	

〔5〕上問〔4〕の各数値に基づく①および②の効果に関する検定結果を踏まえ，この実験データの解析結果から何がわかるかを示せ。

解答例

データを散布図にプロットし，回帰直線を描き入れると次のようになる。

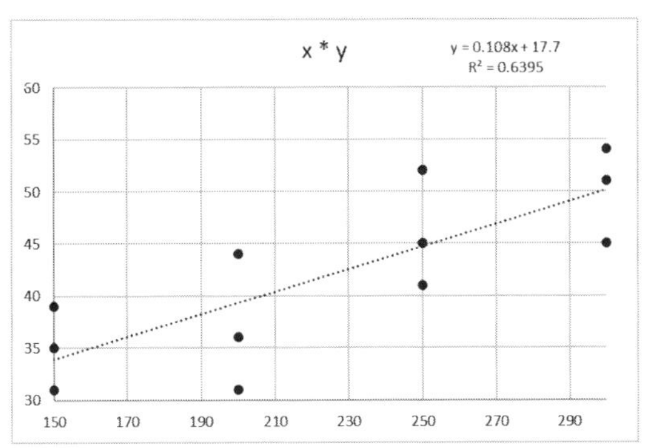

〔1〕決定係数は

$$R^2 = 1 - \frac{246.6}{684} \approx 0.639$$

であり，自由度調整済み決定係数は

$$R^{*2} = 1 - \frac{246.6/10}{684/11} \approx 0.603$$

となる。

〔2〕単回帰分析の分散分析表の全体は次のとおりである。

要因	平方和	自由度	平均平方	F 値
回帰	437.4	1	437.4	17.737
残差	246.6	10	24.66	
計	684.0	11		

問題文の表 2 から F 値を求めると $F = 437.4/24.66 \approx 17.737$ となる。この F 検定の自由度は (1, 10) であるが，付表 4 には，$\alpha = 0.01$ におけるパーセント点は掲載されていない。そこで，平方根 $t = \sqrt{17.737} \approx 4.21$ を求める。自由度 (1, 10) の F 分布の上側 1% 点の平方根は，自由度 10 の t 分布の上側 0.5% 点（両側 1% 点）であり，付表 2 から自由度 10 の上側 0.5% 点は 3.169 と読み取れる。本問の計算値 $t = 4.21$ はそれよりも大きいので，回帰係数に関する検定は有意水準 1% で有意であることがわかる（実際に P 値を求めると 0.002 となる）。

〔3〕一元配置分散分析表の全体は次のとおりである。

要因	平方和	自由度	平均平方	F 値
群間	462.0	3	154.0	5.55
群内	222.0	8	27.75	
計	684.0	11		

問題文の表 3 から F 値を求めると $F = 154.0/27.75 \approx 5.55$ となる。この F 検定の自由度は（3, 8）であるが，付表 4 には自由度（3, 8）のパーセント点は与えられていない。しかし，自由度（3, 5）の 5% 点は 5.409 であり，パーセント点は第 2 自由度の減少関数であることから，$F = 5.55$ に基づく P 値は 5% 未満であることになり，検定は有意水準 5% で有意であることがわかる（実際に P 値を求めると 0.023 となる）。

〔4〕説明変数の各水準で複数回の測定が行われているので，各水準での条件付き期待値が直線的かどうかの評価が可能となり，それを見るのが②である。問題文の表 3 の群間の平方和 462.0 は，直線性を表す平方和（問題文の表 2 の回帰による平方和）437.4 とそこからのずれの部分 $462.0 - 437.4 = 24.6$ とに分解される（それぞれの自由度は 1 と 2 である）。平均平方は各平方和を自由度で割ったものであるので，②を加味した分散分析表の全体は次のようになる。

要因	平方和	自由度	平均平方	F 値
①	437.4	1	437.4	15.76
②	24.6	2	12.3	0.443
③	222.0	8	27.75	
計	684.0	11		

〔5〕上問〔4〕で求めた数値から，①および②に関する検定を行う。

①については，検定統計量の値は $F_1 = 437.4/27.75 \approx 15.76$ であり，その平方根は $t_1 = \sqrt{15.76} \approx 3.97$ となる。よって，上問〔2〕と同様の考察により，有意水準 1% で有意となる（実際に P 値を求めると 0.004 となる）。

②については，検定統計量の値は $F_2 = 12.3/27.75 \approx 0.443$ で，自由度（2, 8）の F 検定を行うことになるが，F_2 の値は 1 よりも小さいので有意水準 5% の検定でも有意にはならない（実際に P 値を求めると 0.657 となる）。したがって，各設定温度における加工時間の平均値は，設定温度と直線的な関係でないとは言えないことになる。

通常の単回帰分析では，因子と応答の直線性の評価は残差のアドホックな検討によって行われることが多いが，因子の各水準で複数個のデータが得られる場合には，ここで示したような検定ベースでの評価が可能となる。検定で有意になった場合には直線以外のモデルを考えなくてはいけない。

本問では，直線性は否定されなかった。また，②の平均平方和は③の平均平方和よりも小さい。今回のデータを見る限りでは，応答と因子間の直線性のモデルを採用し，モデルからのずれとして②に関する変動も誤差に組み入れた表2の単回帰分析がよさそうである。したがって，実験で設定した温度の範囲内では，設定温度と加工時間との間に $y = 17.7 + 0.108x$ という直線的な関係があるとして予測を行うのがよいであろう。

統計応用（理工学） 問3

あるポリエステルコードのコーティング工程では，その皮膜の接着力指数 y を大きくするために，

x_1：エポキシ基濃度，x_2：硬化剤濃度シラン，x_3：オーブン温度

を因子として実験を行い，y と x_1，x_2，x_3 の関係を定量的に表現しようとしている。

接着力指数 y を応答とし，それを表す確率変数 Y と因子 x_1，x_2，x_3 との関係について，

$$Y = \mu + \beta_1 x_1 + \beta_2 x_2 + \beta_3 x_3 + \beta_{12} x_1 x_2 + \beta_{13} x_1 x_3 + \beta_{23} x_2 x_3 + \beta_{11} x_1^2 + \beta_{22} x_2^2 + \beta_{33} x_3^2 + \varepsilon$$

を仮定する。ただし，x_1，x_2，x_3 は中心0に基準化してあり，μ は一般平均を，各 β は各項の係数を表す。さらに，ε は平均0，分散 σ^2 の正規分布に従うものとする。このモデルには，x_1，x_2，x_3 に関する2次の項まで含まれることから，これを「接着2次モデル」と表す。このとき，以下の各問に答えよ。

〔1〕接着2次モデルにおいて，因子 x_1 の主効果，因子 x_1 と x_2 の交互作用はそれぞれどの項で表されるかを示せ。

〔2〕接着2次モデルに基づく推定を行うために，2^3- 型要因計画，軸上点 $\alpha = \pm 1$，中心での繰返し数 $n_0 = 6$ の中心複合計画を用い，ランダムな順序で実験を行って応答の値を測定した。その結果は表1のようである。

表1：中心複合計画による実験結果

No.	x_1	x_2	x_3	y
1	−1	−1	−1	13
2	−1	−1	1	11
3	−1	1	−1	11
4	−1	1	1	8
5	1	−1	−1	12
6	1	−1	1	14
7	1	1	−1	19
8	1	1	1	26
9	−1	0	0	10
10	1	0	0	17

No.	x_1	x_2	x_3	y
11	0	−1	0	13
12	0	1	0	14
13	0	0	−1	11
14	0	0	1	13
15	0	0	0	14
16	0	0	0	13
17	0	0	0	15
18	0	0	0	11
19	0	0	0	12
20	0	0	0	12

このデータに基づく表2の分散分析表の空欄(a)から(e)の値を求め，接着2次モデルによる変動が有意かどうかを有意水準5%で検定せよ。

表2：表1の実験結果の分散分析表

要因	自由度	平方和	平均平方	F 値
接着2次モデル	(a)	258.35	(c)	(e)
誤差	(b)	18.60	(d)	
全体	19	276.95		

〔3〕接着2次モデルの各係数の推定値，およびそれらの t 値は表3のようである。この推定結果からわかることを記述せよ。さらに，$x_i \in \{-1, 0, 1\}$ として，応答 y を大きくする x_1，x_2，x_3 の各水準を求めよ。

表3：各係数の推定値と対応する t 値

項	$\hat{\mu}$	$\hat{\beta}_1$	$\hat{\beta}_2$	$\hat{\beta}_3$	$\hat{\beta}_{12}$	$\hat{\beta}_{13}$	$\hat{\beta}_{23}$	$\hat{\beta}_{11}$	$\hat{\beta}_{22}$	$\hat{\beta}_{33}$
推定値	12.70	3.50	1.50	0.60	3.00	1.75	0.50	1.00	1.00	− 0.50
t 値	27.09	8.12	3.48	1.39	6.22	3.63	1.04	1.22	1.22	− 0.61

〔4〕接着2次モデルから，(i)t 値の絶対値が最も小さい x_3^2 を削除し，加えて(ii)t 値の絶対値がその次に小さい x_2x_3 を削除した。各モデルでの切片，各係数の推定値は表4のとおりである。接着2次モデルと(i)を比べると，一般平均の推定値 $\hat{\mu}$，2乗の係数の推定値 $\hat{\beta}_{ii}$ は変化し，その他は変化していない。また(i)と(ii)を比べると，それらの間ではすべての推定値は変化していない。この理由を説明せよ。

表4：接着2次モデルと項を削除したモデルにおける推定値

項	$\hat{\mu}$	$\hat{\beta}_1$	$\hat{\beta}_2$	$\hat{\beta}_3$	$\hat{\beta}_{12}$	$\hat{\beta}_{13}$	$\hat{\beta}_{23}$	$\hat{\beta}_{11}$	$\hat{\beta}_{22}$	$\hat{\beta}_{33}$
接着2次モデル	12.70	3.50	1.50	0.60	3.00	1.75	0.50	1.00	1.00	− 0.50
(i)x_3^2 削除	12.64	3.50	1.50	0.60	3.00	1.75	0.50	0.81	0.81	
(ii)x_2x_3 削除	12.64	3.50	1.50	0.60	3.00	1.75		0.81	0.81	

〔5〕応答 y と各因子 x_1，x_2，x_3 との関係を，因子のそれぞれの水準を $\{-1, 0, 1\}$ とした実験回数 $3^3 = 27$ の3水準要因計画により推定する。このとき，接着2次モデルに含まれる効果に加え，x_1，x_2，x_3 に関する3次の効果で推定できるものをすべてあげよ。また，誤差分散 σ^2 の推定の点で，前述の中心複合計画と実験回数 3^3 回の3水準要因計画ではどのような差異が生じるかを説明せよ。

解答例

〔1〕因子 x_1 の主効果は，因子 x_1 のみで表現される効果なので，$\beta_1 x_1$ と $\beta_{11} x_1{}^2$ が主効果を表す項となる。また，因子 x_1 と x_2 の交互作用を表す項は $\beta_{12} x_1 x_2$ となる。

〔2〕分散分析表は次のとおりとなる。有意水準 5% で，接着 2 次モデルによる変動が有意となる。

要因	自由度	平方和	平均平方	F 値
接着 2 次モデル	9	258.35	28.71	15.43
誤差	10	18.60	1.86	
全体	19	276.95		

〔3〕応答 y に x_1，x_2，x_3 が影響を与えていて，x_1 の 1 次の効果と交互作用 $x_1 \times x_2$ が特に大きい。β_{33} を除くすべての効果の推定値が正である。したがって，1 次の効果 β_i では $x_i = 1$ が好ましい。また，交互作用 β_{ij} は x_i，x_j の積 $x_i x_j$ の効果なので，$x_i = x_j = 1$ か $x_i = x_j = -1$ が好ましい。さらに，β_{11}，β_{22} では，$x_i = x_j = \pm 1$ が好ましい。残りの β_{33} は負の値なので，単独では $x_3 = 0$ がよいが，β_{33} は他と比べると絶対値が小さい。これらを考えると $x_1 = 1$，$x_2 = 1$，$x_3 = 1$ がよい。

〔4〕中心複合計画では，$x_i\,(i = 1,\ 2,\ 3)$ の列ベクトルおよび $x_i x_j\,(i,\ j = 1,\ 2,\ 3\colon i \neq j)$ の列ベクトルは互いに直交する。さらにこれらのベクトルは一般平均の列ベクトル（すべての成分が 1 のベクトル），$x_i^2\,(i = 1,\ 2,\ 3)$ の列ベクトルとも直交する。

したがって (i) の場合，x_3^2 を削除しても $\beta_i\,({}_i = 1,\ 2,\ 3)$ および $\beta_{ij}\,(i,\ j = 1,\ 2,\ 3\colon i \neq j)$ の推定値は変わらない。一方，一般平均の列ベクトルおよび $x_i^2\,(i = 1,\ 2)$ の列ベクトルと x_3^2 の列ベクトルは直交しないので，μ，$\beta_{ii}\,(i = 1,\ 2)$ の推定値は変化する。(ii) の場合は，$x_2 x_3$ の列ベクトルと他のすべての列ベクトルは直交するので，(i) で得た推定値と同じく変化しない。

〔5〕3 水準要因計画は，各因子 x_1，x_2，x_3 の 3 水準の実験であるので，x_i の 2 乗の効果は推定でき，3 次の効果のうちで推定できるものもある。3 次の効果で新たに推定可能となるのは

$$\beta_{123} x_1 x_2 x_3,\ \beta_{112} x_1^2 x_2,\ \beta_{122} x_1 x_2^2,\ \beta_{113} x_1^2 x_3,\ \beta_{133} x_1 x_3^2,\ \beta_{223} x_2^2 x_3,\ \beta_{233} x_2 x_3^2 \qquad (*)$$

である。この結果の解説は，やや長くなるので次の段落の後に述べる。

中心複合計画と 3 水準要因計画では，同じ実験点での繰返しが存在するかどうかが異なり，この点が誤差分散 σ^2 の推定に関連する。σ^2 の推定において，中心複合計画では中心点での繰返しがあり，この繰返しによる変動は誤差分散 σ^2 のみの変動になる。一方，3 水準要因計画では同じ実験点での繰返しが存在せず，分散分析表の誤差の平均平方は，モデルで説明できない残差によって構成される。

各因子に設定された水準は $x_j = \{-1,\ 0,\ 1\}$，$j = 1,\ 2,\ 3$ であり，$x_j^3 = x_j$ であるの

で，x_j^3 の項の効果は推定できない。それ以外の 3 次の項 (*) が推定可能であることは次のように示すことができる。x_1 につき，定数項，1 次の項 (x_1)，2 次の項 (x_1^2) に対応した説明変数行列を

$$X_1 = \begin{pmatrix} 1 & -1 & 1 \\ 1 & 0 & 0 \\ 1 & 1 & 1 \end{pmatrix}$$

とすると，$|X_1| = 2$ であるので，X_1 は正則である。同様に X_2 および X_3 を作り，クロネッカー積 $X_1 \otimes X_2 \otimes X_3$ を作ると，これは正則となり，各列は一次独立になる。$X_1 \otimes X_2 \otimes X_3$ は 27×27 行列で，各行が 3 水準要因計画における 27 回の実験に対応し，各列が問題文に示したような線形式における各項に対応する。27 個の列のうち，1 つが定数項，1 次の項が 3 つ，2 次の項として 2 乗の項が 3 つと 2 つの因子の積の項が 3 つの計 6 つある。そして，4 次以上の項が（$x_1^2x_2^2$, $x_1^2x_3^2$, $x_2^2x_3^2$, $x_1^2x_2^2x_3$, $x_1^2x_2x_3^2$, $x_1x_2^2x_3^2$, $x_1^2x_2x_3$, $x_1x_2^2x_3$, $x_1x_2x_3^2$, $x_1^2x_2^2x_3^2$）と 10 個ある。したがって，残りは $27 - 10 - 10 = 7$ 個であり，これらが (*) に対応するものである。上述のように，これらに対応した列は一次独立であるので，それぞれの項の効果は推定可能となる。

統計応用（理工学） 問 4

乱数を用いたシミュレーション（モンテカルロシミュレーション）では，与えられた分布に従う乱数の生成が必要となる。具体的に，確率密度関数

$$f(x) = \begin{cases} 60x^3(1-x)^2 & (0 \le x \le 1) \\ 0 & (\text{その他}) \end{cases} \tag{1}$$

を持つ分布（ベータ分布）に従う乱数を生成する手順につき，以下の各問に答えよ。

〔1〕確率密度関数 $f(x)$ の最大値を与える値 x_0 とそのときの $c_0 = f(x_0)$ を求めよ。

〔2〕Y, U を互いに独立にそれぞれ区間 $[0, 1]$ 上の一様分布に従う確率変数とする。このとき，確率 $P(c_0U \le f(Y))$ を c_0 を用いて表せ。

〔3〕上問〔2〕の確率変数の組 (Y, U) を用いて，確率変数 X を

$$X = \begin{cases} Y & (c_0U \le f(Y)) \\ -1 & (\text{その他}) \end{cases} \tag{2}$$

と定義する。このとき，$X \ge 0$ の条件の下での X の条件付き確率密度関数 $h(x|X \ge 0)$ を求めよ。

〔4〕上問〔1〕,〔2〕,〔3〕の結果を用いて，確率密度関数 (1) を持つ分布に従う乱数 X を1つ生成する方法を述べよ。また，乱数 X を1つ生成するために一様乱数は平均何個必要かを示せ。

〔5〕確率変数 X の定義式 (2) において，c_0 の代わりに，c_0 より大きい値 c_1，もしくは c_0 より小さい値 c_2 を用いるとどのようなことが起こるかを簡潔に述べよ。

解答例

本問は，与えられた確率密度関数 $f(x)$ に従う乱数を生成するための一般的な方法論の一つである棄却法に関するものである。ここでの関数 $f(x)$ の概形は下のようになる。

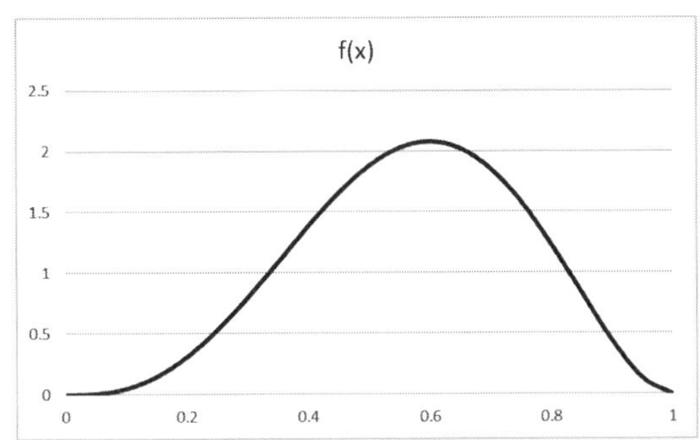

〔1〕確率密度関数 $f(x)$ を微分して 0 と置き，

$$\begin{aligned}60\{3x^2(1-x)^2-2x^3(1-x)\} &= 60x^2(1-x)\{3(1-x)-2x\}\\ &= 60x^2(1-x)(3-5x)=0\end{aligned}$$

より，$x_0=3/5=0.6$ を得る。このとき，$c_0=f(3/5)=(6/5)^4=2.0736$ となる。

〔2〕はじめに $Y=y$ の条件付きでの確率を求め，次に Y の分布で平均を取る。U は区間 $(0,\ 1)$ 上の一様分布であるので，与えられた定数 a に対し，$P(U\leq a)=a$ であることに注意すると，

$$\begin{aligned}P(c_0U\leq f(Y)) &= \int_0^1 P(c_0U\leq f(y)|Y=y)dy\\ &= \int_0^1 P(U\leq f(y)/c_0|Y=y)dy\\ &= \frac{1}{c_0}\int_0^1 f(y)dy=\frac{1}{c_0}=\left(\frac{5}{6}\right)^4\approx 0.482\end{aligned}$$

となる。

〔3〕$X \geq 0$ の条件の下での X の条件付き確率密度関数を確率要素で書き，Y および U は互いに独立に区間 (0, 1) 上の一様分布に従うこと，ならびに上問〔2〕の結果を用いると，

$$\begin{aligned} h(x|X \geq 0)dx &= P(x \leq Y < x + dx|c_0U \leq f(Y)) \\ &= \frac{P(x \leq Y < x + dx, c_0U \leq f(Y))}{P(c_0U \leq f(Y))} \\ &= \frac{P(x \leq Y < x + dx, c_0U \leq f(x))}{1/c_0} \\ &= \frac{P(x \leq Y < x + dx)P(c_0U \leq f(x))}{1/c_0} \\ &= \frac{dx \cdot f(x)/c_0}{1/c_0} = f(x)dx \end{aligned}$$

を得る。したがって，$X \geq 0$ の下での X の条件付き確率密度関数は $f(x)$ である。

〔4〕次の手順に従う。

(1) 区間 (0, 1) 上の独立な一様乱数 Y，U を 1 つずつ発生させる。

(2) $c_0U \leq f(Y)$ であればその Y を X とし，そうでなければ (Y, U) は棄却し，(1) に戻る。

これにより，$f(x)$ に従う乱数を 1 つ作ることができる。これを必要な個数の X が得られるまで繰り返す。

上問〔2〕より，乱数 X が得られる確率 p は $(5/6)^4$ である。乱数 X が実際に得られるまでに (Y, U) を棄却する回数 N は幾何分布に従い，その期待値は $E[N] = (1-p)/p$ である。よって乱数 X が 1 つ得られるまでの期待回数は

$$E[N] + 1 = \frac{1-p}{p} + 1 = \frac{1}{p} = \left(\frac{6}{5}\right)^4 \approx 2.07$$

となる。1 回の試行で 2 つの乱数 (Y, U) が必要であるので，必要な一様乱数の個数の期待値は 4.14 程度となる。

〔5〕このアルゴリズムでは，c_0 の代わりに c_0 より大きな任意の c_1 を用いることができるが，そうすると，乱数を実際に得る確率 $1/c_1$ が小さくなり，結果として必要とする一様乱数の個数が増えることになる。逆に c_0 よりも小さな c_2 を用いると，$f(x) > c_2$ となる x に対応した範囲の乱数が得られる確率が小さくなってしまい，望ましくない。

統計応用（理工学） 問5

統計応用（人文科学）問 5 と共通問題。33 ページ参照。

統計応用（医薬生物学）　問 1

共変量 x を持つ個人のハザード関数 $\lambda(t;\,x)$ を

$$\lambda(t;\,\mathrm{x}) = \lambda_0(t)\exp(\beta x) \tag{1}$$

とする比例ハザードモデルを考える。ここで，$\lambda_0(t)$ はベースラインハザード関数とする。このとき，以下の各問に答えよ。

〔1〕簡単のために，2 標本問題を考える。共変量 x は標本 1 であれば $x=0$，標本 2 であれば $x=1$ とする。このとき，式 (1) の比例ハザードモデルが比例ハザード性を満たすことを示せ。

〔2〕式 (1) の比例ハザードモデルに基づく，共変量 x をもつ個人の生存関数 $S(t;\,x)$ は次のように表される。

$$S(t;\,x) = S_0(t)^{\exp(\beta x)} \tag{2}$$

$S_0(t)$ をベースラインハザード関数を用いて表せ。

〔3〕比例ハザードモデルは，比例ハザード性を仮定している。データを解析する際，比例ハザード性が満たされているかを評価する方法として，2 重対数プロットがある。共変量 x により層別し，2 重対数プロット（縦軸：$\log(-\log S(t;\,x))$，横軸：$\log t$ としたプロット）を作成すると，比例ハザード性の下ではプロットが層間で平行になる。上問〔2〕の式 (2) を用いて，この理由を説明せよ。

〔4〕原発性胆汁性胆管炎に関するランダム化比較試験のデータ（出典：統計ソフト R のサンプルデータ）を用いて，登録から死亡までの日数に対して，式 (1) の比例ハザードモデルを当てはめる。$x=1$ であれば試験群，$x=0$ であればプラセボ群とする。この比例ハザードモデルを適用した表 1 の結果から，試験群のプラセボ群に対するハザード比の推定値と対数ハザード比に対する正規近似に基づくハザード比の 95% 信頼区間を求めよ。

表 1：比例ハザードモデルの適用結果

変数	回帰係数	標準誤差
x	0.06	0.18

〔5〕上問〔4〕にて求めたハザード比の推定値とその 95% 信頼区間から試験群のプラセボ群に対する治療効果を評価せよ。

解答例

〔1〕標本2の標本1に対するハザード比は

$$\frac{\lambda(t;x=1)}{\lambda(t;x=0)} = \exp(\beta)$$

となる。任意の時間 t に対して，ハザード比が一定 $(\exp(\beta))$ であるので，比例ハザード性を満たす。

〔2〕定義に従って生存関数 $S(t;x)$ を計算すると

$$\begin{aligned} S(t;x) &= \exp\left(-\int_0^t \lambda(s;x)ds\right) = \exp\left(-\int_0^t \lambda_0(s)\exp(\beta x)ds\right) \\ &= \exp\left\{\exp(\beta x)\times\left(-\int_0^t \lambda_0(s)ds\right)\right\} = \exp\left(-\int_0^t \lambda_0(s)ds\right)^{\exp(\beta x)} \end{aligned}$$

となる。したがって，

$$S_0(t) = \exp\left(-\int_0^t \lambda_0(s)ds\right)$$

である。

〔3〕生存関数 $S(t;x) = S_0(t)^{\exp(\beta x)}$ の両辺に2重対数 $\log(-\log)$ を取ると，次の関係式が得られる。

$$\begin{aligned} \log(-\log(S(t;x))) &= \log(-\log(S_0(t)^{\exp(\beta x)})) \\ &= \log(\exp(\beta x)\times(-\log(S_0(t)))) \\ &= \log(\exp(\beta x)) + \log(-\log(S_0(t))) \\ &= \beta x + \log(-\log(S_0(t))) \end{aligned}$$

共変量 x の値の違いは関数の上下移動に寄与するので，比例ハザードモデルは，生存関数 $S(t;x)$ の $\log(-\log)$ 尺度上において，プロットが層間で平行になる。

〔4〕試験群とプラセボ群のハザード比は

$$\frac{\lambda(t;x=1)}{\lambda(t;x=0)} = \exp(\beta)$$

であるので，ハザード比の推定値は $\exp(0.06) \approx 1.062$ となる。対数ハザード比に対する正規近似による95% 信頼区間は，$\hat{\beta}$ の標準誤差（SE）を $SE[\hat{\beta}]$ とすると，

$$\begin{aligned} &\left(\hat{\beta} - 1.96\times SE[\hat{\beta}],\ \hat{\beta} + 1.96\times SE[\hat{\beta}]\right) \\ &= (0.06 - 1.96\times 0.18,\ 0.06 + 1.96\times 0.18) \approx (-0.29, 0.41) \end{aligned}$$

となる。したがって，ハザード比の95% 信頼区間は

$$(\exp(-0.29),\ \exp(0.41)) \approx (0.75,\ 1.51)$$

となる。

〔5〕治療効果をハザード比 $\lambda(t; x=1)/\lambda(t; x=0)$ で評価する場合，ハザード比が1より小さいと，試験群のほうがプラセボ群よりも有効であることが示唆され，逆に，ハザード比が1より大きいと，プラセボ群のほうが試験群よりも有効であることが示唆される。ここでのハザード比の推定値は $\exp(0.06) \approx 1.062$ (>1) であるので，点推定値からは，プラセボ群のほうが試験群よりもわずかに有効であることが示唆される。しかし，ハザード比の95%信頼区間は(0.75, 1.51)であり，区間が1を含むことから，登録から死亡までの時間に差があるとはいえない。

統計応用（医薬生物学）問2

米国運輸省が保有する交通事故記録から，同一の自動車に乗っていた「シートベルトを着用していた運転者」と「シートベルトを着用していなかった同乗者」の各1名をマッチさせた交通事故後の生死のデータ（1,481,135件）を表1に示す。以下の各問に計算式を省略せずに答えよ。

表1：運転者（シートベルトあり）と同乗者（シートベルトなし）をマッチした交通事故後の生死のデータ

		同乗者（シートベルトなし）	
		死亡	生存
運転者	死亡	442	662
（シートベルトあり）	生存	2,632	1,477,399

出典：Cummings et al. *Epidemiologic Review.* 2003; 25: 43-50

〔1〕表1の結果から，運転者と同乗者のそれぞれについて，死亡リスク（割合）を求めよ。結果は小数点以下第5位を四捨五入せよ。（%表示の場合は，小数点以下第3位を四捨五入せよ。）

〔2〕表1の結果から，同乗者の運転者に対する死亡リスク比と死亡オッズ比を（運転者・同乗者のマッチングを考慮せずに）求めよ。結果は小数点以下第3位を四捨五入せよ。

〔3〕表1のデータについて，運転者と同乗者の各1名をマッチして，各交通事故（$k = 1, \ldots, 1{,}481{,}135$）の層別データとしたものを表2に示す。$A_k$, B_k, C_k, D_k は該当する場合は1，そうでない場合は0とする。

表 2： 各交通事故の層別データ（$k = 1, \ldots, 1{,}481{,}135$）

	死亡	生存	合計
同乗者（シートベルトなし）	A_k	C_k	$n_k = 1$
運転者（シートベルトあり）	B_k	D_k	$m_k = 1$
合計			$N_k = 2$

同乗者の運転者に対する次式の Mantel-Haenszel リスク比の推定量 $\widehat{RR}_{MH}$ と Mantel-Haenszel オッズ比の推定量 $\widehat{OR}_{MH}$ の値を求めよ。結果は小数点以下第 3 位を四捨五入せよ。

$$\widehat{RR}_{MH} = \frac{\sum_k \frac{A_k m_k}{N_k}}{\sum_k \frac{B_k n_k}{N_k}}, \quad \widehat{OR}_{MH} = \frac{\sum_k \frac{A_k D_k}{N_k}}{\sum_k \frac{B_k C_k}{N_k}}$$

〔4〕上問〔2〕と〔3〕で求めたリスク比とオッズ比の各推定値の異同について，「交通事故の状況の違いによる交絡バイアスの有無」，「推定されるパラメータの違い」の 2 つの観点から説明せよ。

〔5〕表 1 のデータでは，運転者はシートベルトを着用，同乗者はシートベルトを非着用であるから，「自動車の座席位置による死亡リスクの違い」と「シートベルト着用と非着用の死亡リスクの違い」を区別できない。そこで，運転者も同乗者もシートベルトを着用していなかった交通事故のデータ（表 3：11,553,325 件）からリスク比を求めることで，シートベルトの効果についてどのような推測ができるか，具体的な数値を用いて簡潔に説明せよ。

表 3： 運転者（シートベルトなし）と同乗者（シートベルトなし）をマッチした交通事故後の生死のデータ

		同乗者（シートベルトなし）	
		死亡	生存
運転者	死亡	5,596	11,721
（シートベルトなし）	生存	11,825	11,524,183

解答例

〔1〕運転者の総数と同乗者の総数はどちらも 1,481,135 人である。運転者の死亡数は $442 + 662 = 1{,}104$（人），同乗者の死亡数は $442 + 2632 = 3{,}074$（人）である。これより，各死亡リスク（割合）は

運転者のリスク：$1104/1481135 \approx 0.000745 \approx 0.0007$（0.07%）

同乗者のリスク：$3074/1481135 \approx 0.002075 \approx 0.0021$（0.21%）

である。

〔2〕リスク比は

$$RR_c = \frac{3074/1481135}{1104/1481135} = \frac{3074}{1104} \approx 2.7844 \approx 2.78$$

であり，オッズ比は

$$OR_c = \frac{3074 \times (1481135 - 1104)}{1104 \times (1481135 - 3074)} \approx 2.7881 \approx 2.79$$

と求められる。

〔3〕すべての層で $n_k = m_k = 1$，$N_k = 2$ であるので，Mantel-Haenszel リスク比の推定量の値は

$$RR_{MH} = \frac{\displaystyle\sum_k \frac{A_k m_k}{N_k}}{\displaystyle\sum_k \frac{B_k n_k}{N_k}} = \frac{\displaystyle\sum_k A_k}{\displaystyle\sum_k B_k} = \frac{3074}{1104} \approx 2.7844 \approx 2.78$$

となる。一方で，Mantel-Haenszel オッズ比は

$$OR_{MH} = \frac{\displaystyle\sum_k \frac{A_k D_k}{N_k}}{\displaystyle\sum_k \frac{B_k C_k}{N_k}} = \frac{\displaystyle\sum_k A_k D_k}{\displaystyle\sum_k B_k C_k}$$

であり，A_k，B_k，C_k，D_k がいずれも 0 または 1 の値しか取らないことに注意すると，OR_{MH} の分子は「同乗者が死亡かつ運転者が生存の層（ペア）の数」，分母は「同乗者が生存かつ運転者が死亡の層（ペア）の数」に等しい。よって，表 1 より

$$OR_{MH} = 2632/662 = 3.9758 \approx 3.98$$

である。

〔4〕上問〔2〕，〔3〕の結果より，$RR_c = RR_{MH}$，$OR_c < OR_{MH}$（または $OR_c \neq OR_{MH}$）である。「交通事故状況の違いによる交絡バイアスの有無」については，運転者と同乗者の人数は各層で等しいため，運転者群と同乗者群の交通事故の状況の分布はまったく同じであり，どの推定量にも交通事故の状況の違いによる交絡バイアスは存在しない。したがって，$OR_c \neq OR_{MH}$ であることを「交通事故の状況の違いによる交絡」とみなすことはできない。一方，「推定されるパラメータの違い」については，RR_c と OR_c は集団全体の関連指標で，Mantel-Haenszel 推定量は層ごとのオッズ比・リスク比を共通とみなしてその値を推定している。リスク比は，層間で共通の場合には集団全体のリスク比に一致するので，推定量も同じ形に帰着する。一方オッズ比は，層間で共通の場合でも，一般に集団全体のオッズ比に一致しないため，推定量も異なっている。

〔5〕上問〔1〕から〔4〕より，「運転者でシートベルトあり」と「同乗者でシートベルトなし」という比較 (A) と，「運転者でシートベルトなし」と「同乗者でシートベルトなし」

という比較 (B) を通して，間接的に「運転者でシートベルトあり」と「運転者でシートベルトなし」を比較することができる。比較 (B) として，表 3 でリスク比を計算すると $((5596+11825))/((5596+11721)) = 17421/17317 \approx 1.0060 \approx 1.01$ となることから，比較 (A) のリスク比 2.78 と比べることで，運転者では，シートベルトありに比べてシートベルトなしで，死亡リスクが $2.78/1.01 \approx 2.75$ 倍（計算途中で四捨五入しないと $(3074/1104)/(17421/17317) \approx 2.7678 \approx 2.77$ 倍）高くなることが示唆される。

統計応用（医薬生物学） 問 3

4 人の被験者 ($i = 1, 2, 3, 4$) の 3 時点 (投与前, 1 週目, 6 週目) の血中鉛濃度 (μg/dL) の値を表 1 に示す。最初の 2 人の被験者（$i = 1, 2$）はプラセボを投与され，残り 2 人の被験者（$i = 3, 4$）はサクシマーという薬剤を投与されている。

表 1 : 4 人の被験者の 3 時点の血中鉛濃度

	治療群 0：プラセボ	血中鉛濃度（μ/dL）		
被験者（i）	1：サクシマー	投与前	1 週目	6 週目
1	0	24.7	24.5	22.5
2	0	19.7	14.9	14.7
3	1	20.4	5.4	11.9
4	1	20.4	2.8	9.4

出典：Fitzmaurice et al. *Applied Longitudinal Analysis, Second Edition.* Wiley, 2011, Table 1.1 より一部抜粋

線形混合効果モデル $\boldsymbol{Y} = X\boldsymbol{\beta} + Z\boldsymbol{\gamma} + \boldsymbol{\varepsilon}$ を用いて，表 1 のデータを解析することを考える。各ベクトルと行列の定義は次の通りである。ここで，上付き添え字の T は行列またはベクトルの転置を表す。

- $\boldsymbol{Y} = (24.7,\ 24.5,\ 22.5,\ \ldots,\ 20.4,\ 2.8,\ 9.4)^T$（$12 \times 1$ 次元）：血中鉛濃度の値のベクトル
- X：計画行列（12×2 次元），$\boldsymbol{\beta} = (\mu,\ \beta)^T$：固定効果（$\mu$ は切片項，β はサクシマーとプラセボの血中鉛濃度の平均的な差）
- Z（$12 \times q$ 次元，q は変量効果の次元数）：計画行列，$\boldsymbol{\gamma}$（$q \times 1$ 次元）：変量効果
- $\boldsymbol{\varepsilon}$（12×1 次元）：誤差ベクトル

$\boldsymbol{\gamma}$ と $\boldsymbol{\varepsilon}$ は互いに独立とする。$\boldsymbol{\gamma}$ は平均ベクトル $\mathbf{0}$，分散共分散行列 G の多変量正規分布，$\boldsymbol{\varepsilon}$ は平均ベクトル $\mathbf{0}$，分散共分散行列 R（12×12 次元）の多変量正規分布に従うとする。以下の各問に答えよ。

〔1〕このモデルのもとで，$\boldsymbol{Y}$ の分散共分散行列 V を求めよ。

〔2〕V の推定量を $\hat{V}$ とすると，$\boldsymbol{\beta}$ の最尤推定量は $\hat{\boldsymbol{\beta}} = (X^T\hat{V}^{-1}X)^{-1}X^T\hat{V}^{-1}Y$ で与えられる。ここでは，変量効果がなく（$Z = O$ または $\boldsymbol{\gamma} = \boldsymbol{0}$），かつ，$R$ の推定量が $\hat{R} = \hat{\sigma}^2 I$ で与えられるとする。I は単位行列とする。このとき，以下の問に答えよ。

〔2-1〕$\hat{\boldsymbol{\beta}}$ の推定量の式を簡略化せよ。

〔2-2〕$\hat{\boldsymbol{\beta}}$ の期待値を求めよ。

〔2-3〕表 1 のデータから $\hat{\boldsymbol{\beta}}$ の推定値を求めよ。

〔3〕$R = \sigma^2 I$ を仮定したときに

$$V = \begin{pmatrix} V_1 & O & O & O \\ O & V_2 & O & O \\ O & O & V_3 & O \\ O & O & O & V_4 \end{pmatrix}$$

となるようなモデルによってデータを解析するとする。ただし，O はすべての要素が 0 のゼロ行列（正方行列），

$$V_i = \begin{pmatrix} \sigma^2 + \sigma_i & \sigma_i & \sigma_i \\ \sigma_i & \sigma^2 + \sigma_i & \sigma_i \\ \sigma_i & \sigma_i & \sigma^2 + \sigma_i \end{pmatrix}$$

とする。

〔3-1〕上記の分散共分散行列を得るには Z と G をどのように定義すればよいか，各要素を示せ。

〔3-2〕上問〔3-1〕のモデルを用いると，上問〔2〕のモデルを用いた場合と比較して，データのどのような特徴を考慮した解析が可能になるかを述べよ。

解答例

〔1〕$\boldsymbol{Y} = X\boldsymbol{\beta} + Z\boldsymbol{\gamma} + \boldsymbol{\varepsilon}$ であり，変量効果 $\boldsymbol{\gamma}$ と誤差ベクトル $\boldsymbol{\varepsilon}$ は互いに独立であるから，分散共分散行列は

$$V = V[\boldsymbol{Y}] = V[X\boldsymbol{\beta} + Z\boldsymbol{\gamma} + \boldsymbol{\varepsilon}] = V[X\boldsymbol{\beta}] + V[Z\boldsymbol{\gamma}] + V[\boldsymbol{\varepsilon}]$$

である。ここで，$X\boldsymbol{\beta}$ は定数ベクトルであるので $V[X\boldsymbol{\beta}] = O$ であり，$V[\boldsymbol{\varepsilon}] = R$ および

$$\begin{aligned} V[Z\boldsymbol{\gamma}] &= E[(Z\boldsymbol{\gamma} - E[Z\boldsymbol{\gamma}])(Z\boldsymbol{\gamma} - E[Z\boldsymbol{\gamma}])^T] = E[Z(\boldsymbol{\gamma} - E[\boldsymbol{\gamma}])(\boldsymbol{\gamma} - E[\boldsymbol{\gamma}])^T Z^T] \\ &= ZV[\boldsymbol{\gamma}]Z^T = ZGZ^T \end{aligned}$$

より，$V = V[\boldsymbol{Y}] = ZGZ^T + R$ となる。

〔2〕

〔2-1〕上問〔1〕より，分散共分散行列 V の推定量を $\hat{V} = Z\hat{G}Z^T + \hat{R}$ とし，これに $Z = O$ と $\hat{R} = \hat{\sigma}^2 I$ を代入して整理すると，$\hat{V} = O\hat{G}O^T + \hat{\sigma}^2 I = \hat{\sigma}^2 I$ であるので，

$$\hat{\boldsymbol{\beta}} = \{X^T(\hat{\sigma}^2 I)^{-1}X\}^{-1}X^T(\hat{\sigma}^2 I)^{-1}\boldsymbol{Y} = (X^TX)^{-1}X^T\boldsymbol{Y}$$

となる。

〔2-2〕$\hat{\boldsymbol{\beta}} = (X^TX)^{-1}X^T\boldsymbol{Y}$ より，

$$E[\hat{\boldsymbol{\beta}}] = E[(X^TX)^{-1}X^T\boldsymbol{Y}] = (X^TX)^{-1}X^TE[\boldsymbol{Y}]$$

であり，

$$E[\boldsymbol{Y}] = E[X\boldsymbol{\beta} + Z\boldsymbol{\gamma} + \boldsymbol{\varepsilon}] = X\boldsymbol{\beta} + ZE[\boldsymbol{\gamma}] + E[\boldsymbol{\varepsilon}]$$

である。$\boldsymbol{\gamma} \sim N(\boldsymbol{0},\ G)$ および $\boldsymbol{\varepsilon} \sim N(\boldsymbol{0},\ R)$ の仮定から，$E[\boldsymbol{\gamma}] = \boldsymbol{0}$，$E[\boldsymbol{\varepsilon}] = \boldsymbol{0}$ であり，

$$E[\boldsymbol{Y}] = X\boldsymbol{\beta} + Z\boldsymbol{0} + \boldsymbol{0} = X\boldsymbol{\beta}$$

より

$$E[\hat{\boldsymbol{\beta}}] = (X^TX)^{-1}X^TX\boldsymbol{\beta} = \boldsymbol{\beta}$$

が得られる。すなわち $\hat{\boldsymbol{\beta}}$ は $\boldsymbol{\beta}$ の不偏推定量である。

〔2-3〕$\boldsymbol{Y}$ と計画行列 X の各要素は

$$\boldsymbol{Y} = (24.7\ \ 24.5\ \ 22.5\ \ 19.7\ \ 14.9\ \ 14.7\ \ 20.4\ \ 5.4\ \ 11.9\ \ 20.4\ \ 2.8\ \ 9.4)^T$$

$$X = \begin{pmatrix} 1 & 1 & 1 & 1 & 1 & 1 & 1 & 1 & 1 & 1 & 1 & 1 \\ 0 & 0 & 0 & 0 & 0 & 0 & 1 & 1 & 1 & 1 & 1 & 1 \end{pmatrix}^T$$

である。これを $\hat{\boldsymbol{\beta}} = (X^TX)^{-1}X^T\boldsymbol{Y}$ に代入して整理すると，

$$X^TX = \begin{pmatrix} 12 & 6 \\ 6 & 6 \end{pmatrix} = 6\begin{pmatrix} 2 & 1 \\ 1 & 1 \end{pmatrix},\ (X^TX)^{-1} = \frac{1}{6}\begin{pmatrix} 1 & -1 \\ -1 & 2 \end{pmatrix}$$

$$X^T\boldsymbol{Y} = \begin{pmatrix} \displaystyle\sum_{i=1}^{4}\sum_{j=1}^{3} Y_{ij} \\ \displaystyle\sum_{i=3}^{4}\sum_{j=1}^{3} Y_{ij} \end{pmatrix} = \begin{pmatrix} 191.3 \\ 70.3 \end{pmatrix}$$

であるので，

$$\hat{\boldsymbol{\beta}} = (X^TX)^{-1}X^T\boldsymbol{Y} = \begin{pmatrix} 20.17 \\ -8.45 \end{pmatrix}$$

となる。

〔3〕

〔3-1〕$V = ZGZ^T + R$であり，$R = \sigma^2 I$と指定したときに$V = \begin{pmatrix} V_1 & O & O & O \\ O & V_2 & O & O \\ O & O & V_3 & O \\ O & O & O & V_4 \end{pmatrix}$

となるようにZとGを決める問題である。$V_i = \begin{pmatrix} \sigma^2 + \sigma_i & \sigma_i & \sigma_i \\ \sigma_i & \sigma^2 + \sigma_i & \sigma_i \\ \sigma_i & \sigma_i & \sigma^2 + \sigma_i \end{pmatrix}$

であるから，Gは4つのパラメータ$(\sigma_1,\ \sigma_2,\ \sigma_3,\ \sigma_4)$を含んだ行列となる。$V$は対角のブロックが$V_i$で，非対角のブロックが$O$であるので，

$$Z = \begin{pmatrix} 1 & 0 & 0 & 0 \\ 1 & 0 & 0 & 0 \\ 1 & 0 & 0 & 0 \\ 0 & 1 & 0 & 0 \\ 0 & 1 & 0 & 0 \\ 0 & 1 & 0 & 0 \\ 0 & 0 & 1 & 0 \\ 0 & 0 & 1 & 0 \\ 0 & 0 & 1 & 0 \\ 0 & 0 & 0 & 1 \\ 0 & 0 & 0 & 1 \\ 0 & 0 & 0 & 1 \end{pmatrix}, \quad G = \begin{pmatrix} \sigma_1 & 0 & 0 & 0 \\ 0 & \sigma_2 & 0 & 0 \\ 0 & 0 & \sigma_3 & 0 \\ 0 & 0 & 0 & \sigma_4 \end{pmatrix}$$

とすればよい。このとき，

$$ZG = \begin{pmatrix} 1 & 0 & 0 & 0 \\ 1 & 0 & 0 & 0 \\ 1 & 0 & 0 & 0 \\ 0 & 1 & 0 & 0 \\ 0 & 1 & 0 & 0 \\ 0 & 1 & 0 & 0 \\ 0 & 0 & 1 & 0 \\ 0 & 0 & 1 & 0 \\ 0 & 0 & 1 & 0 \\ 0 & 0 & 0 & 1 \\ 0 & 0 & 0 & 1 \\ 0 & 0 & 0 & 1 \end{pmatrix} \begin{pmatrix} \sigma_1 & 0 & 0 & 0 \\ 0 & \sigma_2 & 0 & 0 \\ 0 & 0 & \sigma_3 & 0 \\ 0 & 0 & 0 & \sigma_4 \end{pmatrix} = \begin{pmatrix} \sigma_1 & 0 & 0 & 0 \\ \sigma_1 & 0 & 0 & 0 \\ \sigma_1 & 0 & 0 & 0 \\ 0 & \sigma_2 & 0 & 0 \\ 0 & \sigma_2 & 0 & 0 \\ 0 & \sigma_2 & 0 & 0 \\ 0 & 0 & \sigma_3 & 0 \\ 0 & 0 & \sigma_3 & 0 \\ 0 & 0 & \sigma_3 & 0 \\ 0 & 0 & 0 & \sigma_4 \\ 0 & 0 & 0 & \sigma_4 \\ 0 & 0 & 0 & \sigma_4 \end{pmatrix}$$

であり，

$$ZGZ^T = \begin{pmatrix} \sigma_1 & 0 & 0 & 0 \\ \sigma_1 & 0 & 0 & 0 \\ \sigma_1 & 0 & 0 & 0 \\ 0 & \sigma_2 & 0 & 0 \\ 0 & \sigma_2 & 0 & 0 \\ 0 & \sigma_2 & 0 & 0 \\ 0 & 0 & \sigma_3 & 0 \\ 0 & 0 & \sigma_3 & 0 \\ 0 & 0 & \sigma_3 & 0 \\ 0 & 0 & 0 & \sigma_4 \\ 0 & 0 & 0 & \sigma_4 \\ 0 & 0 & 0 & \sigma_4 \end{pmatrix} \begin{pmatrix} 1 & 1 & 1 & 0 & 0 & 0 & 0 & 0 & 0 & 0 & 0 & 0 \\ 0 & 0 & 0 & 1 & 1 & 1 & 0 & 0 & 0 & 0 & 0 & 0 \\ 0 & 0 & 0 & 0 & 0 & 0 & 1 & 1 & 1 & 0 & 0 & 0 \\ 0 & 0 & 0 & 0 & 0 & 0 & 0 & 0 & 0 & 1 & 1 & 1 \end{pmatrix}$$

$$= \begin{pmatrix} \sigma_1 & \sigma_1 & \sigma_1 & & & & & & & & & \\ \sigma_1 & \sigma_1 & \sigma_1 & 0 & 0 & 0 & 0 & 0 & 0 & 0 & 0 & 0 \\ \sigma_1 & \sigma_1 & \sigma_1 & 0 & 0 & 0 & 0 & 0 & 0 & 0 & 0 & 0 \\ 0 & 0 & 0 & \sigma_2 & \sigma_2 & \sigma_2 & 0 & 0 & 0 & 0 & 0 & 0 \\ 0 & 0 & 0 & \sigma_2 & \sigma_2 & \sigma_2 & 0 & 0 & 0 & 0 & 0 & 0 \\ 0 & 0 & 0 & \sigma_2 & \sigma_2 & \sigma_2 & 0 & 0 & 0 & 0 & 0 & 0 \\ 0 & 0 & 0 & 0 & 0 & 0 & \sigma_3 & \sigma_3 & \sigma_3 & 0 & 0 & 0 \\ 0 & 0 & 0 & 0 & 0 & 0 & \sigma_3 & \sigma_3 & \sigma_3 & 0 & 0 & 0 \\ 0 & 0 & 0 & 0 & 0 & 0 & \sigma_3 & \sigma_3 & \sigma_3 & 0 & 0 & 0 \\ 0 & 0 & 0 & 0 & 0 & 0 & 0 & 0 & 0 & \sigma_4 & \sigma_4 & \sigma_4 \\ 0 & 0 & 0 & 0 & 0 & 0 & 0 & 0 & 0 & \sigma_4 & \sigma_4 & \sigma_4 \\ 0 & 0 & 0 & 0 & 0 & 0 & 0 & 0 & 0 & \sigma_4 & \sigma_4 & \sigma_4 \end{pmatrix}$$

となるので，$R = \sigma^2 I$ であることから，$V = ZGZ^T + R = \begin{pmatrix} V_1 & O & O & O \\ O & V_2 & O & O \\ O & O & V_3 & O \\ O & O & O & V_4 \end{pmatrix}$

となる。

〔3-2〕表 1 の被験者内のデータには相関があると考えるのが自然である。このとき，上問〔2〕のモデルではすべてのデータが独立であることを仮定した解析となる。一方，〔3-1〕のモデルでは，被験者内のデータの相関を考慮した解析となる。

統計応用（医薬生物学）　問4

ある被験薬の有効性を調べるために，n 名の参加者に被験薬を投与して，有効か無効かどうかを判定する。有効例数 Y は成功確率 π の二項分布 $\mathrm{Bin}(n, \pi)$ に従うとする。π の事前分布に区間 $[0, 1]$ の一様分布を仮定する。π の事後分布をもとに，被験薬の有効性を検討する。以下の各問に答えよ。

〔1〕$Y = y$ のもとでの π に関する尤度関数と最尤推定量を示せ。

〔2〕π の事前分布と上問〔1〕で示した尤度関数をもとに，π の事後分布を求めよ。

〔3〕上問〔2〕で求めた事後分布の最頻値を求めよ。

〔4〕上問〔2〕で求めた事後分布の期待値を求めて，π の最尤推定量と π の事前分布の期待値との関係を述べよ。

〔5〕Y の周辺分布を求めよ。

〔6〕π が $1/2$ 以上である事後確率が 0.8 以上であれば，被験薬が有効であると判断する。$n = 5$ のときに，この条件を満たす Y の最小値を求めよ。ただし，次の積分の結果を適宜使用してよい。

y	$\int_{1/2}^{1} \pi^y (1-\pi)^{5-y} d\pi$
0	1/384
1	7/1920
2	11/1920
3	7/640
4	19/640
5	21/128

解答例

〔1〕Y はパラメータ n, π の二項分布 $B(n, \pi)$ に従うので，$Y = y$ が与えられたときの π の尤度関数は $L = \begin{pmatrix} n \\ y \end{pmatrix} \pi^y (1-\pi)^{n-y}$ である。$y = 0$ のときは，$L = (1-\pi)^n$ は π の単調減少関数であるので，最尤推定量は $\hat{\pi} = 0$ である。$y = n$ のときは，$L = \pi^n$ は π の単調増加関数であるので，最尤推定量は $\hat{\pi} = 1$ となる。

次に，$y \neq 0$, n として最尤推定量を求める。$\pi = 0$ あるいは $\pi = 1$ では明らかに L は最小値 0 を取るので，$\pi \neq 0, 1$ として L を最大にする π を導出する。尤度関数 L の代わりに対数尤度関数 $\log L = \log \begin{pmatrix} n \\ y \end{pmatrix} + y \log \pi + (n-y)\log(1-\pi)$ を取り，

$\log L$ を π で微分すると

$$\frac{\partial \log L}{\partial \pi} = \frac{y}{\pi} - \frac{n-y}{1-\pi} = \frac{y-n\pi}{\pi(1-\pi)}$$

であるので，これを0と置いて最尤推定量 $\hat{\pi} = y/n$ を得る。

したがって，$y = 0$, 1の場合も含め，最尤推定量は $\hat{\pi} = y/n$ となる。

〔2〕ベイズの定理より

$$p(\pi|y) = \frac{p(y|\pi)p(\pi)}{p(y)} = \frac{\begin{pmatrix} n \\ y \end{pmatrix} \pi^y (1-\pi)^{n-y} \times 1}{p(y)}$$

であるが，

$$p(y) = \int_0^1 p(y|\pi)p(\pi)d\pi = \int_0^1 \begin{pmatrix} n \\ y \end{pmatrix} \pi^y (1-\pi)^{n-y} \times 1 d\pi$$

$$= \begin{pmatrix} n \\ y \end{pmatrix} \int_0^1 \pi^y (1-\pi)^{n-y} d\pi = \begin{pmatrix} n \\ y \end{pmatrix} B(y+1, n-y+1)$$

である。ここで $B(a,b) = \int_0^1 x^{a-1}(1-x)^{b-1}dx$ はベータ関数である。したがって，

$$p(\pi|y) = \frac{\begin{pmatrix} n \\ y \end{pmatrix} \pi^y (1-\pi)^{n-y}}{\begin{pmatrix} n \\ y \end{pmatrix} B(y+1, n-y+1)} = \frac{\pi^y (1-\pi)^{n-y}}{B(y+1, n-y+1)}$$

となる。これは，パラメータ $(y+1, n-y+1)$ のベータ分布（$Be(y+1,\ n-y+1)$ と表す）の確率密度関数である。

〔3〕ベータ分布 $Be(a,\ b)$ の最頻値は $(a-1)/(a+b-2)$ であることを利用すると，これに $a = y+1$, $b = n-y+1$ を代入して

$$\frac{a-1}{a+b-2} = \frac{(y+1)-1}{(y+1)+(n-y+1)-2} = \frac{y}{n}$$

となる。すなわち，この問題の条件下では，事後分布の最頻値（事後モード）は最尤推定量に一致する。

別解として，事後密度関数 $p(\pi\,|\,y)$ の最大値を直接求めると，$p(\pi\,|\,y)$ の定数項以外の π の関数部分は $\pi^y(1-\pi)^{n-y}$ であるので，上問〔1〕の最尤推定量の導出と同じ計算に帰着され，事後モード y/n を得る。

〔4〕ベータ分布 $Be(a,\ b)$ の期待値は $a/(a+b)$ であることを利用すると，$a=y+1$，$b=n-y+1$ を代入して

$$
\begin{aligned}
E[\pi|y] &= \frac{a}{a+b} = \frac{y+1}{(y+1)+(n-y+1)} = \frac{y+1}{n+2} \\
&= \frac{n \times (y/n) + 2 \times (1/2)}{n+2} = \frac{n \times \hat{\pi} + 2 \times (1/2)}{n+2}
\end{aligned}
$$

が得られる。これは，最尤推定量 $\hat{\pi}$ と事前分布の期待値 $1/2$ の重み付き平均である。

ちなみに，$Be(a,\ b)$ に従う確率変数 X の期待値は，ベータ関数とガンマ関数の関係およびガンマ関数の性質

$$
B(a,b) = \frac{\Gamma(a)\Gamma(b)}{\Gamma(a+b)},\ \Gamma(a+1) = a\Gamma(a)
$$

を用いて

$$
\begin{aligned}
E[X] &= \frac{\displaystyle\int_0^1 x \times x^{a-1}(1-x)^{b-1}dx}{B(a,b)} = \frac{B(a+1,b)}{B(a,b)} \\
&= \frac{\Gamma(a+1)\Gamma(b)/\Gamma(a+b+1)}{\Gamma(a)\Gamma(b)/\Gamma(a+b)} = \frac{a\Gamma(a)\Gamma(b)/(a+b)\Gamma(a+b)}{\Gamma(a)\Gamma(b)/\Gamma(a+b)} \\
&= \frac{a}{a+b}
\end{aligned}
$$

と求められる。

〔5〕Y の周辺分布 $p(y)$ は，上述のベータ関数とガンマ関数の性質，および n が自然数の場合 $\Gamma(n)=(n-1)!$ であることを用いて，

$$
\begin{aligned}
p(y) &= \begin{pmatrix} n \\ y \end{pmatrix} B(y+1,\ n-y+1) = \frac{n!}{y!(n-y)!} \times \frac{\Gamma(y+1)\Gamma(n-y+1)}{\Gamma(n+2)} \\
&= \frac{n!}{y!(n-y)!} \times \frac{y!(n-y)!}{(n+1)!} = \frac{1}{n+1}
\end{aligned}
$$

となる。これより，Y は確率関数が $p(y)=1/(n+1)\ (y=0,\ 1,\ldots,\ n)$ の離散一様分布に従うことがわかる。

〔6〕π が 1/2 以上である事後確率は次式で与えられる。

$$P(\pi \geq 1/2|y) = \int_{1/2}^{1} p(\pi|y)d\pi = \frac{1}{B(y+1, n-y+1)} \int_{1/2}^{1} \pi^{y}(1-\pi)^{n-y} d\pi$$
$$= \frac{\Gamma(n+2)}{\Gamma(y+1)\Gamma(n-y+1)} \int_{1/2}^{1} \pi^{y}(1-\pi)^{n-y} d\pi$$
$$= \frac{(n+1)!}{y!(n-y)!} \int_{1/2}^{1} \pi^{y}(1-\pi)^{n-y} d\pi$$

$n=5$ であり，この式より，$P(\pi \geq 1/2 | Y=3) \approx 0.656$，$P(\pi \geq 1/2 | Y=4) \approx 0.891$ であるので，$Y=4$ が最小値である。

統計応用（医薬生物学） 問 5

統計応用（人文科学）問 5 と共通問題。33 ページ参照。

PART 3

1級
2021年11月
問題／解答例

2021年11月に実施された
統計検定1級で実際に出題された問題文および、
解答例を掲載します。

※**統計数理**（必須解答）は5問中3問に解答します。
統計応用は選択した分野の5問中3問を選択します。
※統計数値表は本書巻末に「付表」として掲載しています。

統計数理　問 1

(X, Y) を連続型確率変数の組とし，X および Y の周辺密度関数をそれぞれ

$$f_X(x)=\begin{cases} e^{-x} & (x>0) \\ 0 & (\text{その他}) \end{cases}, \quad f_Y(y)=\begin{cases} 1 & (0<y<1) \\ 0 & (\text{その他}) \end{cases}$$

とする。以下の各問に答えよ。

〔1〕X と Y の期待値をそれぞれ求めよ。

〔2〕X と Y が独立な場合，XY の期待値を求めよ。

〔3〕X と Y が独立な場合，$X+Y$ の確率密度関数を求めよ。また，そのグラフの概形をを描け。

〔4〕X と Y が独立ではなく，$Y=h(X)$ という関係が成り立つような単調増加関数 $h(x)$ が存在するとき，この $h(x)$ を求めよ。また，このときの XY の期待値を求めよ。

解答例

〔1〕期待値の定義から，部分積分により

$$E[X]=\int_0^\infty xe^{-x}dx=\left[-xe^{-x}\right]_0^\infty+\int_0^\infty e^{-x}dx=0+\left[-e^{-x}\right]_0^\infty=1$$

となる。また，

$$E[Y]=\int_0^1 ydy=\left[\frac{y^2}{2}\right]_0^1=\frac{1}{2}$$

である。

〔2〕確率変数 X と Y が独立であれば，上問〔1〕の結果から

$$E[XY]=E[X]E[Y]=1\cdot\frac{1}{2}=\frac{1}{2}$$

となる。

〔3〕和 $X+Y$ の確率密度関数を $g(z)$ と置くと，$z\leq 0$ の場合は 0，$z>0$ の場合は

$$
\begin{aligned}
g(z) &= \int_{-\infty}^{\infty} f_X(x) f_Y(z-x)dx \\
&= \int_{-\infty}^{\infty} e^{-x} I_{\{x>0\}} I_{\{0<z-x<1\}} dx \\
&= \int_{\max(0,z-1)}^{z} e^{-x} dx
\end{aligned}
$$

となる。ここで I_A は集合 A の定義関数である。$0<z<1$ のとき，

$$g(z) = \int_0^z e^{-x}dx = \left[-e^{-x}\right]_0^z = 1-e^{-z}$$

であり，$z\geq 1$ のとき，

$$g(z) = \int_{z-1}^{z} e^{-x}dx = \left[-e^{-x}\right]_{z-1}^{z} = e^{1-z} - e^{-z} = e^{-z}(e-1)$$

となる。よって，これらをまとめると

$$
g(z) = \begin{cases} 1-e^{-z} & (0<z<1) \\ e^{-z}(e-1) & (z\geq 1) \\ 0 & (z\leq 0) \end{cases}
$$

となる。関数の概形は以下のようである。

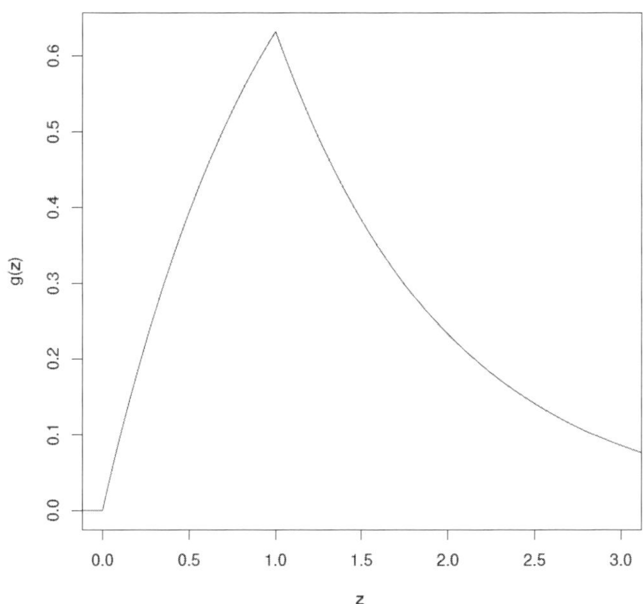

〔4〕 $Y=h(X)$ と変換されるためには，$0<y<1$ に対して

$$y=P(Y\le y)=P(h(X)\le y)=P(X\le h^{-1}(y))$$
$$=\int_0^{h^{-1}(y)} e^{-x}dx=1-\exp[-h^{-1}(y)]$$

が成り立てばよい。これを解くと（$y=h(x)$ と置けばすぐに解ける）

$$h(x)=1-e^{-x}$$

となる。このとき XY の期待値は，上問〔1〕と同様に部分積分により

$$E[XY]=E[X\cdot h(X)]$$
$$=\int_0^{\infty} x(1-e^{-x})e^{-x}dx=\int_0^{\infty} xe^{-x}dx-\int_0^{\infty} xe^{-2x}dx$$
$$=1-\int_0^{\infty}\frac{y}{2}e^{-y}\frac{dy}{2}=1-\frac{1}{4}=\frac{3}{4}$$

となる（上問〔2〕の結果よりも大きな値になることに注意する）。

統計数理　問2

2種類の豆 A，B が合わせて 100 粒入った袋がある。この袋に入っている豆 A の粒数を N_A（$0\le N_A\le 100$）と置く。ただし，N_A は未知とする。以下の各問に答えよ。

〔1〕 この袋から無作為に 15 粒取り出したとき，その中に入っている豆 A の粒数 X の分布を N_A を用いて表せ。ただし，二項係数の記号 ${}_nC_x$ を用いてよい。

〔2〕 この袋から無作為に 15 粒取り出したとき，その中に豆 A が 4 粒入っていたとする。このときの N_A の最尤推定値を求めよ。
ヒント：尤度関数を $L(N_A)$ と置き，$L(N_A+1)/L(N_A)<1$ となる N_A の範囲を求める。

以下，ベイズ法を考える。

〔3〕 N_A の事前分布を

$$P(N_A=n)=C\cdot(n+1)\quad(0\le n\le 100)$$

とする。ここで C は正規化定数である。C の値を求めよ。

〔4〕 上問〔2〕の状況において上問〔3〕の事前分布を仮定したときの事後分布を求めよ。ただし，事後分布の正規化定数を求める必要はない。また，N_A の事後確率関数が最大となるような N_A の値（事後モード）を求めよ。

解答例

〔1〕超幾何分布に従う。100粒から15粒選ぶ組合せが ${}_{100}C_{15}$ 通り，N_A 粒の豆Aから x 粒選ぶ組合せが ${}_{N_A}C_x$ 通り，$(100 - N_A)$ 粒の豆Bから $(15 - x)$ 粒選ぶ組合せが ${}_{100 - N_A}C_{15 - x}$ 通りであるから，

$$P(X = x) = \frac{{}_{N_A}C_x \times {}_{100-N_A}C_{15-x}}{{}_{100}C_{15}}, \quad \max(0,\, N_A - 85) \leq x \leq \min(15,\, N_A)$$

となる。

〔2〕観測値が $x = 4$ のときの尤度関数は

$$L(N_A) = \frac{{}_{N_A}C_4 \times {}_{100-N_A}C_{11}}{{}_{100}C_{15}}, \quad 4 \leq N_A \leq 89$$

となる。最尤推定値を求めるため，$L(N_A)$ の変化率を計算すると

$$\frac{L(N_A + 1)}{L(N_A)} = \frac{{}_{N_A+1}C_4 \times {}_{99-N_A}C_{11}}{{}_{N_A}C_4 \times {}_{100-N_A}C_{11}} = \frac{(N_A + 1)(89 - N_A)}{(N_A - 3)(100 - N_A)}$$

となる。不等式

$$\frac{L(N_A + 1)}{L(N_A)} < 1$$

を満たす N_A の範囲を考えると

$$\begin{aligned}
&\frac{(N_A + 1)(89 - N_A)}{(N_A - 3)(100 - N_A)} < 1 \\
\Leftrightarrow \quad & (N_A + 1)(89 - N_A) < (N_A - 3)(100 - N_A) \\
\Leftrightarrow \quad & -{N_A}^2 + 88N_A + 89 < -{N_A}^2 + 103N_A - 300 \\
\Leftrightarrow \quad & 389 < 15N_A \\
\Leftrightarrow \quad & N_A > \frac{389}{15} = 25.93\ldots
\end{aligned}$$

となる。この条件を満たす最小の整数 N_A が最尤推定値となるので，その値は $\hat{N}_A = 26$ である。

補足：$4/15$ と $N_A/100$ がほぼ等しくなるかどうかによって検算ができる。ただし $4/15 = N_A/100$ を解くと $N_A = 26.67$ となり，四捨五入で答えると誤答となる。

〔3〕事前分布

$$P(N_A = n) = C \cdot (n + 1)$$

が実際に確率分布となるためには

$$\sum_{n=0}^{100} P(N_A = n) = 1$$

となる必要がある。

$$\sum_{n=0}^{100}(n+1) = \frac{1}{2} \times 101 \times 102 = 5151$$

であるから，答えは

$$C = \frac{1}{5151}$$

となる。

〔4〕事後分布は

$$\pi(N_A|x=4) \propto L(N_A)\pi(N_A) \propto \frac{{}_{N_A}C_4 \times {}_{100-N_A}C_{11}}{{}_{100}C_{15}}(N_A+1), \quad 4 \leq N_A \leq 89$$

となる。変化率は

$$\begin{aligned}\frac{\pi(N_A+1|x=4)}{\pi(N_A|x=4)} &= \frac{L(N_A+1)}{L(N_A)}\frac{\pi(N_A+1)}{\pi(N_A)} \\ &= \frac{(N_A+1)(89-N_A)(N_A+2)}{(N_A-3)(100-N_A)(N_A+1)} \\ &= \frac{(89-N_A)(N_A+2)}{(N_A-3)(100-N_A)}\end{aligned}$$

となり，

$$\begin{aligned}&\frac{\pi(N_A+1|x=4)}{\pi(N_A|x=4)} < 1 \\ \Leftrightarrow \quad & \frac{(89-N_A)(N_A+2)}{(N_A-3)(100-N_A)} < 1 \\ \Leftrightarrow \quad & (89-N_A)(N_A+2) < (N_A-3)(100-N_A) \\ \Leftrightarrow \quad & (N_A-89)(N_A+2) > (N_A-3)(N_A-100) \\ \Leftrightarrow \quad & {N_A}^2 - 87N_A - 178 < {N_A}^2 - 103N_A + 300 \\ \Leftrightarrow \quad & 16N_A > 478 \\ \Leftrightarrow \quad & N_A > \frac{478}{16} = 29.875\end{aligned}$$

を得る。この条件を満たす最小の整数 N_A が事後確率最大化推定値となり，その値は $\hat{N}_A = 30$ である（最尤推定値より大きくなることに注意する）。

統計数理　問3

パラメータ λ のポアソン分布（$Po(\lambda)$ と書く）に従う確率変数を X とする。確率関数は

$$p(x;\lambda) = P(X = x) = \frac{\lambda^x}{x!}e^{-\lambda} \quad (\lambda > 0; x = 0, 1, 2, \ldots)$$

で与えられる。以下の各問に答えよ。

〔1〕$Po(\lambda)$ のモーメント母関数は $M_X(s) = \exp[\lambda(e^s - 1)]$ であることを示せ。

〔2〕互いに独立に $Po(\lambda)$ に従う確率変数を $X_1, \ldots, X_n$ とし，それらの和を $T = X_1 + \cdots + X_n$ とする。このとき以下を示せ。

〔2-1〕T は $Po(n\lambda)$ に従う。

〔2-2〕T は λ の十分統計量である。

〔2-3〕λ の最尤推定量は T/n である。

〔3〕上問〔2〕の T は n が大きいとき近似的に正規分布 $N(n\lambda,\ n\lambda)$ に従うが，これを利用して λ の信頼区間を求める。確率 α に対して c を $N(0,\ 1)$ の上側 $100(\alpha/2)\%$ 点とすると，近似的に

$$P\left(-c \leq \frac{T - n\lambda}{\sqrt{n\lambda}} \leq c\right) = 1 - \alpha \tag{1}$$

となる。T の実現値を t とし，式 (1) の左辺のカッコの中を 2 乗して整理すると λ の 2 次不等式となるので，それを解いて λ の信頼係数 $100(1 - a)\%$ の信頼区間を求める。ここでは $c = 2$ として信頼区間の上下限を求めよ。

注：$c = 2$ は $N(0,\ 1)$ の上側 2.275% 点であるので，求める信頼区間の信頼率は近似的に 95.45% となる。

〔4〕上問〔3〕で求めた信頼区間の中点と λ の最尤推定値 $\hat{\lambda} = t/n$ の値を踏まえたうえで，λ の信頼区間の特徴について論ぜよ。

解答例

〔1〕モーメント母関数は

$$M_X(s) = E[e^{sX}] = \sum_{x=0}^{\infty} e^{sx}\frac{\lambda^x}{x\,!}e^{-\lambda} = e^{-\lambda}\sum_{x=0}^{\infty}\frac{(\lambda e^s)^x}{x\,!}$$
$$= e^{-\lambda}\exp[\lambda e^s] = \exp[\lambda(e^s - 1)]$$

となる。

〔2〕

〔2-1〕$Po(\lambda)$ のモーメント母関数は $M_X(s)=\exp[\lambda(e^s-1)]$ であるので，n 個の和 T のモーメント母関数はそれらの積

$$M_T(s)=\{M_X(s)\}^n=\exp[n\lambda(e^s-1)]$$

となり，$M_T(t)$ はパラメータ $n\lambda$ のポアソン分布のモーメント母関数であることから，T は $Po(n\lambda)$ に従うことがわかる。このことは下の〔2-2〕の証明からも導出される。

〔2-2〕$X_1,\ldots,X_n$ の同時確率関数は

$$\begin{aligned}p(x_1\,,\,\ldots\,,\,x_n\,;\,\lambda)&=\prod_{i=1}^{n}p(x_i\,;\lambda)=\prod_{i=1}^{n}\frac{\lambda^{x_i}}{x_i\,!}e^{-\lambda}=\frac{\lambda^{\sum_{i=1}^{n}x_i}}{\prod_{i=1}^{n}x_i!}e^{-n\lambda}\\&=\frac{(n\lambda)^te^{-n\lambda}}{t\,!}\times\frac{t\,!}{\prod_{i=1}^{n}x_i!}\left(\frac{1}{n}\right)^t\\&=p(t\,;\,n\lambda)\times h(x_1\,,\,\ldots\,,\,x_n\mid t)\end{aligned}$$

と変形される。これにより，$T=t$ の条件付き分布 $h(x_1\,,\,\ldots\,,\,x_n\mid t)$ がパラメータ λ によらない分布（多項分布）であることから，T は λ に対する十分統計量であることがわかる。ちなみに，T の分布は $Po(n\lambda)$ であることも見て取れる。

〔2-3〕和 T の分布は $Po(n\lambda)$ であるので，対数尤度関数は

$$\begin{aligned}l(\lambda)&=\log L(\lambda)=\log p(x_1,\ldots,x_n;\lambda)=\log p(t\,;\,n\lambda)+\log h(x_1,\ldots,x_n\mid t)\\&=\log\left\{\frac{(n\lambda)^te^{-n\lambda}}{t\,!}\right\}+\log h(x_1\,,\,\ldots\,,\,x_n\mid t)=t\log(n\lambda)-n\lambda+C\end{aligned}$$

となる（ここで C は λ を含まない定数）。よって，

$$\frac{d}{d\lambda}l(\lambda)=\frac{t}{\lambda}-n=0$$

より λ の最尤推定量は $\hat{\lambda}=T/n$ となる。

〔3〕信頼区間を求める式

$$P\left(-c\le\frac{T-n\lambda}{\sqrt{n\lambda}}\le c\right)=1-\alpha$$

の左辺のカッコの中を 2 乗すると $(t-n\lambda)^2\le c^2n\lambda$ となり，展開して整理すると

$$(n\lambda)^2-2(n\lambda)t+t^2-c^2(n\lambda)\le 0$$

と λ の 2 次不等式となる。2 次方程式の解の公式より

$$n\lambda=\frac{(2t+c^2)\pm\sqrt{(2t+c^2)^2-4t^2}}{2}=\frac{(2t+c^2)\pm c\sqrt{4t+c^2}}{2}$$

が得られるので，$c=2$ を代入して

$$n\lambda = \frac{(2t+2^2) \pm 2\sqrt{4t+2^2}}{2} = t + 2 \pm 2\sqrt{t+1}$$

を得る。これにより，信頼区間の上下限は

$$\begin{cases} \hat{\lambda}_L = \dfrac{1}{n}\left(t+2-2\sqrt{t+1}\right) \\ \hat{\lambda}_U = \dfrac{1}{n}\left(t+2+2\sqrt{t+1}\right) \end{cases}$$

となる。

〔4〕上問〔3〕より，信頼区間の中点は $(t+2)/n$ となることがわかる。λ の点推定値である最尤推定値 $\hat{\lambda} = t/n$ よりも大きくなり，信頼区間は点推定値の両側に等距離で与えられるのではなく，大きいほうに少しシフトしている。このことは，パラメータ λ は最尤推定値よりもやや大きな値である可能性が大きいことを示している。

信頼区間を，両側検定において観測データによって棄却されないパラメータの範囲と考えると，ポアソン分布はパラメータ λ が大きいほど分散が大きいので，$\lambda = \hat{\lambda}_U$ での分散のほうが $\lambda = \hat{\lambda}_L$ での分散よりも大きいことから，$\hat{\lambda}_U$ と実測値の t/n との間の距離のほうが $\hat{\lambda}_L$ と t/n の距離よりも長くなる。

統計数理　問4

$X_1, \ldots, X_n$ は互いに独立に，平均 μ，分散 σ^2 で $E[(X_i-\mu)^3] = \tau$ を満たす同一分布に従う確率変数列とする。ただし，n は3以上であり，μ，σ^2，τ はそれぞれ未知パラメータである。また，$X_1, \ldots, X_n$ の標本平均を $\bar{X} = \sum_{i=1}^n X_i/n$ とする。以下の各問に答えよ。

〔1〕$\bar{X}$ の分散を求めよ。

〔2〕$(X_1 - X_2)^3$ の期待値を求めよ。

〔3〕$Y_i = X_i - \mu \quad (i = 1, \ldots, n)$ と置く。このとき，i, j, k を相異なる添え字として，$E[Y_i^3]$，$E[Y_i^2 Y_j]$，$E[Y_i Y_j Y_k]$ をそれぞれ求めよ。

〔4〕上問〔3〕の結果を利用して $\sum_{i=1}^n (X_i - \bar{X})^3$ の期待値を求めよ。

〔5〕未知パラメータに依存しない実数 $a_1, \ldots, a_n$ を用いて $\hat{\tau} = \left(\sum_{i=1}^n a_i X_i\right)^3$ と置く。このとき，$\hat{\tau}$ が τ の不偏推定量となるための $a_1, \ldots, a_n$ の条件を求めよ。

解答例

〔1〕$X_1, \ldots, X_n$ は互いに独立であり，分散 σ^2 の同一分布に従うので，

$$V\left[\bar{X}\right] = V\left[\frac{1}{n}\sum_{i=1}^{n} X_i\right] = \frac{1}{n^2}\sum_{i=1}^{n} V[X_i] = \frac{\sigma^2}{n}$$

となる。

〔2〕$E\left[(X_1 - X_2)^3\right] = -E\left[(X_2 - X_1)^3\right]$ であり，X_1 と X_2 の対称性から X_1 と X_2 を入れ替えても期待値は変わらないので，右辺の期待値は $-E\left[(X_1 - X_2)^3\right]$ に等しい。したがって $E\left[(X_1 - X_2)^3\right] = 0$ となる。

〔3〕定義から $E\left[{Y_i}^3\right] = \tau$ である。また，$E[Y_i] = \mu - \mu = 0$ と独立性から

$E\left[{Y_i}^2 Y_j\right] = E\left[{Y_i}^2\right] \cdot E\left[Y_j\right] = 0$ および $E\left[Y_i Y_j Y_k\right] = E\left[Y_i\right] \cdot E\left[Y_j\right] \cdot E\left[Y_k\right] = 0$

である。

〔4〕$Y_i = X_i - \mu$ と置き（$i = 1, \ldots, n$），それらの標本平均を $\bar{Y} = (Y_1 + \cdots + Y_n)/n$ とすると，$X_i - \bar{X} = Y_i - \bar{Y}$ である。そして上問〔3〕の結果より $E[Y_i^3] = \tau$ であり，$E[{Y_i}^2 Y_j] = 0$，$E[Y_i {Y_j}^2] = 0$，$E[Y_i Y_j Y_k] = 0$ である。よって，各 i について

$$\begin{aligned}
E\left[\left(X_i - \bar{X}\right)^3\right] &= E\left[\left(Y_i - \bar{Y}\right)^3\right] \\
&= E\left[{Y_i}^3 - 3{Y_i}^2\bar{Y} + 3Y_i\bar{Y}^2 - \bar{Y}^3\right] \\
&= \tau - 3\cdot\frac{1}{n}\sum_{j=1}^{n} E\left[{Y_i}^2 Y_j\right] + 3\cdot\frac{1}{n^2}\sum_{j=1}^{n}\sum_{k=1}^{n} E\left[Y_i Y_j Y_k\right] \\
&\quad - \frac{1}{n^3}\sum_{j=1}^{n}\sum_{k=1}^{n}\sum_{l=1}^{n} E\left[Y_j Y_k Y_l\right] \\
&= \tau - \frac{3}{n}E\left[{Y_i}^3\right] + \frac{3}{n^2}E\left[{Y_i}^3\right] - \frac{1}{n^3}\sum_{j=1}^{n} E\left[{Y_j}^3\right] \\
&= \tau - \frac{3\tau}{n} + \frac{3\tau}{n^2} - \frac{\tau}{n^2} \\
&= \frac{(n-1)(n-2)}{n^2}\tau
\end{aligned}$$

となるので，

$$E\left[\sum_{i=1}^{n}\left(X_i - \bar{X}\right)^3\right] = \frac{(n-1)(n-2)}{n}\tau$$

を得る。

〔5〕上問〔4〕の計算と同様にして

$$\begin{aligned}E[\hat{\tau}] &= E\left[\left\{\sum_{i=1}^{n} a_i(X_i-\mu)+\sum_{i=1}^{n} a_i\mu\right\}^3\right]\\ &= \left(\sum_{i=1}^{n} a_i{}^3\right)\tau + 3\left(\sum_{i=1}^{n} a_i{}^2\right)\left(\sum_{i=1}^{n} a_i\right)\sigma^2\mu + \left(\sum_{i=1}^{n} a_i\right)^3\mu^3\end{aligned}$$

となる。よって，これが μ および σ^2 の値によらず τ に等しくなるための必要十分条件は

$$\sum_{i=1}^{n} a_i = 0,\quad \sum_{i=1}^{n} a_i{}^3 = 1$$

である。

統計数理　問5

確率変数 $X_1,\ldots,X_n$ は互いに独立に標準正規分布 $N(0,1)$ に従うとし，これらを並べた n 次列ベクトルを $\boldsymbol{x}=(X_1,\ldots,X_n)^T$ とする。ここで上付き添え字の ^{T} はベクトルあるいは行列の転置を表す記号である。また，L と M をそれぞれ大きさ $l\times n$ と $m\times n$ の実行列とする。ただし，l，m，n は正の整数である。以下の各問に答えよ。

〔1〕線形変換 $\boldsymbol{y}=L\boldsymbol{x}$ によって得られる $\boldsymbol{y}$ の分散共分散行列 $V[\boldsymbol{y}]$ を求めよ。

〔2〕$L\boldsymbol{x}$ と $M\boldsymbol{x}$ が独立となるのは L と M がどのような条件を満たすときか述べよ。

〔3〕$L\boldsymbol{x}-AM\boldsymbol{x}$ と $M\boldsymbol{x}$ が独立となるような実行列 A を L と M を用いて表せ。ただし，M の階数 $\mathrm{rank}(M)$ は m，すなわち行フルランクであるとする。

〔4〕$\mathrm{rank}(M)<m$ のとき，上問〔3〕の条件を満たす行列 A が存在するための条件を論ぜよ。M の特異値分解を利用してもよい。

解答例

〔1〕確率変数ベクトル $\boldsymbol{x}$ の期待値は $E[\boldsymbol{x}]=\mathbf{0}$ で，分散共分散行列は単位行列であるので $(V[\boldsymbol{x}]=I)$，$\boldsymbol{y}$ の分散共分散行列 $V[\boldsymbol{y}]$ は

$$V[\boldsymbol{y}]=E[(L\boldsymbol{x})(L\boldsymbol{x})^T]=L\cdot V[\boldsymbol{x}]\cdot L^T=LL^T$$

となる。

〔2〕多次元正規分布の性質から，$L\boldsymbol{x}$ と $M\boldsymbol{x}$ の共分散行列が $Cov[L\boldsymbol{x},\ M\boldsymbol{x}]=O$（零行列）となればよい。共分散行列を計算すると

$$Cov[L\boldsymbol{x},\ M\boldsymbol{x}]=E[(L\boldsymbol{x})(M\boldsymbol{x})^T]=L\cdot V[\boldsymbol{x}]\cdot M^T=LM^T$$

となる。よって，$LM^T=O$ となることが必要十分条件である。

補足：これは L の行ベクトルが張る線形部分空間と M の行ベクトルが張る線形部分空間が直交することを意味する。

〔3〕与えられた条件から

$$V[Lx-AMx,\ Mx]=(L-AM)M^T=LM^T-AMM^T=O$$

となり，M が行フルランクであるので MM^T は正則となり，条件

$$A=LM^T(MM^T)^{-1}$$

を得る。

〔4〕行列 A が満たすべき条件は，上問〔3〕で求めたように

$$LM^T-AMM^T=O \tag{1}$$

である。$\mathrm{rank}(M)=k<m$ とし，M の特異値分解を

$$M=UDV^T$$

とする。ここで D は特異値 $d_1,\ldots,d_k>0$ を対角要素に持つ対角行列，U は $U^TU=I_k$ となる $m\times k$ 行列，V は $V^TV=I_k$ となる $n\times k$ 行列である。式 (1) を M の特異値分解によって書き換えると

$$LVDU^T-AUD^2U^T=O$$

となる。この式の両辺の右から U を掛けると，$U^TU=I_k$ であるので

$$LVD-AUD^2=O \tag{2}$$

となる。$D=\mathrm{diag}(d_1,\ldots,d_k)$ はその定義により正則であるので，D^{-2} を式 (2) の右から掛け，

$$AU=LVD^{-1} \tag{3}$$

を得る。これにより，

$$A=LVD^{-1}U^T \tag{4}$$

とすれば $U^TU=I_k$ であるので，条件式 (3) を満足する。なお，式 (3) を満たす一般解は下記参照。すなわち，どのような L，M であっても問題の条件を満足する A は存在する。

補足 1：M のムーア・ペンローズ型の一般逆行列を M^+ とすると，$M^+=VD^{-1}U^T$ であるので，(4) は $A=LM^+$ と書くことができる。

補足2：条件式(3)を満たす一般解は，$(U,\ U_2)$がm次直交行列となるような$m\times(m-k)$行列U_2を1つ固定したとき，任意の$l\times(m-k)$行列Cを用いて$A=LVD^{-1}U^T+CU_2{}^T$と表される。実際この行列は式(3)を満たすことが示され，また逆に，式(3)が成り立てば$(A-LVD^{-1}U^T)U=O$であるから，$A-LVD^{-1}U^T=CU_2{}^T$を満たすCが存在する。

統計応用（人文科学） 問 1

アンケートによる統計調査を行う際には，実施する前の企画段階から調査後のデータ分析に至るまでの様々な事柄について注意をしなくてはならない。表 1 は，ある企業の社員（男性 400 名，女性 100 名。年齢は 20 代～ 60 代がそれぞれ 100 名の計 500 名）を対象としたアンケート調査票である。以下の各問に答えよ。

表 1：アンケート調査票

Ⅰ．あなたについてお聞きします。あてはまるものに○をつけてください。

性別	男性	女性				
年齢（年代）	20 代	30 代	40 代	50 代	60 代	
勤続年数	10 年以上	20 年以上	30 年以上	40 年以上		
所属部署	総務部	人事部	財務部	企画部	営業部	その他（　　　）

Ⅱ．近年，テレワークが好ましいといわれ，政府からも要請されています。

(i) テレワークについてどのように思いますか？あてはまるものに○をつけてください。

① 好ましい　② どちらかというと好ましい　③ どちらでもない
④ どちらかというと好ましくない　⑤好ましくない

(ii) その理由は何ですか？あてはまるものに○をつけてください。

① 住む場所が自由になる　② 時間の有効利用が可能
③ コスト削減になる　④ 非常時でも業務が継続できる
⑤ ストレス削減になる　⑥ 育児・介護・病気治療などと仕事の両立が可能
⑦ 企業のイメージアップになり，顧客や就職希望者が増える
⑧ 社員同士が疎遠になる　⑨ 時間管理が困難　⑩ 運動不足になる
⑪ その他（　　　　　　　　　　　　　　　）

(iii) 現在，平均的に自宅で何時間くらい仕事をしていますか？あてはまるものに○をつけてください。

① 2 時間未満　② 2 時間～ 5 時間　③ 5 時間～ 10 時間
④ 10 時間～ 20 時間　⑤ 20 時間以上

＜後略＞

〔1〕500 名の社員から 100 名を抽出することを考える。

〔1-1〕標本抽出における単純無作為抽出法と有意抽出法とは何かを示し，それらの利

点と欠点をそれぞれ述べよ。

〔1-2〕100名を抽出する際，男性から無作為に80名，女性から無作為に20名をそれぞれ選ぶこととした。これは単純無作為抽出といえるか。その理由を含め答えよ。

〔2〕アンケートの質問項目および選択肢において問題となり得る点を3つ挙げ，それらが問題となり得る理由をそれぞれ述べよ。

〔3〕一般にアンケート調査結果の分析では，誤差とバイアスの評価が重要である。

〔3-1〕誤差には大きく分けて標本誤差と非標本誤差とがあるが，それらの違いを説明せよ。

〔3-2〕無回答バイアスとは何かを述べよ。また，無回答にしないために企業が社員にペナルティを科した場合に起こり得ることを述べよ。

〔4〕アンケート調査結果の分析に関し，以下の各問に答えよ。

〔4-1〕アンケートのⅡの(i)の質問への回答について，母集団全体で「テレワークが比較的好ましい」とする者の割合を p とする。この質問の回答者数を n とし，選択肢の①または②に回答した人数を m として，p の推定値を $\hat{p}=m/n$ とする。今，$n=100$ および $m=70$ であったとし，単純無作為抽出で抽出し，無回答などの非標本誤差はないものとして，正規近似による p の95%信頼区間を求めよ。ただし，有限母集団修正を行うとする。

〔4-2〕各年代から20名ずつの計100名を無作為抽出したとする。Ⅱの(i)の質問に対して100名全員が答え，①または②に回答した人数が表2のようになったとする。どの年代でも「テレワークが比較的好ましい」と思っている割合が同じであるという帰無仮説を有意水準5%で検定した結果を示せ。

表2：テレワークの質問で①または②と回答した年代別人数

年代	20代	30代	40代	50代	60代	合計
①または②	18	15	16	12	9	70

解答例

〔1〕

〔1-1〕単純無作為抽出法は，同じ大きさであれば母集団からのどの部分集団も選択される確率が等しいような抽出法であり，有意抽出法は調査者が設定したなんらかの基準に従って標本を抽出する方法である。

単純無作為抽出法を行うと，標本誤差を用いた母集団パラメータの推定・検定が可能となる。単純無作為抽出ではなく，層化無作為抽出法や集落（クラスタ）抽出法などの方法が用いられることもある。

有意抽出法は，目的によっては有効で時間の短縮にもなる。しかし一方で，選ばれた者と選ばれなかった者との性質が乖離している場合は，調査結果をうのみにすることは危険である。

〔1-2〕これは層化無作為抽出であって単純無作為抽出ではない。単純無作為抽出法では，全体の 500 名から男女の区別なく 100 名を選ばなくてはいけない。ここでの抽出法ではそれぞれの社員が選ばれる確率はすべて同じ 1/5 であるが，どの 100 名のグループも選ばれる確率が同じ $\dfrac{1}{{}_{500}C_{100}}$ でなくてはならない。本問の場合の確率は $\dfrac{1}{{}_{400}C_{80}} \times \dfrac{1}{{}_{100}C_{20}}$ である。

〔2〕それぞれの質問項目について，たとえば以下のような問題点が考えられる。

Ⅰ：勤続年数 10 年未満の者が答えられない。また，「20 年以上」は「10 年以上」でもあるので回答が一意に定まらない。よって「10 年以上 20 年未満」などとすべき。

Ⅱ：

（i）• 質問文に「好ましい」という文言があり，誘導していると考えられる。

（ii）• 質問文にあてはまるものが複数ある場合の指示がない。たとえば，主な理由 1 つ（3 つ）のような文言を加えなくてはならない。

• 選択肢に関して，好ましいと思われる選択項目のほうが明らかに多く誘導していると考えられる。

• 選択肢⑦はダブルバーレルの選択項目である。イメージがよくなっても顧客が増えると思わない場合には答えられない。

（iii）• 質問文について，1 日なのか，1 週間なのか，1 か月なのかが明確でない。

また，次のような回答も考えられる。

• この例では，母集団のサイズが 500 名，また，標本のサイズが 100 名である。このように母集団や標本のサイズが小さい場合，性別・年齢・勤続年数・所属部署まで尋ねると，それらの回答から個人が特定される可能性がある。プライバシーへの配慮がない。回答者は自分が特定される危険を感じ，「社会的に望ましい回答」を選ぶかもしれない。

•「性別」や「年齢」によって雇用や雇用形態を区別することは，原則的には法律や倫理で禁止されており，民間企業のアンケートにおいて「性別」や「年齢」を尋ねるのは，慎重になるべきである。また，「性別」に関しては，「男性」や「女性」に区分されない人々への配慮も必要である。

• どの質問においても，「わからない」／「どれにもあてはまらない」／「答えたくない」がない。無回答の選択肢を置いておかないと，回答者は，たとえ，選択肢に自分の回答がなくても，ランダムにいずれかの選択肢を選んだり，「社会的に望ましい回答」を選んだりするかもしれない。

〔3〕

〔3-1〕標本誤差は単純無作為抽出法などの標本抽出法において不可避的に起こる誤差で，母数の推定値とサンプルサイズを元に計算が可能である。全数調査では標本誤差はない。

非標本誤差は，標本誤差以外の誤差のすべてを指す。たとえば，非標本誤差には，カバレッジ誤差，測定誤差，無回答誤差，処理誤差などがある。抽出枠（抽出フレーム）が，母集団をカバーしていなかったり（アンダーカバレッジ），母集団ではない要素を含んでいたり（オーバーカバレッジ）することに伴う誤差を「カバレッジ誤差」という。回答者の記入ミス，もしくは，質問紙調査やウェブ調査などで先頭にある選択肢ほど選ばれやすかったり（初頭効果），電話調査や対面式調査で最後にある選択肢ほど選ばれやすかったり（親近性効果）などの，測定における誤差を，「測定誤差」という。調査不能や項目無回答による誤差を「無回答誤差」という。収集したデータを加工するときに生じる誤差（たとえば，コーディングを間違う）を「処理誤差」という。

〔3-2〕無回答には，主に，調査不能，項目無回答，脱落の 3 種類がある。対象者が企業からのアンケートを好まず，アンケートそのものを受けることを拒否した場合，「調査不能」になる。ある特定の質問に答えたくなかったり，答えるのが面倒になったり，うっかり見落としたりして，その質問に答えなかった場合，「項目無回答」になる。質問数が多かったり，答えたくない質問に遭遇したりして，途中で回答するのをやめた場合，「脱落」になる。これらの無回答によって，推定量が偏りを持ってしまうことを「無回答バイアス」と呼ぶ。また，これらの無回答に伴う誤差を，「無回答誤差」と呼ぶ。無回答者の集団と回答者の集団の間に違いがあると，無回答バイアスが生じる。

無回答にしないために企業が社員にペナルティを科した場合，嘘をつくことが多くなり，実態の把握にはつながらない。無回答の割合を分析結果との一つとして報告するほうが企業の実態を把握するには役に立つ。また，無回答者にペナルティを科す際，個人の特定およびプライバシー侵害が起こるおそれがある。

〔4〕

〔4-1〕母集団のサイズを N としたとき，標本比率 $\hat{p}$ の期待値および分散は，有限母集団調整を加えると，

$$E[\hat{p}] = p, \quad V[\hat{p}] = \frac{N-n}{N-1} \cdot \frac{p(1-p)}{n}$$

である。これにより，p の 95% 信頼区間は次のように近似できる。

$$\hat{p} - 1.96\sqrt{\frac{N-n}{N-1} \cdot \frac{\hat{p}(1-\hat{p})}{n}} \leq p \leq \hat{p} + 1.96\sqrt{\frac{N-n}{N-1} \cdot \frac{\hat{p}(1-\hat{p})}{n}}$$

ここに $\hat{p} = 70/100$，$N = 500$，$n = 100$，$m = 70$ を代入すると

$$0.7 - 1.96\sqrt{\frac{400}{499} \cdot \frac{0.7 \times 0.3}{100}} \leq p \leq 0.7 + 1.96\sqrt{\frac{400}{499} \cdot \frac{0.7 \times 0.3}{100}}$$
$$0.7 - 0.08 \leq p \leq 0.7 + 0.08$$

となり，信頼区間は $[0.62,\ 0.78]$ と求められる。

〔4-2〕各年代の観測度数および帰無仮説の下での期待値は次の表のようになる。

度数	20代	30代	40代	50代	60代	合計
①または②	18	15	16	12	9	70
それ以外	2	5	4	8	11	30
合計	20	20	20	20	20	100

期待値	20代	30代	40代	50代	60代	合計
①または②	14	14	14	14	14	70
それ以外	6	6	6	6	6	30
合計	20	20	20	20	20	100

これらの表からカイ二乗値を求めると，検定統計量 χ^2 の実測値は，

$$\frac{(18-14)^2}{14} + \cdots + \frac{(9-14)^2}{14} + \frac{(2-6)^2}{6} + \cdots + \frac{(11-6)^2}{6} \approx 11.905$$

となる。自由度 4 のカイ二乗分布の上側 5% 点は 9.49 であり，$11.905 > 9.49$ であるので，有意水準 5% で帰無仮説は棄却される。

統計応用（人文科学） 問2

あるコンテストで, 10 名の対象者に対して A, B の 2 名の評定者がそれぞれ合格 ($=1$) もしくは不合格 ($=0$) の 2 値で評定した。データは例えば表 1 のように与えられ, それを 2×2 表にまとめ直すと表 2 のようになる。この評定法について, 以下の各問に答えよ。

表 1：評定データ

ID	A	B
1	1	1
2	1	1
3	1	1
4	1	1
5	1	1
6	1	0
7	0	1
8	0	1
9	0	1
10	0	0
計	6	8

表 2：2×2 表

		A		
		1	0	計
B	1	5	3	8
	0	1	1	2
	計	6	4	10

〔1〕表1のような1または0のみの値を取るダミー変数から形式的に求めた相関係数 (r) と, 表 2 のような 2×2 表から求めたファイ係数 (ϕ) とは一致することが知られている。また, 2×2 表における独立性のカイ二乗統計量 (χ^2) は, 対象者数を N とすると（表 2 では $N=10$), $\chi^2=N\cdot\phi^2$ となる。表 2 から ϕ および χ^2 の値をそれぞれ小数第 3 位まで求めよ。

〔2〕10 名の対象者に対して, 評定者 A および B があらかじめ合格とする人数を決めずに評定を行うとき, ϕ と χ^2 の最小値および最大値を求めよ。ただし, 評定者 A も B も対象者を全員合格もしくは全員不合格との評定はしないものとする。

〔3〕10 名の対象者に対して, 評定者 A は評定をする以前にあらかじめ合格者の人数を 6 人とすることを決め, 評定者 B は評定以前に合格者の人数を 8 人とすることを決めていた場合, ϕ と χ^2 の最小値および最大値を求めよ。

〔4〕評定者 A と B の評定が異なり $|\mathrm{A}-\mathrm{B}|=1$ となる個数を X とする（表 1 では $X=4$)。10 名の対象者に対し, 評定者 A はあらかじめ 6 人を合格とし, 評定者 B はあらかじめ 8 人を合格とすると決めていて, その合格とする対象者をともにランダムに選ぶとしたとき, X の取り得る値 x と確率 $P(X=x)$, および X の期待値 $E[X]$ を求めよ。

解答例

〔1〕2×2 表における各度数の記号を

B|A	1	0	計
1	a	b	n_1
0	c	d	n_0
計	m_1	m_0	N

とすると，ファイ係数（ϕ）およびカイ二乗統計量（χ^2）は

$$\phi=\frac{ad-bc}{\sqrt{n_1n_0m_1m_0}},\quad \chi^2=N\phi^2=\frac{N(ad-bc)^2}{n_1n_0m_1m_0}$$

と定義される。表 2 の数値を代入して小数第 3 位まで求めると

$$\phi=\frac{5\times1-3\times1}{\sqrt{8\times2\times6\times4}}\approx0.102,\quad \chi^2=\frac{10\times(5\times1-3\times1)^2}{8\times2\times6\times4}\approx0.104$$

となる。

〔2〕ファイ係数が最も大きいのは A と B の評定が完全に一致する場合で，全員合格もしくは全員不合格でないとすると $\phi=1$ であり，$\chi^2=10$ である。逆に，ファイ係数が最も小さくなるのは A と B の評定がまったく正反対の場合で $\phi=-1$ となり，このとき χ^2 は 10 となる。χ^2 の最小値は，評定が独立な場合で，$\chi^2=0$ である。

〔3〕評定者 A が合格とする人数が 6 名，B が合格とする人数が 8 名とあらかじめ決まっている場合には，可能な 2×2 表は以下の 3 種類であり，ϕ の値および χ^2 の値はそれぞれ以下のようである。

		A		
		1	0	計
B	1	6	2	8
	0	0	2	2
	計	6	4	10

$\phi=0.612$

$\chi^2=3.750$

		A		
		1	0	計
B	1	5	3	8
	0	1	1	2
	計	6	4	10

$\phi=0.102$

$\chi^2=0.104$

		A		
		1	0	計
B	1	4	4	8
	0	2	0	2
	計	6	4	10

$\phi=-0.408$

$\chi^2=1.667$

これにより，ϕ の最小値は -0.408 で最大値は 0.612，χ^2 の最小値は 0.104 で最大値は 3.750 である。

〔4〕評定者 A が不合格とした 4 名に対し，B の評定でも不合格となった対象者の人数によって X が定められる。すなわち，それが 0 名のとき $X=6$，1 名のとき $X=4$，2

名のとき $X=2$ であり，X はそれ以外の値を取らない。取り得る値それぞれの確率は，

$$P(X=6)=\frac{{}_4C_0\times{}_6C_2}{{}_{10}C_2}=\frac{1\times15}{45}=\frac{5}{15}$$
$$P(X=4)=\frac{{}_4C_1\times{}_6C_1}{{}_{10}C_2}=\frac{4\times6}{45}=\frac{8}{15}$$
$$P(X=2)=\frac{{}_4C_2\times{}_6C_0}{{}_{10}C_2}=\frac{6\times1}{45}=\frac{2}{15}$$

となる。期待値は

$$E[X]=6\times\frac{5}{15}+4\times\frac{8}{15}+2\times\frac{2}{15}=\frac{66}{15}=4.4$$

である。

ここでの確率は，母集団の全個数を N，その中である性質を持つものの個数を M，母集団から非復元で無作為抽出する個数を n としたときに，n 個中でその性質を持つものの個数の分布であり，超幾何分布（hypergeometric distribution）と呼ばれ，$H(n, N, M)$ と表される。本問では，$N=10$ 名の対象者のうち，評定者 A が不合格としたのは $M=4$ 名であり，評定者 B が不合格にする $n=2$ 名のうち評定者 A も不合格とした対象者の人数の確率分布であるので，$H(2, 10, 4)$ となる。この確率分布は，2×2 表では Fisher の正確検定（exact test）もしくは直接確率計算法と呼ばれる検定法の元となる分布である。

統計応用（人文科学）　問3

4 科目のテストの結果を表す確率変数からなる 4 次の列ベクトルを $\boldsymbol{x}=(x_1, x_2, x_3, x_4)^T$ とし，$\boldsymbol{x}$ に対し共通因子を $\boldsymbol{f}=(f_1, f_2)^T$ とした 2 因子の因子分析モデル

$$\boldsymbol{x}=\boldsymbol{\mu}+\boldsymbol{\Lambda}\boldsymbol{f}+\boldsymbol{\xi}$$

を想定する。$\boldsymbol{\mu}$ は期待値ベクトル，$\boldsymbol{\xi}$ は独自因子ベクトル，$\boldsymbol{\Lambda}$ は因子負荷量行列である。なお，上付き添え字の ^{T} はベクトルあるいは行列の転置を表す。以下では，$\boldsymbol{f}$ は期待値が $\boldsymbol{0}=(0,\ 0)^T$ で分散共分散行列は単位行列であるとする。すなわち，$E[\boldsymbol{f}]=\boldsymbol{0}$，$V[\boldsymbol{f}]=\boldsymbol{I}$ である。また，$\boldsymbol{x}$ の各要素の分散は 1 とする。このとき，$\boldsymbol{x}$ の相関行列 $\boldsymbol{R}$ が，独自因子の分散を対角要素に持つ対角行列を $\boldsymbol{\Psi}$ として

$$\boldsymbol{R}=\boldsymbol{\Lambda}\boldsymbol{\Lambda}^T+\boldsymbol{\Psi} \tag{1}$$

と表される。

ここでは，f_1 は総合的な学力を表し，f_2 は生徒の文理の別を表す因子として，因子負荷量行列を

$$\boldsymbol{\Lambda}=\begin{pmatrix}0.7 & 0.5\\ 0.5 & 0.7\\ 0.7 & -0.5\\ 0.5 & -0.7\end{pmatrix} \tag{2}$$

であると想定する。以下の各問に答えよ。

〔1〕因子負荷量行列が (2) のとき，$\boldsymbol{x}$ の相関行列 $\boldsymbol{R}$ を求めよ。

〔2〕$\boldsymbol{\Lambda}\boldsymbol{\Lambda}^T$ の固有値および $\boldsymbol{R}$ の固有値をそれぞれ求めよ。

〔3〕因子負荷量行列 (2) を直交回転して単純構造に近づけたい。このときの回転行列を求め，結果として得られる単純構造に最も近い行列を示せ。

〔4〕因子負荷量行列が (2) のときの因子分析モデル (1) の 2 因子の累積寄与率はいくらか。また，式 (1) の $\boldsymbol{R}$ に対して主成分分析を施したときの 2 主成分の累積寄与率はいくらになるか。因子分析と主成分分析での累積寄与率が同じである場合はその理由，それらが異なる場合もその理由を示せ。

なお，一般に p 変量の相関行列から出発した場合，因子分析モデルでの第 k 因子の因子負荷量の 2 乗和を p で割ったものを第 k 因子の寄与率，主成分分析では第 k 主成分の成分負荷量の 2 乗和（第 k 固有値に等しい）を p で割ったものをその主成分の寄与率という。また，第 1 因子（主成分）から第 k 因子（主成分）までの寄与率の和を累積寄与率という。

解答例

〔1〕$\boldsymbol{\Lambda}\boldsymbol{\Lambda}^T$ を実際に求めると

$$\boldsymbol{\Lambda}\boldsymbol{\Lambda}^T = \begin{pmatrix} 0.7 & 0.5 \\ 0.5 & 0.7 \\ 0.7 & -0.5 \\ 0.5 & -0.7 \end{pmatrix} \begin{pmatrix} 0.7 & 0.5 & 0.7 & 0.5 \\ 0.5 & 0.7 & -0.5 & -0.7 \end{pmatrix}$$

$$= \begin{pmatrix} 0.74 & 0.70 & 0.24 & 0 \\ 0.70 & 0.74 & 0 & -0.24 \\ 0.24 & 0 & 0.74 & 0.70 \\ 0 & -0.24 & 0.70 & 0.74 \end{pmatrix}$$

であるので，相関行列は

$$\boldsymbol{R} = \begin{pmatrix} 1 & 0.70 & 0.24 & 0 \\ 0.70 & 1 & 0 & -0.24 \\ 0.24 & 0 & 1 & 0.70 \\ 0 & -0.24 & 0.70 & 1 \end{pmatrix}$$

となる。

〔2〕$\boldsymbol{\Lambda}\boldsymbol{\Lambda}^T$ は階数が 2 で非負定値であるので，固有値は正のものが 2 個と 0 が 2 個ある。また，$\boldsymbol{\Lambda}\boldsymbol{\Lambda}^T$ の 0 でない固有値と $\boldsymbol{\Lambda}^T\boldsymbol{\Lambda}$ の固有値は等しい。$\boldsymbol{\Lambda}^T\boldsymbol{\Lambda}$ を求めると

$$\boldsymbol{\Lambda}^T\boldsymbol{\Lambda} = \begin{pmatrix} 0.7 & 0.5 & 0.7 & 0.5 \\ 0.5 & 0.7 & -0.5 & -0.7 \end{pmatrix} \begin{pmatrix} 0.7 & 0.5 \\ 0.5 & 0.7 \\ 0.7 & -0.5 \\ 0.5 & -0.7 \end{pmatrix} = \begin{pmatrix} 1.48 & 0 \\ 0 & 1.48 \end{pmatrix}$$

と対角行列になるので，固有値は 1.48（2 重根）となる。よって，$\boldsymbol{\Lambda}\boldsymbol{\Lambda}^T$ の固有値は 1.48（2 重根）および 0（2 重根）の 4 つである。

一般に，A の固有値が λ であるとき，I を単位行列とし，c を定数とした $A + cI$ の固有値は $\lambda + c$ である。上問〔1〕の結果より，$\boldsymbol{\Lambda}\boldsymbol{\Lambda}^T$ の対角要素はすべて等しく 0.74 であるので，相関行列は

$$\boldsymbol{R} = \boldsymbol{\Lambda}\boldsymbol{\Lambda}^T + 0.26I$$

と表される。したがって，$\boldsymbol{R}$ の固有値は $1.48 + 0.26 = 1.74$（2 重根）および 0.26（2 重根）となる。

〔3〕各変量の因子負荷量の (f_1, f_2) 平面へのプロットは右図のようである。単純構造に近づけるためには (f_1, f_2) 平面での座標を負の方向に $\pi/4$ だけ回転させればよい。そのときの回転行列は

$$\boldsymbol{T} = \frac{1}{\sqrt{2}} \begin{pmatrix} 1 & 1 \\ -1 & 1 \end{pmatrix}$$

であり，回転後の新しい座標は

$$\boldsymbol{\Lambda T} = \begin{pmatrix} 0.7 & 0.5 \\ 0.5 & 0.7 \\ 0.7 & -0.5 \\ 0.5 & -0.7 \end{pmatrix} \cdot \frac{1}{\sqrt{2}} \begin{pmatrix} 1 & 1 \\ -1 & 1 \end{pmatrix}$$

$$= \frac{1}{\sqrt{2}} \begin{pmatrix} 0.2 & 1.2 \\ -0.2 & 1.2 \\ 1.2 & 0.2 \\ 1.2 & -0.2 \end{pmatrix}$$

となる。

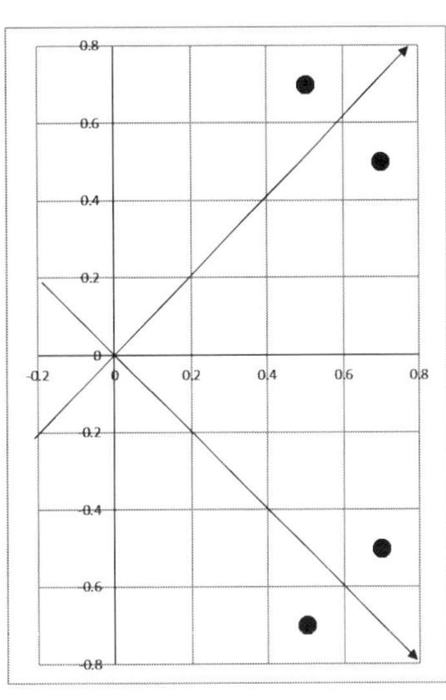

〔4〕各因子負荷量の 2 乗和は

$$\{0.7^2 + 0.5^2 + 0.7^2 + 0.5^2\} + \{0.5^2 + 0.7^2 + (-0.5)^2 + (-0.7)^2\} = 2.96$$

である（2 つの固有値 1.48 と 1.48 の和でもある）。よって，累積寄与率は $2.96/4 = 0.74$ となり，元のデータの 74% が 2 因子で説明されたことになる。

相関行列 $\boldsymbol{R}$ に対して主成分分析を施したときの 2 つの主成分の累積寄与率は，$\boldsymbol{R}$ の固有値より $(1.74 + 1.74)/4 = 0.87$ となるので 87% となる。因子分析では，共通因子によって相関行列の非対角部分のみの近似を行うのに対し，主成分分析では対角成分も含めての近似を行うことから両者は通常異なった値となる。因子分析では独自因子の

分散がすべて 0 でない限り累積寄与率は 100% にはならない。

因子分析の累積寄与率は $\mathbf{\Lambda}\mathbf{\Lambda}^T$ の固有値の和であり，一方主成分分析の累積寄与率は相関行列 $\boldsymbol{R}$ の固有値の和である。$\Psi = \boldsymbol{R} - \mathbf{\Lambda}\mathbf{\Lambda}^T$ は非負定値行列なので，主成分分析の累積寄与率は因子分析のそれより大きいか等しい。それらが等しいのは Ψ が零行列，すなわち $\boldsymbol{R} = \mathbf{\Lambda}\mathbf{\Lambda}^T$ のときに限る。

独自因子の分散がゼロであれば，相関行列 $\boldsymbol{R}$ の固有値・固有ベクトルと，$\mathbf{\Lambda}\mathbf{\Lambda}^T$ の固有値・固有ベクトルは同じである。今回の例では，独自因子が共通であったため，相関行列の固有ベクトルと，$\mathbf{\Lambda}\mathbf{\Lambda}^T$ の固有ベクトルは同じであるが，相関行列の各固有値は，$\mathbf{\Lambda}\mathbf{\Lambda}^T$ の各固有値よりも，独自因子の分散 (0.26) だけ大きくなっている。すなわち 2 次元までの累積は 0.26×2 だけ大きくなり，よって累積寄与率は $0.26 \times 2/4$ だけ大きくなる。

統計応用（人文科学） 問 4

2 つの指導法 M1，M2 の効果の違いを見るため，それぞれの指導法に対し 10 名ずつの参加者をランダムに割当て，各指導法を実施する前後でテストを実施した。表 1 は，各指導群における指導前のテストの点数 (X) および指導後のテストの点数 (Y) の平均と偏差平方和，各指導法での実施前後の点数の偏差積和である。各偏差平方和を 9 で割ったものが各群における X と Y それぞれの標本分散であり，偏差積和を 9 で割ったものが X と Y の標本共分散である。そして，指導法の平均間の違いを評価する目的で分散分析を行った。表 2 は，その分散分析表である。以下の各問に答えよ。

表 1：平均，偏差平方和，偏差積和

	平均	
指導法	前 (X)	後 (Y)
M1	4.0	7.0
M2	4.0	5.0

	偏差平方和		偏差積和
指導法	前 (X)	後 (Y)	
M1	20.0	8.0	1.0
M2	20.0	28.0	15.0

表 2：分散分析表

要因	平方和	自由度	平均平方	F
A：群	10.0	1	10.0	（あ）
個体差	54.0	18	3.0	
B：時期	40.0	1	40.0	（い）
A × B：交互作用	10.0	1	10.0	（う）
誤差	22.0	18	1.222	
全体	136.0	39		

〔1〕この研究で用いられた実験計画（実験のデザイン）を何と言うか。正確に記述せよ。

〔2〕表 2 の（あ），（い），（う）の検定統計量の値を算出し，それぞれの主効果および交互作用の検定結果とその解釈を述べよ。ただし，有意水準はそれぞれ 5% とする。

〔3〕指導法の平均間の違いを検討する場合，上問〔2〕のどの検定結果を参照すべきであるか。その理由を明らかにしたうえで答えよ。

〔4〕上問〔3〕の検定結果は，各指導法に関して，実施前後の値の差 $(Y - X)$ に関する「等分散を仮定した 2 標本 t 検定」の検定結果と一致する。表 1 の数値を用いてこの t 検定の検定統計量の値を算出し，有意水準 5% で検定した結果を示せ。

〔5〕上問〔3〕および〔4〕の検定結果は，$(Y - X)$ を目的変数とし，ダミー変数 D（M1 群のとき $D = 0$，M2 群のとき $D = 1$）を説明変数とした単回帰分析でも得られる。推定された単回帰式を

$$(Y - X) = a + bD$$

としたときの係数 a と b の値はそれぞれいくらか。また b の標準誤差はいくらか。

解答例

〔1〕2 要因混合計画。要因 A は指導法の群で参加者間要因，要因 B は測定時期（測定回数は 2 回）で参加者内要因。2 × 2 の 2 要因混合計画となる。また，参加者間要因が 1 因子，参加者内要因が 1 因子の 2 段分割計画ともいう。

〔2〕検定統計量の値は

（あ）$10/3 \approx 3.333$　　（い）$40/1.222 \approx 32.727$　　（う）$10/1.222 \approx 8.182$

である。それぞれの検定には，自由度 $(1, 18)$ の F 分布の上側 5% 点の値 $F_{0.05}(1, 18)$ が必要となるが，数表には与えられていない。しかし $F_{0.05}(1, 15) = 4.453$，$F_{0.05}(1,20) = 4.351$ は与えられているのでこれらを用いることができる（上側 5% 点は分母の自由度の単調減少関数である）。要因 A の主効果の F 値は 3.333 で $F_{0.05}(1, 20)$ よりも小さ

いので，$F_{0.05}(1, 18)$ よりも小さく 5% 水準で有意ではない。それに対し，要因 B の主効果と交互作用の F 値はそれぞれ 32.727 および 8.182 であり，$F_{0.05}(1, 15)$ よりも大きいので，$F_{0.05}(1, 18)$ よりも大きく 5% 水準で有意となる。

ちなみに，$F_{0.05}(1, 18)$ は F 分布表には与えられていないが，数表に与えられている自由度 18 の t 分布の上側 2.5% 点 $t_{0.05}(18) = 2.101$ の 2 乗であるので $(2.101)^2 = 4.414$ として求めることができる。

検定結果の解釈として，要因 A の主効果は群間比較であり，検定は有意でないので群間差があるとはいえない。この要因 A に対する検定は，指導前と指導後の両方を含めた群での平均を比較している。実験参加者はランダムに振り分けられているので，指導前の差はないと考えられる。そのため，要因 A の主効果も小さくなると考えられる。それに対し，要因 B の主効果は有意であることから，時期による差はあると判断できる。指導法によらず学習による効果が認められる。また，交互作用にも差が認められるがその解釈は下の〔3〕で述べる。

〔3〕指導法の差を見るには，交互作用 A × B の検定結果を参照する。交互作用は，指導法の種類によってその前後でのテスト得点の推移に差が見られるかどうかを評価するものであることから，指導法間の違いを見るには交互作用の検定結果を参照することになる。この場合，5% 水準で有意であるので，指導法間には差があるとの結論になる。

〔4〕指導法の実施の前後差 $Y - X$ に関する統計量を求めると以下のようである。

平均　M1：$7 - 4 = 3$，M2：$5 - 4 = 1$

偏差平方和　M1：$20 + 8 - 2 \times 1 = 26$，M2：$20 + 28 - 2 \times 15 = 18$

プールした分散　$s^2 = (26 + 18)/18 = 44/18$

よって，検定統計量の値は

$$t^* = \frac{3 - 1}{\sqrt{\left(\dfrac{1}{10} + \dfrac{1}{10}\right) \times \dfrac{44}{18}}} \approx 2.8604$$

となる。$(2.8604)^2 \approx 8.182$ である。自由度 18 の t 分布の上側 2.5% 点は $t_{0.025}(18) = 2.101$ であり，t^* はそれよりも大きいので有意水準 5% の両側検定で有意となる。

〔5〕ダミー変数を D（M1 群：$D = 0$, M2 群：$D = 1$）としたときの単回帰式 $(Y - X) = a + bD$ における a は M1 の平均であるので，上問〔4〕より $a = 3$ となる。b は M2 の平均と M1 の平均の差であるので，$b = 1 - 3 = -2$ となる。係数 b の標準誤差を $SE[b]$ とすると，係数 b に関する検定は「等分散を仮定した 2 標本 t 検定」と同等であるので，標準誤差は

$$\sqrt{\left(\frac{1}{10}+\frac{1}{10}\right)\times\frac{44}{18}}\approx 0.699$$

となる。

統計応用（人文科学）問5　統計応用4分野の共通問題

ある疾病の感染の有無に対する検査を考える。ある母集団に属する人が疾病に感染していることを T，感染していないことを F とする。また，この疾病の簡易検査における陽性を＋，陰性を－として，検査に関する各用語をそれぞれ次のように条件付き確率で定義する。

感度 $P(+|T)$：疾病に感染している人が検査で陽性になる確率
特異度 $P(-|F)$：疾病に感染していない人が検査で陰性になる確率
陽性的中率 $P(T|+)$：検査で陽性だった人が実際に疾病に感染している確率
陰性的中率 $P(F|-)$：検査で陰性だった人が実際に疾病に感染していない確率

また，母集団における疾病の感染率を $p=P(T)$ とする。$P(F)=1-p$ である。

この検査では，ある物質の血中濃度を計測し，それを変換した値 X がしきい値 c を超えたときに陽性とし，c 以下のときは陰性と判定する。すなわち，疾病に感染している人の X を X_T とし，感染していない人の X を X_F とするとき，

$$P(+|T)=P(X_T>c),\quad P(-|F)=P(X_F\leq c)$$

である。以下では，X_T および X_F はそれぞれ正規分布 $N(\mu_T,\ \sigma_T^2)$ および $N(\mu_F,\ \sigma_F^2)$ に従うとし，疾病の感染の有無にかかわらず分散は等しく $\sigma_T^2=\sigma_F^2\ (=\sigma^2)$ とする。以下の各問に答えよ。

〔1〕$\mu_T=10$，$\mu_F=5$，$\sigma^2=2^2$ および $c=8$ で $p=0.01$ のとき，感度および特異度はそれぞれいくらか。

〔2〕パラメータの設定が上問〔1〕と同じとき，陽性的中率および陰性的中率はそれぞれいくらか。

〔3〕しきい値 c 以外のパラメータの値は上問〔1〕と同じとする。感度を 0.95 とするためにはしきい値 c をいくらにすればよいか。またそのときの特異度はいくらか。

〔4〕測定対象の物質の測定精度を上げ，X_T および X_F の標準偏差 σ を小さくして，検査の感度と特異度をそれぞれ 0.95 にするには σ と c をいくらにすればよいか。ただし期待値 μ_T および μ_F は上問〔1〕と同じとする。

〔5〕ある検査会社は，自社が開発した検査法で多くの人たちを調べた結果，疾病の感染者は全員が陽性になり，検査で陰性だった人は全員が疾病に感染していなかったという。この検査法はきわめて有効であると言えるであろうか。その理由を明らかにしたうえで答えよ。

解答例

〔1〕$X_T \sim N(10,\ 2^2)$ および $X_F \sim N(5,\ 2^2)$ であり，しきい値は $c = 8$ であるので，Z を $N(0,\ 1)$ に従う確率変数として，感度と特異度はそれぞれ次のように求められる。

$$\text{感度}: P(+|T) = P(X_T > 8) = P\left(\frac{X_T - 10}{2} > \frac{8-10}{2}\right)$$
$$= P(Z > -1) = 1 - P(Z > 1)$$
$$= 1 - 0.1587 = 0.8413$$

$$\text{特異度}: P(-|F) = P(X_F \leq 8) = P\left(\frac{X_F - 5}{2} \leq \frac{8-5}{2}\right)$$
$$= P(Z \leq 1.5) = 1 - P(Z > 1.5)$$
$$= 1 - 0.0668 = 0.9332$$

〔2〕検査で陽性になる確率および陰性になる確率はそれぞれ

$$P(+) = P(+|T)P(T) + P(+|F)P(F)$$
$$= 0.8413 \times 0.01 + (1 - 0.9332) \times 0.99 = 0.074545$$
$$P(-) = P(-|T)P(T) + P(-|F)P(F)$$
$$= (1 - 0.8413) \times 0.01 + 0.9332 \times 0.99 = 0.925455$$

であるので，ベイズの定理より

$$\text{陽性的中率}: P(T|+) = \frac{P(+|T)P(T)}{P(+)} = \frac{0.8413 \times 0.01}{0.074545} \approx 0.1129$$

$$\text{陰性的中率}: P(F|-) = \frac{P(-|F)P(F)}{P(-)} = \frac{0.9332 \times 0.99}{0.925455} \approx 0.9983$$

となる（ちなみに，正規確率を Excel で計算した場合でも小数 4 桁まで一致する）。

〔3〕感度を 0.95 にするためには $P(X_T > c) = 0.95$ となるようにしきい値 c を設定する。X_T は $N(10,\ 2^2)$ に従うので，

$$P(X_T > c) = P\left(\frac{X_T - 10}{2} > \frac{c - 10}{2}\right) = P(Z > d) = 0.95$$

となる d は，正規分布表よりおおよそ $d = -1.645$ と読み取れる。よって，$c = 2 \times (-1.645) + 10 = 6.71$ とすればよい。このときの特異度は，$X_F \sim N(5,\ 2^2)$ より

$$P(X_F \leq 6.71) = P\left(\frac{X_F - 5}{2} \leq \frac{6.71 - 5}{2}\right) = P(Z \leq 0.855) \approx 0.804$$

となる。

〔4〕 $X_T \sim N(10,\ \sigma^2)$ および $X_F \sim N(5,\ \sigma^2)$ とすると，条件は

$$P\left(X_T > c\right) = P\left(\frac{X_T - 10}{\sigma} > \frac{c-10}{\sigma}\right) = P\left(Z > \frac{c-10}{\sigma}\right) = 0.95$$

および

$$P(X_F \leq c) = P\left(\frac{X_F - 5}{\sigma} \leq \frac{c-5}{\sigma}\right) = P\left(Z \leq \frac{c-5}{\sigma}\right) = 0.95$$

である。したがって，$P(Z > 1.645) \approx 0.05$ であるので

$$\begin{cases} \dfrac{c-10}{\sigma} = -1.645 \\ \dfrac{c-5}{\sigma} = 1.645 \end{cases}$$

を満足する σ と c を求めればよい。簡単な計算により，$c = 7.5$ および

$$\sigma = \frac{10-5}{1.645 \times 2} \approx 1.52$$

が得られる。

〔5〕 与えられた情報からは，検査が必ずしも有効であるとはいえない。その理由は以下のようである。

感度はほぼ 1 であるといえるので，偽陰性率は $P(-|T) \approx 0$ である。また，陰性的中率がほぼ 1 ということは

$$P(F|-) = \frac{P(-|F)P(F)}{P(-|F)P(F) + P(-|T)P(T)} \approx 1$$

であるが，これが成り立つのは $P(-|T) \approx 0$ もしくは $P(T) \approx 0$ の場合である。ちなみに $P(T) \approx 0$ の条件は感度がほぼ 1 という条件からは出てこない。

本問の設定では，しきい値 c を小さくして偽陰性率を低くすればよいことになる（とにかく陽性にしてしまえばよい）。しかし，そうすると偽陽性率 $P(+|F)$ も大きくなってしまい，陽性的中率

$$P(T|+) = \frac{P(+|T)P(T)}{P(+|T)P(T) + P(+|F)P(F)}$$

が小さくなって，必ずしも有効な検査とはいえなくなる。

また，疾病の感染率がきわめて低く $P(T) \approx 0$ の場合には，感度（感染率に影響されない）が高くかつ陰性的中率が高くても，陽性的中率は低くなる可能性がある。

一般に，偽陰性に比べ偽陽性のコストは小さいとされるが，偽陽性のコストがそう小さくない場合には，問題が生じる可能性が高い。

なお，機械学習の分野でも同様の問題が扱われる。検査での「陽性･陰性」を「正･負」，現実の疾病の「有・無」を「正・負」とし，以下のように各度数を定義する。ここで，それぞれの記号は

$$TP: \text{True Positive},\quad FP: \text{False Positive},$$
$$TN: \text{True Negative},\quad FN: \text{False Negative}$$

の略である。

		現実	
		正	負
検査	正	TP	FP
	負	FN	TN

このとき，

$$\text{感度} = \frac{TP}{TP+FN},\quad \text{特異度} = \frac{TN}{FP+TN},$$
$$\text{陽性的中率} = \frac{TP}{TP+FP},\quad \text{陰性的中率} = \frac{TN}{FN+TN}$$

であるが，機械学習では，陽性的中率を正確度あるいは適合率（precision）といい，感度を再現率（recall rate）という。また，全体での正解率あるいは精度（accuracy）を

$$\text{正解率} = \frac{TP+TN}{TP+FP+TN+FN}$$

で定義する。なお，上記の行列表現は混同行列ともいう。

統計応用（社会科学）問 1

都市圏にある特定の業種の全施設（1000 施設）の延床面積と営業利益を調べた。施設の延床面積により営業利益が大きく異なるため，施設を 3 層（Ⅰ，Ⅱ，Ⅲ）に層別した。表 1 は，延床面積の区分，各層に含まれる施設数，層内の営業利益の平均（百万円）および標準偏差（百万円）を示したものである。以下の各問に答えよ。ただし，解答の際に有限母集団修正は行わないものとする。

表 1：ある業種の全施設（1000 施設）の延床面積と営業利益

層	延床面積（m^2）区分	層内の施設数	営業利益	
			層内平均	層内標準偏差
Ⅰ	1000 未満	700	100	10
Ⅱ	1000 以上 3000 未満	200	200	50
Ⅲ	3000 以上 5000 未満	100	500	100
計		1000		

〔1〕表 1 から全施設における営業利益の母平均 μ と母分散 σ^2 を求めよ。

〔2〕層を区別することなく，1000 施設から非復元単純無作為抽出により 100 施設を選び，全施設における営業利益の母平均を標本の算術平均によって推定する。このときの推定量の期待値と分散を求めよ。

一般に全施設数を N，各層の施設数を $N_1, N_2, N_3(N_1 + N_2 + N_3 = N)$，第 h 層に含まれる第 i 番目の施設の営業利益を $X_{hi}(i = 1, \ldots, N_h; h = 1, 2, 3)$ とする。全体の標本の大きさを n，各層の標本の大きさを $n_1, n_2, n_3(n_1 + n_2 + n_3 = n)$ とし，施設を層ごとに非復元無作為抽出したときの営業利益の母平均の推定量を

$$\hat{X} = \sum_{h=1}^{3} \frac{N_h}{N} \frac{1}{n_h} \sum_{i=1}^{n_h} X_{hi}$$

とする。ただし，$X_{h1}, \ldots, X_{hn_h}$ は第 h 層からの無作為標本である。

〔3〕$n = 100$ の標本を各層で $n_1 = 70$，$n_2 = 20$，$n_3 = 10$ と比例配分し，各層から施設を非復元無作為抽出する。このときの期待値 $E[\hat{X}]$ と分散 $V[\hat{X}]$ を求めよ。

〔4〕標本の大きさ n が与えられたとき，分散 $V[\hat{X}]$ を最小にする配分としてネイマン配分が知られている。ネイマン配分は，各層の施設数と層内標準偏差を掛け合わせた数値の比率で n_1，n_2，n_3 を決めるものである。表 1 を既知とし，$n = 100$ のときのネイマン配分 n_1，n_2，n_3 を求めよ。また，ネイマン配分を用いた際の期待値 $E[\hat{X}]$ と分散 $V[\hat{X}]$ を求めよ。

解答例

〔1〕はじめに，層別された場合の母集団全体の平均と分散を計算する式を与える。一般に層数がHであり，第h層の施設数をN_h，平均をμ_h，分散を${\sigma_h}^2$とすると($h = 1, \dots, H$)，$N = N_1 + \cdots + N_H$として，母集団全体の平均は

$$\mu = \frac{1}{N}\sum_{h=1}^{H} N_h \mu_h$$

であり，分散は

$$\sigma^2 = \frac{1}{N}\sum_{h=1}^{H} N_h\{{\sigma_h}^2 + (\mu_h - \mu)^2\} = \frac{1}{N}\sum_{h=1}^{H} N_h({\sigma_h}^2 + {\mu_h}^2) - \mu^2$$

で与えられる。よって，数値を代入して，全施設における営業利益の母平均μは

$$\mu = (700 \times 100 + 200 \times 200 + 100 \times 500)/1000 = 160$$

となり，母分散σ^2は

$$\begin{aligned}\sigma^2 &= \{700 \times 10^2 + 200 \times 50^2 + 100 \times 100^2 + 700(100 - 160)^2 \\ &\quad + 200 \times (200 - 160)^2 + 100 \times (500 - 160)^2\}/1000 \\ &= (1570000 + 14400000)/1000 = 15970\end{aligned}$$

または，

$$\begin{aligned}\sigma^2 &= \{700 \times (100^2 + 10^2) + 200 \times (200^2 + 50^2) \\ &\quad + 100 \times (500^2 + 100^2)\}/1000 - 160^2 \\ &= (7070000 + 8500000 + 2600000)/1000 - 25600 = 41570 - 25600 = 15970\end{aligned}$$

と求められる。

〔2〕上問〔1〕の結果より$n = 100$であるので，期待値は160，分散は159.7である。

〔3〕期待値$E[\hat{X}]$は，

$$E[\hat{X}] = E\left[\sum_{h=1}^{3}\frac{N_h}{N}\frac{1}{n_h}\sum_{i=1}^{n_h} X_{hi}\right] = \sum_{h=1}^{3}\frac{N_h}{N}E\left[\frac{1}{n_h}\sum_{i=1}^{n_h} X_{hi}\right] = \sum_{h=1}^{3}\frac{N_h}{N}\mu_h$$

となる。ここで，μ_hは第h層における層内平均である。数値を代入すると

$$E[\hat{X}] = (700 \times 100 + 200 \times 200 + 100 \times 500)/1000 = 160$$

となる。一方，分散$V[\hat{X}]$は，

$$\begin{aligned}V[\hat{X}] &= V\left[\sum_{h=1}^{3}\frac{N_h}{N}\frac{1}{n_h}\sum_{i=1}^{n_h} X_{hi}\right] = \sum_{h=1}^{3}\left(\frac{N_h}{N}\right)^2 V\left[\frac{1}{n_h}\sum_{i=1}^{n_h} X_{hi}\right] \\ &= \sum_{h=1}^{3}\left(\frac{N_h}{N}\right)^2\frac{1}{n_h}{\sigma_h}^2\end{aligned}$$

である。ここで，${\sigma_h}^2$は第h層における層内分散であり，数値を代入して

$$V[\hat{X}] = (0.7^2 \times 10^2/70) + (0.2^2 \times 50^2/20) + (0.1^2 \times 100^2/10) = 15.7$$

を得る。

〔4〕各層の施設数 N_h と層内標準偏差 $\sigma_h (h = 1, 2, 3)$ を掛け合わせた数値は順に，7000，10000，10000 である。この比率で $n = 100$ を配分すると，おおむね 26，37，37 となる。これを上問〔3〕で求めた式に代入すると，$E[\hat{X}]$ は 160 であり，

$$V[\hat{X}] = (0.7^2 \times 10^2/26) + (0.2^2 \times 50^2/37) + (0.1^2 \times 100^2/37) = 7.29$$

となる。このように，ネイマン配分は比例配分より $V[\hat{X}]$ が小さくなるため，層内標準偏差が大きく異なるときには有効である。

統計応用（社会科学）問2

店舗 A では，サービスを受けるまでの待ち時間について調査している。ある時間帯で 10 人の客が来店し，実際にサービスを受けるまでの時間 $t (\geq 0)$ を調査したところ，小さい順に

$$1, 2, 3, 4, 8, 8, 11, 15, 19, 29 \text{（分）}$$

となった。待ち時間を表す確率変数 T に対し，パラメータを λ として

$$S(t; \lambda) = P(T > t) = \exp[-\lambda t]$$

と想定する。以下の各問に答えよ。

〔1〕10 個の観測値の最小値，中央値，最大値，および平均を求めよ。

〔2〕確率変数 T の累積分布関数 $F(t; \lambda)$ と確率密度関数 $f(t; \lambda)$ を求めよ。

〔3〕確率変数 T の期待値，分散，中央値をそれぞれ求めよ。

〔4〕一般に，n 個の確率変数 $T_1, \ldots, T_n$ が互いに独立に，累積分布関数 $G(t)$ を持つ同一の分布に従うとする。n 個の確率変数における最小値を $T_{(1)}$ とし，最大値を $T_{(n)}$ とするとき，$T_{(1)}$，$T_{(n)}$ の累積分布関数を $G(t)$ を用いてそれぞれ求めよ。

〔5〕上問〔2〕で求めた累積分布関数 $F(t; \lambda)$ について，上問〔4〕の最小値 $T_{(1)}$ が従う累積分布関数と期待値を求めよ。また，上問〔1〕で求めた平均から，上問〔3〕で求めた関係に基づいて $S(t; \lambda)$ のパラメータ λ を推定するとき，最小値の分布の期待値の推定値がいくらになるかを示せ。

解答例

〔1〕最小値は 1，中央値は 8，最大値は 29，平均値は 10 である。

〔2〕$S(t;\lambda)$ の式より，累積分布関数は

$$F(t\,;\,\lambda) = \begin{cases} 1 - \exp[-\lambda t] & (t \geq 0) \\ 0 & (t < 0) \end{cases}$$

であり，$F(t;\lambda)$ の t での微分により，確率密度関数は

$$f(t\,;\,\lambda) = \begin{cases} \lambda \exp[-\lambda t] & (t \geq 0) \\ 0 & (t < 0) \end{cases}$$

となる。すなわち，想定している分布はパラメータ λ の指数分布である。

〔3〕期待値は $1/\lambda$，分散は $1/\lambda^2$，中央値は $\log(2)/\lambda$ である。以下に期待値，分散，中央値の求め方を示す。

パラメータ λ の指数分布の平均は，部分積分により

$$\begin{aligned} E[T] &= \int_0^\infty t\lambda e^{-\lambda t}dt = \lambda\left\{-\frac{1}{\lambda}\left[te^{-\lambda t}\right]_0^\infty + \frac{1}{\lambda}\int_0^\infty e^{-\lambda t}dt\right\} \\ &= -\frac{1}{\lambda}\left[e^{-\lambda t}\right]_0^\infty = \frac{1}{\lambda} \end{aligned}$$

と求められる。また同様に，$E[T^2] = \dfrac{2}{\lambda^2}$ より，分散 $V[T] = \dfrac{2}{\lambda^2} - \left(\dfrac{1}{\lambda}\right)^2 = \dfrac{1}{\lambda^2}$ となる。中央値は $S(t\,;\lambda) = \exp[-\lambda t] = 1/2$ を満たす t であり，これを解くと $t = \log(2)/\lambda$ となる。

〔4〕最小値 $T_{(1)}$ の分布の累積分布関数は次のように求められる。

$$\begin{aligned} P(T_{(1)} \leq t) &= 1 - P(T_{(1)} > t) = 1 - \prod_{i=1}^{n} P(T_i > t) = 1 - \{P(T > t)\}^n \\ &= 1 - \{1 - P(T \leq t)\}^n = 1 - \{1 - G(t;\lambda)\}^n \end{aligned}$$

また，最大値 $T_{(n)}$ の分布の累積分布関数は

$$P(T_{(n)} \leq t) = \prod_{i=1}^{n} P(T_i \leq t) = \{P(T \leq t)\}^n = \{G(t;\lambda)\}^n$$

となる。

〔5〕各 T の累積分布関数は $F(t\,;\lambda) = 1 - \exp[-\lambda t]$ であるので，最小値 $T_{(1)}$ の分布の累積分布関数は，

$$1 - (1 - F(t\,;\lambda))^n = 1 - (\exp[-\lambda t])^n = 1 - \exp[-n\lambda t]$$

となり，これはパラメータ $n\lambda$ の指数分布の累積分布関数である。これより，期待値は $1/(n\lambda)$ である。上問〔1〕で求めた平均値 $1/\lambda = 10$ を用いると，$1/(n\lambda) = (1/n) \times (1/\lambda) = (1/10) \times 10 = 1$ となる。

統計応用（社会科学）問3

ある地域からランダムに n 世帯を抽出し，家計支出におけるある項目Aを別の計測が容易な項目Bから予測することを考える。ここでは，第 i 世帯における項目Aの値を表す確率変数を Y_i とし，項目Bの値を x_i，撹乱項を表す確率変数を ξ_i とした単回帰モデル

$$Y_i = \beta_0 + \beta_1 x_i + \xi_i \quad (i = 1, \ldots, n) \tag{1}$$

を想定する。モデル式(1)の定数項 β_0 および傾き β_1 は未知パラメータである。撹乱項 ξ_i の期待値と分散はそれぞれ $E[\xi_i] = 0$, $V[\xi_i] = \sigma^2$ $(i = 1, \ldots, n)$ であるが，同じ地域からのサンプリングということで互いに相関を持ち，相関係数が $\boldsymbol{R}[\xi_i, \xi_j] = \rho(i \neq j)$ であるような n 変量正規分布に従うと仮定する。

各ベクトルと行列を

$$\boldsymbol{Y} = \begin{pmatrix} Y_1 \\ Y_2 \\ \vdots \\ Y_n \end{pmatrix}, \quad \boldsymbol{X} = \begin{pmatrix} 1 & x_1 \\ 1 & x_2 \\ \vdots & \vdots \\ 1 & x_n \end{pmatrix}, \quad \boldsymbol{\beta} = \begin{pmatrix} \beta_0 \\ \beta_1 \end{pmatrix}, \quad \boldsymbol{\xi} = \begin{pmatrix} \xi_1 \\ \xi_2 \\ \vdots \\ \xi_n \end{pmatrix}$$

とする。$\boldsymbol{0}$ をすべての成分が0の n 次零ベクトル，$\boldsymbol{R}$ を対角要素が1，非対角要素がすべて ρ である相関行列とすると，単回帰式(1)および撹乱項に関する仮定は，

$$\boldsymbol{Y} = \boldsymbol{X\beta} + \boldsymbol{\xi}, \quad \boldsymbol{\xi} \sim N_n(\boldsymbol{0}, \sigma^2 \boldsymbol{R}) \tag{2}$$

と表すことができる。

ただし，x_i は平均が0（$\bar{x} = (x_1 + \cdots + x_n)/n = 0$）に基準化されているとし，$\mathrm{rank}(X) = 2$ であるとする。また，単位行列を $\boldsymbol{I}$ とし，すべての要素が1である行列を $\boldsymbol{J}$ とする。これにより $\boldsymbol{R} = (1-\rho)\boldsymbol{I} + \rho\boldsymbol{J}$ と表される。以下の各問に答えよ。

〔1〕$\boldsymbol{R}$ が正定値となるための ρ の条件を求めよ。
ヒント：$\boldsymbol{R}$ のすべての固有値が正であることを言う。

以下の問〔2〕～〔5〕では〔1〕の ρ に関する条件を仮定する。

〔2〕$\boldsymbol{R}$ の逆行列は，

$$\boldsymbol{R}^{-1} = \frac{1}{1-\rho}\boldsymbol{I} - \frac{\rho}{(1-\rho)\{1+(n-1)\rho\}}\boldsymbol{J}$$

となることを示せ。

〔3〕回帰係数 $\boldsymbol{\beta}$ の最小二乗推定量は，

$$\boldsymbol{b} = \begin{pmatrix} b_0 \\ b_1 \end{pmatrix} = (\boldsymbol{X}^T\boldsymbol{X})^{-1}\boldsymbol{X}^T\boldsymbol{Y}$$

で与えられる。$\boldsymbol{b}$ はモデル(2)の下でも不偏であることを示し，その分散共分散行列 $V[\boldsymbol{b}]$ を求めよ。

〔4〕上問〔3〕の結果を踏まえ，攪乱項同士の相関 ρ がない場合と比較して，それが存在する場合の回帰モデル (1) の定数項 β_0 および傾き β_1 の最小二乗推定量の推定精度を考察せよ。

〔5〕回帰モデル (1) の攪乱項 ξ_i は，何らかの観測されない共変量 u_i と，互いに独立で期待値が 0 である誤差項 ε_i の和 $\xi_i = u_i + \varepsilon_i$ であるとする（$i = 1, \ldots, n$）。このとき，u_i に対しできるだけ単純な構造を想定するならば，u_i はどのような特徴を持つ変量とすべきであるかを示せ。また，u_i を観測することは回帰モデル (1) の各パラメータの推定にどのような影響をもたらすかを考察せよ。

解答例

〔1〕$\boldsymbol{R}$ の固有方程式は

$$|\boldsymbol{R} - \lambda \boldsymbol{I}| = |(1-\rho)\boldsymbol{I} + \rho \boldsymbol{J} - \lambda \boldsymbol{I}| = |\rho \boldsymbol{J} - \{\lambda - (1-\rho)\}\boldsymbol{I}| = 0$$

であり，n 次正方行列 $\boldsymbol{J}$ の固有値は n および 0（$(n-1)$ 重根）であるので，$\boldsymbol{R} = (1-\rho)\boldsymbol{I} + \rho \boldsymbol{J}$ の固有値は，$\lambda = 1 - \rho + n\rho = 1 + (n-1)\rho$ および $\lambda = 1 - \rho$（$(n-1)$ 重根）となる。

このことは次の直接的な計算からも得られる（カッコ内は行列に関する変形を表す）。

$$|\boldsymbol{R} - \lambda \boldsymbol{I}| = \begin{vmatrix} 1-\lambda & \rho & \cdots & \rho \\ \rho & 1-\lambda & \cdots & \rho \\ \vdots & \vdots & \ddots & \vdots \\ \rho & \rho & \cdots & 1-\lambda \end{vmatrix} \text{（2 列目以降を 1 列目に加える）}$$

$$= \begin{vmatrix} 1-\lambda+(n-1)\rho & \rho & \cdots & \rho \\ 1-\lambda+(n-1)\rho & 1-\lambda & \cdots & \rho \\ \vdots & \vdots & \ddots & \vdots \\ 1-\lambda+(n-1)\rho & \rho & \cdots & 1-\lambda \end{vmatrix} \left(\begin{array}{l}\text{1 列目の } \{1-\lambda+ \\ (n-1)r\} \text{ を括り出す}\end{array}\right)$$

$$= \{1+(n-1)\rho-\lambda\} \begin{vmatrix} 1 & \rho & \cdots & \rho \\ 1 & 1-\lambda & \cdots & \rho \\ \vdots & \vdots & \ddots & \vdots \\ 1 & \rho & \cdots & 1-\lambda \end{vmatrix} \left(\begin{array}{l}\text{2 行目以降から} \\ \text{1 行目を引く}\end{array}\right)$$

$$= \{1+(n-1)\rho-\lambda\} \begin{vmatrix} 1 & \rho & \cdots & \rho \\ 0 & 1-\lambda-\rho & \cdots & 0 \\ \vdots & \vdots & \ddots & \vdots \\ 0 & 0 & \cdots & 1-\lambda-\rho \end{vmatrix} \left(\begin{array}{l}\text{対角要素の} \\ \text{積で行列式} \\ \text{を求める}\end{array}\right)$$

$$= \{1+(n-1)\rho-\lambda\}(1-\rho-\lambda)^{n-1} = 0$$

より $\lambda = 1 + (n-1)\rho$ および $\lambda = 1 - \rho$（$(n-1)$ 重根）である。

$\boldsymbol{R}$ が正定値であることとすべての固有値が正であることが必要十分であるので，

$$1 + (n-1)\rho > 0, \quad 1 - \rho > 0$$

より条件

$$-\frac{1}{n-1} < \rho < 1$$

を得る。

〔2〕問題の $\boldsymbol{R}^{-1}$ が確かに $\boldsymbol{R}$ の逆行列であることは，$\boldsymbol{JJ} = n\boldsymbol{J}$ に注意すると

$$\begin{aligned}
&\{(1-\rho)\boldsymbol{I} - \rho\boldsymbol{J}\} \times \left(\frac{1}{1-\rho}\boldsymbol{I} - \frac{\rho}{(1-\rho)\{1+(n-1)\rho\}}\boldsymbol{J}\right) \\
&= \boldsymbol{I} - \frac{(1-\rho)\rho}{(1-\rho)\{1+(n-1)\rho\}}\boldsymbol{J} - \frac{\rho}{1-\rho}\boldsymbol{J} + \frac{n\rho^2}{(1-\rho)\{1+(n-1)\rho\}}\boldsymbol{J} \\
&= \boldsymbol{I} - \frac{1}{(1-\rho)\{1+(n-1)\rho\}}[(1-\rho)\rho - \rho\{1+(n-1)\rho\} + n\rho^2]\boldsymbol{J} \\
&= \boldsymbol{I}
\end{aligned}$$

より確かめられる。

〔3〕最小二乗推定量は

$$\boldsymbol{b} = (\boldsymbol{X}^T\boldsymbol{X})^{-1}\boldsymbol{X}^T\boldsymbol{Y} = (\boldsymbol{X}^T\boldsymbol{X})^{-1}\boldsymbol{X}^T(\boldsymbol{X\beta} + \boldsymbol{\xi}) = \boldsymbol{\beta} + (\boldsymbol{X}^T\boldsymbol{X})^{-1}\boldsymbol{X}^T\boldsymbol{\xi}$$

と書けるので，$\boldsymbol{X}$ が定数行列であれば（通常の回帰分析での設定），最小二乗推定量 $\boldsymbol{b}$ は $E[\boldsymbol{b}] = \boldsymbol{\beta} + (\boldsymbol{X}^T\boldsymbol{X})^{-1}\boldsymbol{X}^TE[\boldsymbol{\xi}] = \boldsymbol{\beta}$ と不偏であることがわかり，$\boldsymbol{b}$ の分散共分散行列は，

$$\begin{aligned}
V[\boldsymbol{b}] &= E[(\boldsymbol{b}-\boldsymbol{\beta})(\boldsymbol{b}-\boldsymbol{\beta})^T] \\
&= E[(\boldsymbol{X}^T\boldsymbol{X})^{-1}\boldsymbol{X}^T\boldsymbol{\xi}\boldsymbol{\xi}^T\boldsymbol{X}(\boldsymbol{X}^T\boldsymbol{X})^{-1}] \\
&= (\boldsymbol{X}^T\boldsymbol{X})^{-1}\boldsymbol{X}^T \cdot \boldsymbol{V}[\boldsymbol{\xi}\boldsymbol{\xi}^T] \cdot \boldsymbol{X}(\boldsymbol{X}^T\boldsymbol{X})^{-1} \\
&= \sigma^2(\boldsymbol{X}^T\boldsymbol{X})^{-1}\boldsymbol{X}^T\boldsymbol{R}\boldsymbol{X}(\boldsymbol{X}^T\boldsymbol{X})^{-1}
\end{aligned}$$

となる。$A = \boldsymbol{x}^T\boldsymbol{x} = \sum_{i=1}^{n} {x_i}^2$ とすると，$\boldsymbol{X}^T\boldsymbol{X} = \begin{pmatrix} n & 0 \\ 0 & A \end{pmatrix}$ より $(\boldsymbol{X}^T\boldsymbol{X})^{-1} = \begin{pmatrix} 1/n & 0 \\ 0 & 1/A \end{pmatrix}$ であり，$\boldsymbol{X}^T\boldsymbol{J}\boldsymbol{X} = \begin{pmatrix} n^2 & 0 \\ 0 & 0 \end{pmatrix}$ であるので，これらと $\boldsymbol{R} = (1-\rho)\boldsymbol{I} + \rho\boldsymbol{J}$ を用いて

$$
\begin{aligned}
V[\boldsymbol{b}] &= \sigma^2(\boldsymbol{X}^T\boldsymbol{X})^{-1}\boldsymbol{X}^T\{(1-\rho)\boldsymbol{I}+\rho\boldsymbol{J}\}\boldsymbol{X}(\boldsymbol{X}^T\boldsymbol{X})^{-1} \\
&= \sigma^2\{(1-\rho)(\boldsymbol{X}^T\boldsymbol{X})^{-1}\boldsymbol{X}^T\boldsymbol{X}(\boldsymbol{X}^T\boldsymbol{X})^{-1}+\rho(\boldsymbol{X}^T\boldsymbol{X})^{-1}\boldsymbol{X}^T\boldsymbol{J}\boldsymbol{X}(\boldsymbol{X}^T\boldsymbol{X})^{-1}\} \\
&= \sigma^2\{(1-\rho)(\boldsymbol{X}^T\boldsymbol{X})^{-1}+\rho(\boldsymbol{X}^T\boldsymbol{X})^{-1}\boldsymbol{X}^T\boldsymbol{J}\boldsymbol{X}(\boldsymbol{X}^T\boldsymbol{X})^{-1}\} \\
&= \sigma^2\left\{(1-\rho)\begin{pmatrix} 1/n & 0 \\ 0 & 1/A \end{pmatrix}+\rho\begin{pmatrix} 1/n & 0 \\ 0 & 1/A \end{pmatrix}\begin{pmatrix} n^2 & 0 \\ 0 & 0 \end{pmatrix}\begin{pmatrix} 1/n & 0 \\ 0 & 1/A \end{pmatrix}\right\} \\
&= \sigma^2\left\{(1-\rho)\begin{pmatrix} 1/n & 0 \\ 0 & 1/A \end{pmatrix}+\rho\begin{pmatrix} 1 & 0 \\ 0 & 0 \end{pmatrix}\right\} \\
&= \sigma^2\begin{pmatrix} \dfrac{1-\rho}{n}+\rho & 0 \\ 0 & \dfrac{1-\rho}{A} \end{pmatrix}
\end{aligned}
$$

を得る。

〔4〕上問〔3〕の結果より，定数項 β_0 の推定では，n が大きくなってもその標本分散は 0 に収束せず一致性が得られない。それに対し，傾き β_1 の推定では，ρ が正で大きくなるにつれて推定精度が上がる。攪乱項間の相関は，それが正であれば定数項の推定に悪影響を及ぼし，傾きの推定では推定精度の向上をもたらす。相関が負の場合にはその逆である。

〔5〕攪乱項につき

$$\xi_i = u + \varepsilon_i \quad (i = 1, \ldots, n) \tag{1}$$

とモデル化するのが妥当である。ここで，u は各 i に共通で，$E[u]=0$，$V[u]=\sigma^2\rho$ を満たす変量である。また，ε_i は u とは独立であり，互いに独立に $E[\varepsilon_i]=0$，$V[\varepsilon_i] = \sigma^2(1-\rho)$ を満たす変量である。このモデル化が妥当な理由は以下に示す。

仮に攪乱項に関するモデル (1) における u が観測されたとすると，Y_i に対するモデルは

$$Y_i = (\beta_0 + u) + \beta_1 x_i + \varepsilon_i \quad (i = 1, \ldots, n), \quad \varepsilon_i \sim N(0, \sigma^2(1-\rho))$$

となる。観測された u は定数項に寄与するものとなる。相関 ρ が大きい場合には，誤差分散 $\sigma^2(1-\rho)$ が小さくなることから定数項 β_0 および傾き β_1 の推定精度は上がる。

モデル (1) が妥当な理由は以下である。攪乱項につき $\xi_i = u_i + \varepsilon_i \ (i = 1, \ldots, n)$ とすると，条件より u_i は

$$
\begin{aligned}
&E[\xi_i] = E[u_i + \varepsilon_i] = E[u_i] = 0 \\
&V[\xi_i] = V[u_i + \varepsilon_i] = V[u_i] + V[\varepsilon_i] + 2Cov[u_i, \varepsilon_i] = \sigma^2 \\
&Cov[\xi_i, \xi_j] = Cov[u_i + \varepsilon_i, u_j + \varepsilon_j] \\
&\qquad\qquad\quad = Cov[u_i, u_j] + Cov[u_i, \varepsilon_j] + Cov[u_j, \varepsilon_i] = \sigma^2\rho
\end{aligned}
$$

を満たす変量である必要がある。$Cov[u_i, \varepsilon_i] \neq 0$ とすると，u_i と ε_i の関係を表す別の変量の存在を仮定することになり，モデルが必要以上に複雑になる。したがって，u_i は ε_i と独立な変量であると想定する。これより，$V[u_i]=\tau^2$ とすると $V[\varepsilon_i]=\sigma^2-\tau^2$ となる。また，u_i は $\varepsilon_j (i \neq j)$ とも独立であるとの想定も自然であることから，異なる u_i と u_j 間には $Cov[u_i, u_j] = \sigma^2\rho$ の関係が必要となる。u_i と u_j が異なるとすると，

それらの間にまた別の変量を想定する必要が出てくるので，$u_i = u_j (= u)$ とするのが自然である。このとき，$Cov[u, u] = V[u] = \sigma^2\rho$ となる。

以上をまとめて，想定するモデルは (1) とするのがよいことになる。

統計応用（社会科学） 問４

東京都，神奈川県，埼玉県のスーパーで，ある新商品のテスト販売をして，地域別の調査店舗数と売上の地域別の平均をまとめたのが表１である。このデータに対する令央君と和美さんの会話を読み，以下の各問に答えよ。

表１：地域別と全体の店舗数と売上の平均

地域	店舗数	平均
東京都	25	21.2
神奈川県	10	28.7
埼玉県	15	24.2
全体	50	

令央：表１を見ると地域ごとに売上の平均に違いが見られるね。調査した 50 店舗全体の平均はいくらになるんだろう。元のデータから計算し直すのは面倒だ。

和美：何を言っているの。表１から簡単に求められるわよ。

令央：そうか。ところで，３地域間で平均に差があるかどうか調べるため，地域を因子とした一元配置分散分析を行ったら表２のようになった。P 値がすごく小さいから３地域間には差があることが分かるね。だけど，差があるっていうだけじゃ物足りないな。どの地域とどの地域の間に差があるかが分からないと。

表２：一元配置分散分析表

変動要因	変動	自由度	分散	分散比	P 値	F 境界値
グループ間	409.50	2	204.750	484.067	4.38E-32	3.195
グループ内	19.88	47	0.423			
合計	429.38	49				

和美：それならば地域をダミー変数で表した重回帰分析をしてみたらどう？

令央：どうすればいいの？

和美：ダミー変数 D1 と D2 を表３のように定義して，D1 と D2 を説明変数にした重回帰分析をすればいいのよ。

表 3：ダミー変数の定義

地域	D1	D2
東京都	0	0
神奈川県	1	0
埼玉県	0	1

令央：OK。やってみたら表 4 のようになったよ。

表 4：ダミー変数を用いた重回帰分析の結果

	係数	標準誤差	t 値
切片	21.2	0.130	162.985
D1	7.5	0.243	30.820
D2	3.0	0.212	14.124

和美：重回帰式は $y = 21.2 + 7.5\mathrm{D1} + 3.0\mathrm{D2}$ で，東京都のダミー変数は $(\mathrm{D1}, \mathrm{D2}) = (0, 0)$ だから，表 4 の切片の係数 21.2 が表 1 の東京都の平均となって，神奈川県のダミー変数は $(\mathrm{D1}, \mathrm{D2}) = (1, 0)$ だから，神奈川県の平均値は $21.2 + 7.5 = 28.7$ となるのよ。

令央：なるほど，これだと地域間の差が一目でわかるね。ところで，ダミー変数っていつも表 3 のように定義するの？

和美：そんなことはなくて，たとえば表 5 のようでもいいのよ。

表 5：別のダミー変数の定義

地域	F1	F2
東京都	−1	−1
神奈川県	1	0
埼玉県	0	1

令央：なるほど，では F1 と F2 を説明変数とした重回帰分析をやってみよう。

和美：ところでその F1 と F2 を説明変数とした重回帰分析での重相関係数 (R) と決定係数 (R^2)，それに自由度調整済み決定係数 (R^{*2}) はいくらだったの？それから誤差の標準偏差 (s) は？

令央：何それ。消しちゃった。

和美：仕方がないわね。表 2 の数値から求め直しなさい。それから，表 4 の各係数の標準誤差の計算法も確かめておくべきね。

〔1〕調査した50店舗全体での平均はいくらになるか。表1の数値から求めよ。

〔2〕ダミー変数を表5のF1とF2としたときの，切片およびF1とF2の係数をそれぞれ求めよ。

〔3〕表3のダミー変数を説明変数とした重回帰分析における重相関係数 (R)，決定係数 (R^2)，自由度調整済み決定係数 (R^{*2})，および誤差の標準偏差 (s) をそれぞれ求めよ。

〔4〕表4の各係数の標準誤差を求める式を導出せよ。具体的に数値を計算する必要はない。

〔5〕表5のダミー変数を用いたときの上問〔3〕の R，R^2，R^{*2}，s はそれぞれいくらになるか。導出過程を示したうえで求めよ。

解答例

〔1〕全体での平均は

$$\frac{1}{50}(21.2 \times 25 + 28.7 \times 10 + 24.2 \times 15) = 23.6$$

となる。

〔2〕ダミー変数F1，F2を用いたときの重回帰分析における，定数項，F1の係数，F2の係数をそれぞれ b_0，b_1，b_2 とすると，ダミー変数と各地域での平均値間に

$$\begin{cases} b_0 - b_1 - b_2 = 21.2 \\ b_0 + b_1 = 28.7 \\ b_0 + b_2 = 24.2 \end{cases}$$

という関係式が成り立つ。これより，$b_0 = 24.7$，$b_1 = 4.0$，$b_2 = -0.5$ が得られる。あるいは，ダミー変数同士の関係の $\mathrm{D1} = (1 + 2 \cdot \mathrm{F1} - \mathrm{F2})/3$，$\mathrm{D2} = (1 - \mathrm{F1} + 2 \cdot \mathrm{F2})/3$ を $y = 21.2 + 7.5\mathrm{D1} + 3.0\mathrm{D2}$ の右辺に代入することにより $y = 24.7 + 4.0\mathrm{F1} - 0.5\mathrm{F2}$ を得る。

〔3〕それぞれ以下のようになる（Excelの出力）。

重相関R	0.977
重決定R2	0.954
補正R2	0.952
標準誤差	0.650
観測数	50

サンプルサイズを n とし，説明変数の個数を p として，回帰によるモデル平方和を SSM，残差平方和を SSR，全平方和を SST とすると，$SSM + SSR = SST$ が成り立

ち，決定係数は $R^2 = \dfrac{SSM}{SST} = 1 - \dfrac{SSR}{SST}$ と求められる。重相関係数はその平方根 $R = \sqrt{R^2}$ であり，自由度調整済み決定係数は $R^{*2} = 1 - \dfrac{SSR/(n-p-1)}{SST/(n-1)}$ により計算される。誤差の標準偏差は $s = \sqrt{SSR/(n-p-1)}$ である。

表 2 の値を代入すると，$n = 50$，$p = 2$，$SSM = 409.50$，$SSR = 19.88$，$SST = 429.38$ であるので，

$$R^2 = \frac{409.50}{429.38} \approx 0.954\,,\quad R = \sqrt{0.9537} \approx 0.977\,,$$
$$R^{*2} = 1 - \frac{19.88/47}{429.38/49} \approx 0.952\,,\quad s = \sqrt{0.423} \approx 0.650$$

と求められる。

〔4〕一般に，重回帰分析において定数項を含めた説明変数行列を X としたとき，回帰推定値の分散共分散行列は $s^2(X^TX)^{-1}$ となる。ここで上付き添え字の ^{T} は行列の転置を表し，s^2 は誤差分散である。各係数の標準誤差は $s^2(X^TX)^{-1}$ の対角要素の平方根で与えられる。

ダミー変数を表 3 のように定義すると

$$X^TX = \begin{pmatrix} 50 & 10 & 15 \\ 10 & 10 & 0 \\ 15 & 0 & 15 \end{pmatrix} = 5\begin{pmatrix} 10 & 2 & 3 \\ 2 & 2 & 0 \\ 3 & 0 & 3 \end{pmatrix}$$

であるので，その逆行列は

$$(X^TX)^{-1} = \frac{1}{150}\begin{pmatrix} 6 & -6 & -6 \\ -6 & 21 & 6 \\ -6 & 6 & 16 \end{pmatrix}$$

となる。表 2 における $s^2 = 0.423$ を用いると，定数項，D1 の係数，および D2 の係数の標準誤差はそれぞれ

$$\text{定数項：}\quad \sqrt{0.423 \times \frac{6}{150}} \approx 0.130$$
$$\text{D1 の係数：}\quad \sqrt{0.423 \times \frac{21}{150}} \approx 0.243$$
$$\text{D2 の係数：}\quad \sqrt{0.423 \times \frac{16}{150}} \approx 0.212$$

となる。

〔5〕ダミー変数を F1，F2 としても上問〔3〕の各数値と同じ数値が得られる。その理由は以下のとおりである。

2 つの重回帰分析における定数項とダミー変数の組の (D0, D1, D2) と (F0, F1, F2)

の間に

$$\mathrm{F0} = \mathrm{D0},\quad \mathrm{F1} = -\mathrm{D0} + 2\cdot\mathrm{D1} + \mathrm{D2},\quad \mathrm{F2} = -\mathrm{D0} + \mathrm{D1} + 2\cdot\mathrm{D2}$$

の線形関係が成り立つ。Xを第1列が定数項（D0），第2列がD1，第3列がD2である50×3行列，Zを第1列が定数項（F0），第2列がF1，第3列がF2である50×3行列とすると，この線形関係は3×3の正則行列

$$M = \begin{pmatrix} 1 & -1 & -1 \\ 0 & 2 & 1 \\ 0 & 1 & 2 \end{pmatrix}$$

を用いて$Z = XM$と表される。したがって，Xを説明変数とする回帰モデルは

$$\boldsymbol{y} = X\boldsymbol{\beta} + \boldsymbol{\varepsilon} = XMM^{-1}\boldsymbol{\beta} + \boldsymbol{\varepsilon} = Z\boldsymbol{\gamma} + \boldsymbol{\varepsilon}$$

となる。ここで$\gamma = M^{-1}\boldsymbol{\beta}$である。50個のデータからなるベクトルの存在する50次元ユークリッド空間R^{50}において，Mは正則であるので，Xの列ベクトルの張る部分空間$L(X)$とZの列ベクトルの張る部分空間$L(Z)$とは同じになる。

一般に重回帰分析は，幾何学的にはデータベクトルの説明変数の生成する部分空間への射影であり，全平方和SSTはデータベクトルの長さの2乗，モデル平方和SSMは$L(X)$への射影ベクトルの長さの2乗，残差平方和SSRはその射影ベクトルと直交するベクトルの長さの2乗であり，決定係数などもこの枠組みでの幾何学的な解釈ができる。したがって，XとZが異なっても，部分空間$L(X)$と$L(Z)$とが同じであれば，回帰分析の結果は本質的に同じものとなる。

統計応用（社会科学）問5

統計応用（人文科学）問5と共通問題。103ページ参照。

統計応用（理工学） 問 1

表 1 は，ある大学教員が自分の席からゴミ箱に向かって紙くずを投げたときの記録である。ただし結果の欄にある「1」はゴミ箱に紙くずが入ったことを，「0」は入らなかったことを表す。また，実験はこの表の上から順番に続けて行われた。以下の各問に答えよ。

表 1：紙くずを投げたときの記録

紙くずの硬さ	ゴミ箱までの距離	姿勢	投法	3 回の結果
柔らかい	2m	座る	下投げ	0, 0, 0
	2m	立つ	上投げ	0, 0, 0
	1m	立つ	下投げ	1, 0, 1
	2m	立つ	下投げ	0, 0, 0
	2m	座る	上投げ	0, 0, 0
	1m	立つ	上投げ	0, 0, 0
	1m	座る	上投げ	1, 1, 0
	1m	座る	下投げ	0, 0, 0
硬い	2m	座る	上投げ	0, 1, 0
	1m	座る	上投げ	1, 0, 1
	1m	座る	下投げ	0, 0, 1
	2m	立つ	下投げ	1, 0, 0
	1m	立つ	上投げ	1, 0, 1
	1m	立つ	下投げ	1, 1, 1
	2m	立つ	上投げ	0, 0, 0
	2m	座る	下投げ	0, 0, 0

〔1〕紙くずの硬さによる結果の差異と実験順序による結果の変化を交互作用まで含めて検討したい場合，この実験計画では不適切と考えられる点を述べよ。

〔2〕3 回の実験結果の和を目的変数 $Y \in \{0, 1, 2, 3\}$ とし，紙くずの硬さ（以下，硬さ），ゴミ箱までの距離（以下，距離），姿勢，投法を説明変数とする正規線形回帰モデルを当てはめる。ただし距離以外の説明変数はダミー変数化する。また交互作用項はモデルに含めないものとする。表 2 は各部分モデルをあてはめたときの AIC（赤池情報量規準）である。ただし $*$ はモデルに取り込む変数を，空欄は取り込まない変数を表す。AIC の値に基づき変数減少法を行った場合，どの順番で変数が取り除かれていくかを述べよ。

表2：正規線形回帰モデルの当てはめ

モデル番号	硬さ	距離	姿勢	投法	AIC
M0					49.15
M1	*				48.69
M2		*			43.07
M3			*		50.90
M4				*	51.15
M5	*	*			40.74
M6	*		*		50.39
M7		*	*		44.64
M8	*			*	50.69
M9		*		*	45.07
M10			*	*	52.90
M11	*	*	*		42.18
M12	*	*		*	42.74
M13	*		*	*	52.39
M14		*	*	*	46.64
M15	*	*	*	*	44.18

〔3〕次に，1回ごとの実験結果を目的変数としてロジスティック回帰モデルをあてはめる。AICに基づく変数減少法により，線形予測子が以下の式となっているロジスティック回帰モデルが選択された：

$$3.496 - 1.658 \times (\text{柔らかいダミー}) - 2.667 \times (\text{距離})$$

このモデルに基づき，硬い紙くずを1.5mの距離から投げたときの命中率の予測値を求めよ。なお，指数関数の部分は数値を求めなくてよい。

〔4〕正規線形回帰モデルを用いることは予測の観点からは不適切と考えられる。その理由を説明せよ。

解答例

〔1〕最初に柔らかい紙について続けて実験を行い，その後に硬い紙について続けて実験を行っているため，紙くずの硬さが実験順序の影響と交絡してしまう。すなわち，実験の前半と後半で被験者の疲れによる結果の差異があっても，それが紙くずの質の違いによるものかもしれず，区別がつかない。

〔2〕選ばれるモデルは「硬さ，距離」を説明変数とする部分モデルである。以下の順番で変数選択が行われる。

- まずフルモデルのAIC 44.18と，そこから1つ変数を除いて得られる部分モデルの

AIC 42.18, 42.74, 52.39, 46.64 を比較すると,「投法」を除いた「硬さ, 距離, 姿勢」の AIC である 42.18 が最小である。よって「投法」を説明変数から除く。

- 次に,「硬さ, 距離, 姿勢」から 1 つの変数を除いて得られる部分モデルは「硬さ, 距離」,「硬さ, 姿勢」,「距離, 姿勢」の 3 つがあり, それぞれの AIC は 40.74, 50.39, 44.64 である。よって「姿勢」を除いた「硬さ, 距離」の AIC は「硬さ, 距離, 姿勢」のモデルの AIC よりも小さいので,「硬さ, 距離」が選択される。
- 次に,「硬さ, 距離」から 1 つの変数を除いて得られる部分モデルは「硬さ」,「距離」の 2 つがあり,「硬さ」あるいは「距離」の 2 つの部分モデルの AIC はそれぞれ 48.69, 43.07 である。これらはいずれも「硬さ, 距離」の AIC の値 40.74 よりも大きいので,「硬さ, 距離」を用いたモデルを採用する。

〔3〕命中率を p とすると,

$$\log\frac{p}{1-p} \approx 3.496 - 1.658 \times 0 - 2.667 \times 1.5$$
$$\approx -0.50$$

となる。したがって,

$$p \approx \frac{1}{1+e^{0.50}} \left(= \frac{e^{-0.50}}{e^{-0.50}+1}\right)$$

となる。

補足：指数関数も計算すると $p \approx 0.38$ となる。

〔4〕正規線形回帰モデルの目的変数 Y は, 誤差項に正規分布を仮定しているから原理的に任意の実数を取り得る。しかしいまの問題では Y の取り得る値は $\{0, 1, 2, 3\}$ のみであり, これらの値がどのような確率で現れるかを予測することができなくなる（ロジスティック回帰ならばできる）。

統計応用（理工学） 問 2

ある鋼材の圧延工程では, 300kg 単位で工程 A での処理を行ったのち, その 300kg を 3 分割した 100kg 単位で次の工程 B での処理を行う。生産量を改善するために, これらの工程を因子とし, その処理条件 $A_1, \ldots, A_5$ と, 処理条件 B_1, B_2, B_3 を水準として取り上げ, 実験によるデータの収集と解析を検討している。その際,

(i) 工程 A と工程 B による 2 因子完全無作為化実験

(ii) 工程 A を 1 次因子, 工程 B を 2 次因子, 反復をブロック因子 R とする分割実験

の 2 種類を検討している。以下の各問に答えよ。

〔1〕実験(i)の繰り返し数nを2とし全部で$5 \times 3 \times 2 = 30$回の2因子完全無作為化実験を考える。水準（A_i, B_j）におけるk回目の繰り返しでの観測データy_{ijk}（$i = 1, \dots, 5; j = 1, 2, 3; k = 1, 2$）について，一般平均を$\mu$，工程A，Bの主効果をそれぞれ$\alpha$，$\beta$，工程AとBの2因子交互作用を（$\alpha\beta$），誤差を$\varepsilon$とし，適切な添え字を付けて$y_{ijk}$に対する構造式を記述せよ。ただし誤差の正規性の仮定は省略してよい。

〔2〕上問〔1〕の実験において，工程Aにおける300kg単位の処理が全部で何回必要になるかを説明せよ。

〔3〕実験(ii)の工程Aを1次因子，工程Bを2次因子とする分割実験では，実験初日に$A_1, \dots, A_5$とB_1, B_2, B_3の$5 \times 3 = 15$の組合せを一揃い実施し，翌日に同様のすべての組合せを実施する。水準（A_i, B_j）における第k回目の反復における観測データy_{ijk} $(i = 1, \dots, 5; j = 1, 2, 3; k = 1, 2)$について，A，Bの主効果をそれぞれ$\alpha$，$\beta$，工程AとBの2因子交互作用を$(\alpha\beta)$，反復の効果を$\rho$，1次誤差を$\varepsilon_{(1)}$，2次誤差を$\varepsilon_{(2)}$とし，適切に添え字をつけて$y_{ijk}$に対する構造式を記述せよ。ただし，誤差の正規性の仮定は省略してよい。

〔4〕上問〔3〕の実験において，工程Aにおける300kg単位の処理が全部で何回必要になるかを説明せよ。

〔5〕上問〔3〕の実験結果のデータを表1に示す。ここでの応答は生産量の指数であり，値は大きいほど好ましい。

表1：分割実験での観測データ

第1反復 R_1

	B_1	B_2	B_3
A_1	17.3	24.7	25.4
A_2	34.2	35.3	36.1
A_3	24.2	30.3	28.1
A_4	22.4	27.9	27.3
A_5	27.5	31.4	31.5

第2反復 R_2

	B_1	B_2	B_3
A_1	25.4	30.1	28.8
A_2	37.7	44.4	44.3
A_3	25.7	31.4	28.3
A_4	21.5	27.8	25.3
A_5	31.5	37.0	33.9

これを繰り返しのない3因子完全無作為化実験とみなし，それぞれの平方和，自由度などを求めると表2のようになる。

表 2: 繰り返しのない 3 因子完全無作為化実験と見なした結果

要因	平方和 S	自由度 ϕ	S/ϕ
R	81.68	1	81.68
A	763.90	4	190.97
B	155.22	2	77.61
A × R	64.84	4	16.21
B × R	3.97	2	1.99
A × B	8.95	8	1.12
A × B × R	14.55	8	1.82
計	1093.11	29	

これらを分散分析表にまとめ，要因効果を有意水準 5% で検定せよ。

〔6〕上問〔2〕,〔4〕の問いにある必要な鋼材の量，および 2 因子完全無作為化実験と分割実験における誤差分散の自由度の大きさや要因効果の検出力について，分割実験の利点，欠点を説明せよ。

解答例

〔1〕データの構造式は，次のようである。

$$y_{ijk} = \mu + \alpha_i + \beta_j + (\alpha\beta)_{ij} + \varepsilon_{ijk}$$

〔2〕30 回の実験を完全無作為化するので，300kg 単位の処理が 30 回必要になる。完全無作為化実験では，水準の組合せ (A_i, B_j) ごとに，段取り替え，ベースラインへの校正など A_i, B_j の設定にかかわるすべてをやり直す。したがって，A_i で 300kg の処理を行い 3 分割した後，その中の 1 つを B_j で処理し応答を測定する。残りの 2 つは実験で用いない。

〔3〕データの構造式は，次のようである。

$$y_{ijk} = \mu + \alpha_i + \rho_k + \varepsilon_{(1)ik} + \beta_j + (\alpha\beta)_{ij} + \varepsilon_{(2)ijk}$$

〔4〕A が 1 次因子なので，それぞれの反復において A_i で処理した 300kg を 3 等分し，それらに B_1，B_2，B_3 を無作為に割り当てて処理する。これらの一連の作業を A の水準数すべてにおいて 2 回反復する。したがって，300kg 単位の処理は，全部で 10 回必要になる。この場合には，A_i の設定にかかわる誤差が 1 次誤差 $\varepsilon_{(1)ik}$ として残る。

〔5〕1 次誤差の平方和，自由度は A × R のそれらに等しく，また，2 次誤差の平方和，自由度は，B × R，A × B × R のそれらの和にそれぞれ等しい。したがって，分散分析表は次のとおりとなる。これから，A，B の主効果が 5% 有意であり，効果が認めら

れる。また，1次誤差が5% 有意，すなわち，1次誤差が2次誤差に比べて大きいことがわかる。

要因	平方和 S	自由度 ϕ	S/ϕ	F
R	81.68	1	81.68	5.039
A	763.90	4	190.97	11.781
1次誤差	64.84	4	16.21	8.753
B	155.22	2	77.61	41.906
A × B	8.95	8	1.12	0.604
2次誤差	18.52	10	1.85	
計	1093.11	29		

〔6〕必要な鋼材という点では，2因子完全無作為化実験に比べて分割実験では3分の1で済む。一方，1次因子の主効果を検定する際，1次誤差で検定するため，自由度が完全無作為化実験よりも小さくなり，1次因子の効果を検出しにくくなる。また，2次因子の主効果，1次因子と2次因子の交互作用についても同様である。

統計応用（理工学）問3

ある機械部品の出荷前検査において，第 i 部品の合格および不合格をそれぞれ $Y_i = 1$ および $Y_i = 0$ の2値変数で表すとする。そして合格率 $P(Y_i = 1)$ は，この部品に関して計測されていたある特性値 x_i に依存して

$$P(Y_i = 1|\alpha, \beta) = \Phi(\alpha + \beta x_i) \quad (i = 1, \ldots, n) \tag{1}$$

によって定まるとするプロビットモデルを考える。ここで $Y_1, \ldots, Y_n$ は部品ごとに互いに独立であり，α と β は未知パラメータ，Φ は標準正規分布の累積分布関数である。$Y_1, \ldots, Y_n$ の観測値（合否）$y_1, \ldots, y_n$ が得られたとして，以下の各問に答えよ。

〔1〕尤度関数 $L(\alpha, \beta)$ を求めよ。

〔2〕部品の合否はある潜在的な特性を表す変数 Z_i によって

$$Y_i = \begin{cases} 1 & (Z_i \geq 0) \\ 0 & (Z_i < 0) \end{cases}$$

となるとする。潜在変数 Z_i が正規分布 $N(\mu_i, 1)$ に従うとき，式 (1) が成り立つような μ_i を求めよ。

〔3〕パラメータ α，β に関しては，便宜的に，事前分布として独立な $N(0, 1)$ が想定できるとする。このとき，$Z_1, \ldots, Z_n$ が与えられた下での α，β の条件付き分布を求めよ。ただし $\sum_{i=1}^n x_i = 0$ と仮定する。

〔4〕Gibbs サンプリングによって α，β の事後分布に従う乱数を生成する方法を説明せよ。

解答例

〔1〕尤度関数は

$$
\begin{aligned}
L(\alpha, \beta) &= P(Y_1 = y_1, \ldots, Y_n = y_n | \alpha, \beta) \\
&= \prod_{i=1}^n P(Y_i = y_i | \alpha, \beta) \\
&= \prod_{i=1}^n \Phi(\alpha + \beta x_i)^{y_i} \{1 - \Phi(\alpha + \beta x_i)\}^{1-y_i}
\end{aligned}
$$

となる。

〔2〕$Z_i \sim N(\mu_i, 1)$ のとき $Z_i \geq 0$ となる確率は

$$
\begin{aligned}
P(Z_i \geq 0) &= P(Z_i - \mu_i \geq -\mu_i) \\
&= 1 - \Phi(-\mu_i) = \Phi(\mu_i)
\end{aligned}
$$

となる。よって，$\mu_i = \alpha + \beta x_i$ である。

〔3〕上問〔2〕の結果から，$\alpha, \beta, Z_1, \ldots, Z_n$ の同時密度関数は，$\varphi(\cdot)$ を $N(0, 1)$ の確率密度関数として，

$$
\varphi(\alpha)\varphi(\beta) \prod_{i=1}^n \varphi(Z_i - \alpha - \beta x_i)
$$

で与えられる。よって，α，β の事後密度関数は

$$
\begin{aligned}
&\pi(\alpha, \beta | Z_1, \ldots, Z_n) \\
&\propto \exp\left[-\frac{\alpha^2}{2} - \frac{\beta^2}{2} - \sum_{i=1}^n \frac{1}{2}(Z_i - \alpha - \beta x_i)^2\right] \\
&\propto \exp\left[-\frac{\alpha^2}{2}(n+1) - \alpha\beta\sum_{i=1}^n x_i - \frac{\beta^2}{2}\left(\sum_{i=1}^n {x_i}^2 + 1\right) + \alpha\sum_{i=1}^n Z_i + \beta\sum_{i=1}^n Z_i x_i\right]
\end{aligned}
$$

となる。仮定より $\displaystyle\sum_{i=1}^n x_i = 0$ であるので，

$$\pi(\alpha, \beta | Z_1, \ldots, Z_n)$$
$$\propto \exp\left[-\frac{n+1}{2}\left(\alpha - \frac{\sum_{i=1}^{n} Z_i}{n+1}\right)^2 - \frac{\sum_{i=1}^{n} {x_i}^2 + 1}{2}\left(\beta - \frac{\sum_{i=1}^{n} Z_i x_i}{\sum_{i=1}^{n} {x_i}^2 + 1}\right)^2\right]$$

となる。すなわち $Z_1, \ldots, Z_n$ が与えられたとき，α と β は独立で，それぞれ

$$N\left(\frac{\sum_{i=1}^{n} Z_i}{n+1}, \frac{1}{n+1}\right) \text{ および } N\left(\frac{\sum_{i=1}^{n} Z_i x_i}{\sum_{i=1}^{n} {x_i}^2 + 1}, \frac{1}{\sum_{i=1}^{n} {x_i}^2 + 1}\right)$$

に従う。

〔4〕上問〔3〕より，$Z_1, \ldots, Z_n$（および $y_1, \ldots, y_n$）が与えられた下での α，β の条件付き分布は正規分布であるので容易にサンプルを生成できる。また，α，β と $y_1, \ldots, y_n$ が与えられた下での $Z_1, \ldots, Z_n$ の条件付き分布はトランケートされた正規分布に従う。すなわち $y_i = 1$ のとき

$$P(Z_i \leq z_i | \alpha, \beta, y_i = 1) = P(Z_i \leq z_i | \alpha, \beta, Z_i \geq 0)$$
$$= \begin{cases} \dfrac{\Phi(\alpha + \beta x_i) - \Phi(\alpha + \beta x_i - z_i)}{\Phi(\alpha + \beta x_i)} & (z_i > 0) \\ 0 & (\text{その他}) \end{cases}$$

であり，$y_i = 0$ のとき

$$P(Z_i \leq z_i | \alpha, \beta, y_i = 0) = P(Z_i \leq z_i | \alpha, \beta, Z_i < 0)$$
$$= \begin{cases} \dfrac{\Phi(z_i - \alpha - \beta x_i)}{\Phi(-\alpha - \beta x_i)} & (z_i < 0) \\ 1 & (\text{その他}) \end{cases}$$

となる。いずれも逆関数法などを使えば容易にサンプルを生成できる。以上を繰り返せば $\alpha, \beta, Z_1, \ldots, Z_n$ の事後分布に従う（従属な）乱数列が得られる。このうち α，β のみに注目すれば，目的の事後分布 $\pi(\alpha, \beta | Y_1, \ldots, Y_n)$ に従う乱数列が得られる。

2021年11月

統計応用（理工学） 問４

ある工場で生産される製品は，品質検査の結果，良品と準良品に分けられ，良品の方が高値で販売できることで毎回選別の検査をしていたが，それがコストに影響を与えていた。良品／準良品の別は，ある入力変数 X および Y の影響を受けることが経験的に知られており，入力変数と製品品質の関係を調べるため，製品の生産ラインからランダムに50個のデータを抽出して調査を行った。

図１は入力変数 X，Y と製品品質の関係を表したものである。図中の○は検査によって良品と判定されたものを示し（20個），×は準良品と判定されたものを示している（30個）。このデータをもとに，入力変数 X，Y の情報を用いて自動的に良品／準良品の分類を行うシステムを構築するため，決定木分析を用いて解析を行った。以下の各問に答えよ。

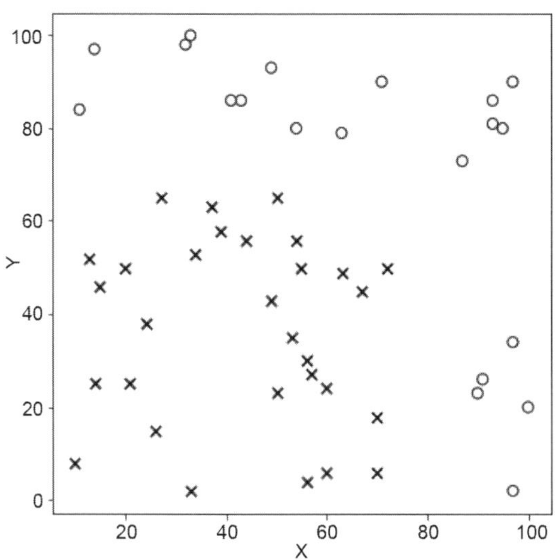

図１：入力変数 X，Y と製品品質の関係

〔1〕決定木分析により図 2 のような結果が得られた。なお，図 2 では samples が分岐前の度数，value が分岐前の準良品と良品の各度数を表す。検査で準良品になる製品にはどのような傾向が見られるか，分析結果の数値を用いて論ぜよ。

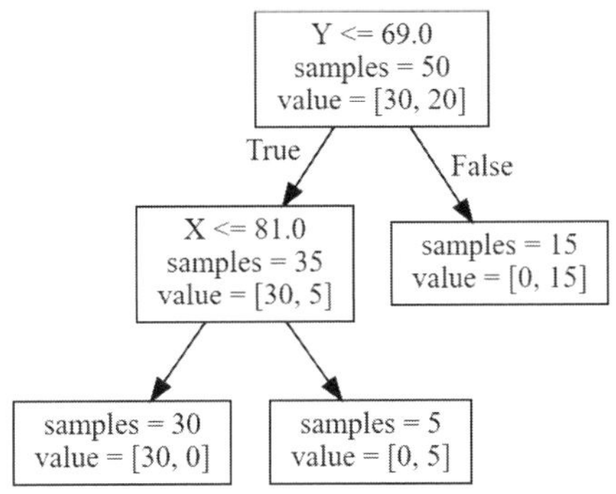

図 2：決定木分析の結果

〔2〕決定木分析を行う際に，現在の状態の純度（多様性）を測る指標として Gini 指標が用いられることが多い。一般に，分類のカテゴリー数が K で（本問では $K=2$），あるノード（図 2 における各四角で囲った部分）において第 k カテゴリーに分類された個体の比率を p_k としたとき（$p_1 + \cdots + p_K = 1$），そのノードにおける Gini 指標は

$$\text{Gini} = 1 - \sum_{k=1}^{K} p_k^2 \tag{1}$$

で定義される。

〔2-1〕式 (1) で定義される Gini の最大値および最小値は，それぞれ $p_1, \ldots, p_K$ がどのような場合に得られるかを示し，そのときの最大値と最小値を求めよ。

〔2-2〕あるノードにおいて，全体から個体を 1 つランダムに選び，選んだ個体の属するカテゴリーにそのままとどまることも含め，カテゴリー k に確率 p_k で移動するとき（$k = 1, \ldots, K$），その個体が元のカテゴリー以外のカテゴリーに移動する確率は Gini 指標となることを示せ。

〔2-3〕図 1 もしくは図 2 における決定木分割前の状態（良品 20 個，準良品 30 個）の Gini 指標を求めよ。

〔3〕決定木による分割の効率を測る指標として，利得（Gain）という指標がよく用いられる。Gain は，分割前のノードの Gini 指標を $\text{Gini}(t)$，2 分割後のノード t_L と t_R の Gini 指標をそれぞれ $\text{Gini}(t_L)$ と $\text{Gini}(t_R)$，分割後の各ノードの個体数の割合を p_L と p_R（$p_L + p_R = 1$）としたとき，

$$\text{Gain} = \text{Gini}(t) - (p_L \times \text{Gini}(t_L) + p_R \times \text{Gini}(t_R))$$

で定義される。決定木の最初の分割を考えたとき，その分割基準を入力変数 X にし

た場合と入力変数 Y にした場合の 2 つが考えられる（図 3）。このとき，どちらの方が分割効率が良いか，それぞれの Gain の値を用いて論ぜよ。

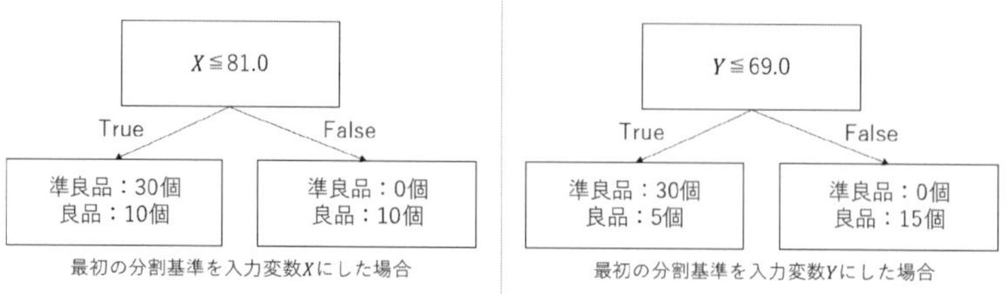

図 3：最初の分割基準を X にした場合と Y にした場合

〔4〕決定木分析を発展させた手法として，アンサンブル学習の一つであるランダムフォレストというアルゴリズムがある。ランダムフォレストと通常の決定木分析との違いについて述べよ。

解答例

〔1〕決定木分析の結果から，Y が 69 以下でかつ X が 81 以下の製品は準良品になる傾向がある。

〔2〕

〔2-1〕Gini 指標は，ある 1 つの p_k が 1 で，それ以外は 0 のときに最小値 Gini $= 0$ となる。$0 \leq p_k \leq 1$ であるので，すべての $k = 1, 2, \ldots, K$ に関して，${p_k}^2 < p_k$ である。また，$\sum_{k=1}^{K} p_k = 1$ であるので，$0 = 1 - \sum_{k=1}^{K} p_k \leq 1 - \sum_{k=1}^{K} {p_k}^2$ となる。よって $1 - \sum_{k=1}^{K} {p_k}^2 \geq 0$ である。いずれか 1 つの k において $p_k = 1$ で，それ以外の j で $p_j = 0$ ならば，$1 - \sum_{k=1}^{K} {p_k}^2 = 0$ となるので，この場合に最小値 Gini $= 0$ となる。

また，すべての p_k が等しく $1/K$ であるときに最大値 Gini $= 1 - (1/K)$ となるが，それは次のように示される。各 p_k は確率であるのですべて加えると 1 になることにより，ラグランジュの未定乗数を λ とした関数を

$$Q = 1 - \sum_{k=1}^{K} {p_k}^2 - \lambda \left(\sum_{k=1}^{K} p_k - 1 \right)$$

とし，これを各 p_k で偏微分して 0 と置くと

$$\frac{\partial Q}{\partial p_k} = -2p_k - \lambda = 0 \quad (k = 1, \ldots, K)$$

となるので，

$$p_k = \lambda/2 \quad (k = 1, \ldots, K)$$

および，これらを加えて

$$\lambda = 2(p_1 + \cdots + p_K)/K = 2/K$$

を得る。よって極値は，$p_k = 1/K\ (k = 1, \ldots, K)$ で与えられ，$\dfrac{\partial^2 Q}{\partial {p_k}^2} = -2$ および $\dfrac{\partial^2 Q}{\partial p_k \partial p_l} = 0\ (k \neq l)$ であることにより Hesse 行列は負定値となり，これが最大値となることがわかる。

〔2-2〕個体がカテゴリー k から選ばれる確率は p_k であり，その個体がカテゴリー k 以外のカテゴリーに移動する確率は $1 - p_k$ である。よって求める確率は

$$\sum_{k=1}^{K} p_k(1 - p_k) = \sum_{k=1}^{K} p_k - \sum_{k=1}^{K} {p_k}^2 = 1 - \sum_{k=1}^{K} {p_k}^2 = \text{Gini}$$

となる。

〔2-3〕本問のカテゴリーは良品／準良品で $K = 2$ であるので，それぞれの出現確率は $P(\text{良品}) = 20/50$ と $P(\text{準良品}) = 30/50$ となり，Gini 指標は

$$\text{Gini} = 1 - \left(\frac{20}{50}\right)^2 - \left(\frac{30}{50}\right)^2 = 0.48$$

となる。

〔3〕$\text{Gini}(t)$ は分割前ノードの Gini 指標値なので〔2-3〕より 0.48 となる。入力変数 X を基準に分割した場合，分割後ノードのそれぞれの良品・準良品数を（良品，準良品）とすると (10, 30) と (10, 0) であるので

$$\text{Gini}(t_L) = 1 - \left(\frac{10}{40}\right)^2 - \left(\frac{30}{40}\right)^2 = 0.375$$

$$\text{Gini}(t_R) = 1 - \left(\frac{10}{10}\right)^2 - \left(\frac{0}{10}\right)^2 = 0$$

となる，よって Gain の式より

$$\text{Gain} = 0.48 - \left(\frac{40}{50} \times 0.375 + \frac{10}{50} \times 0\right) \approx 0.18$$

を得る。

一方，入力変数 Y を基準に分割した場合，分割後ノードのそれぞれの良品・準良品数は (5, 30) と (15, 0) であるので，同様に

2021年11月

$$\mathrm{Gini}(t_L) = 1 - \left(\frac{5}{35}\right)^2 - \left(\frac{30}{35}\right)^2 \approx 0.24$$

$$\mathrm{Gini}(t_R) = 1 - \left(\frac{15}{15}\right)^2 - \left(\frac{0}{15}\right)^2 = 0$$

であるので，Gain の式より

$$\mathrm{Gain} = 0.48 - \left(\frac{35}{50} \times 0.24 + \frac{15}{50} \times 0\right) \approx 0.31$$

となる。

よって，入力変数 Y を基準にしたほうが，入力変数 X を基準にした場合よりも Gain の値が高く，分割効率が高いといえる。

〔4〕通常の決定木分析は，Gini 指標（あるいはエントロピー）と Gain を用いて分割を繰り返し，一つの木構造を構築するものであるのに対し，アンサンブル学習は決定木を元にした弱学習器を組み合わせて多数決方式で分類などを行う手法である。アンサンブル学習の一手法であるランダムフォレストは，データセットから重複を許してランダムにデータを複数回サンプリングしてサンプル集合を複数構築し（ブートストラップ標本），それぞれの標本では全変数のうちから説明変数をランダムに選択したうえで決定木を構築する。最終的には，分類問題の場合は予測結果の多数決を，回帰問題の場合は予測値の平均をとることで予測を行う。

統計応用（理工学）問 5

統計応用（人文科学）問 5 と共通問題。103 ページ参照。

統計応用（医薬生物学）問１

冠動脈疾患の患者８名を追跡したところ，表１の生存時間に関するデータが得られた。ここでのイベントは心血管系疾患による死亡を表す。以下の各問に答えよ。

表１：生存時間データ

被験者番号	観察時間（年）	イベントの有無（0：打ち切り，1：イベント）
1	6	0
2	14	1
3	16	0
4	12	1
5	8	0
6	4	0
7	10	1
8	18	1

〔1〕$T(\geq 0)$ を生存時間を表す連続型確率変数とし，その確率密度関数を $f(t)(t \geq 0)$，T の生存関数を $S(t) = P(T > t)$，T のハザード関数を

$$\lambda(t) = \lim_{\Delta t \to 0} \frac{1}{\Delta t} P(t \leq T \leq t + \Delta t \mid T \geq t)$$

と定義する。このとき，$f(t)$ を $S(t)$ と $\lambda(t)$ を用いて表せ。

〔2〕表１の生存時間データに対して，カプラン・マイヤー法によって生存関数 $S_1(t)$ を推定し，横軸を t，縦軸を $1 - S_1(t)$ の推定値としたグラフを描け。

〔3〕表１のデータについて，イベントが打ち切りの被験者のうちの２名（被験者番号 1，6）は「心血管系疾患以外の原因による死亡」であることがわかった。そこで，表１の打ち切りを再定義したところ，表２のデータが得られたとする。イベント１とは「心血管系疾患による死亡」，イベント２とは「心血管系疾患以外の原因による死亡」を表す。

2021年11月

表 2：打ち切りを再定義した生存時間データ

被験者番号	観察時間（年）	イベントの有無（0：打ち切り，1：イベント 1，2：イベント 2）
1	6	2
2	14	1
3	16	0
4	12	1
5	8	0
6	4	2
7	10	1
8	18	1

このデータにおける観察時間を表す連続型確率変数を $T(\geq 0)$，イベントの種類を表す確率変数を J とし，J は 0，1，2 の値をとり，0 は打ち切り，1 はイベント 1，2 はイベント 2 を表す。イベントごとのハザード関数を

$$\lambda_j(t) = \lim_{\Delta t \to 0} \frac{1}{\Delta t} P(t \leq T \leq t + \Delta t, J = j \mid T \geq t) \quad (j = 1, 2)$$

とし，時間 t までにいずれのイベントも発現していない確率を

$$S_2(t) = \exp\left(-\int_0^t (\lambda_1(u) + \lambda_2(u))\, du\right)$$

とする。イベントごとの累積イベント発現関数

$$F_j(t) = P(T \leq t,\, J = j) \quad (j = 1,\, 2)$$

を $\lambda j(t)$ と $S_2(t)$ を用いて表せ。

〔4〕上問〔3〕の $F_j(t)$ $(j = 1, 2)$ は次のように推定できる。

$$\hat{F}_j(t) = \sum_{i:t_{ji} \leq t} \frac{d_{ji}}{n_{ji}} \hat{S}_2\left(t_{ji}^{-}\right)$$

t_{ji} はイベント j の i 番目のイベントが発現した時間，d_{ji} は時間 t_{ji} でイベント j が発現した被験者数，n_{ji} は時間 t_{ji} の直前までいずれのイベントも発現せず観察を継続している被験者数，t_{ji}^{-} は t_{ji} の直前の時間を表し，$\hat{S}_2(t)$ は時間 t におけるカプラン・マイヤー法によるいずれのイベントも発現していない確率の推定量である。このとき，表 3 の (あ) ～ (か) を求めよ。

表３：累積イベント発現関数の推定値を計算するための表

時間 t	イベントの種類	t_{ji}	d_{1i}	d_{2i}	n_{ji}	$\hat{S}_2(t_{ji})$	$\hat{S}_2(\bar{t}_{ji})$	$\hat{F}_1(t)$	$\hat{F}_2(t)$
0	–	–	0	0	8	1.0	1.0	0.0	0.0
4	2	t_{21}	0	1	8		1.0	0.0	（お）
6	2	t_{22}	0	1	7			0.0	
8	0	–	0	0	（あ）			0.0	
10	1	t_{11}	1	0	（い）			（う）	
12	1	t_{12}	1	0					
14	1	t_{13}	1	0					
16	0	–	0	0					
18	1	t_{14}	1	0				（え）	（か）

〔5〕上問〔2〕で得られた $1 - S_1(t)$ の推定値のグラフと，上問〔4〕で得られた $\hat{F}_1(t)$ のグラフを１つの図の中に描き，２つの推定値の違いを考察せよ。

解答例

〔1〕$\lambda(t)$ および条件付き確率の定義より，

$$\begin{aligned}
\lambda(t) &= \lim_{\Delta t \to 0} \frac{1}{\Delta t} P(t \le T \le t + \Delta t \mid T \ge t) \\
&= \lim_{\Delta t \to 0} \frac{1}{\Delta t} \left(\frac{P(t \le T \le t + \Delta t, T \ge t)}{P(T \ge t)} \right) \\
&= \lim_{\Delta t \to 0} \frac{1}{\Delta t} \left(\frac{P(t \le T \le t + \Delta t)}{S(t)} \right) \\
&= \frac{1}{S(t)} \lim_{\Delta t \to 0} \frac{1}{\Delta t} P(t \le T \le t + \Delta t) \\
&= \frac{f(t)}{S(t)}
\end{aligned}$$

となる。したがって

$$f(t) = \lambda(t) S(t)$$

と表せる。

〔2〕表1のデータにおける生存率の推移は以下のようになる。

観察時間	生存率	死亡率	イベント数	打ち切り数	リスク集合の大きさ
0	1.0	0.0	0	0	8
4	1.0	0.0	0	1	8
6	1.0	0.0	0	1	7
8	1.0	0.0	0	1	6
10	0.8	0.2	1	0	5
12	0.6	0.4	1	0	4
14	0.4	0.6	1	0	3
16	0.4	0.6	0	1	2
18	0.0	1.0	1	0	1

したがって，求める $1 - S_1(t)$ の推定値のグラフは以下のようになる。

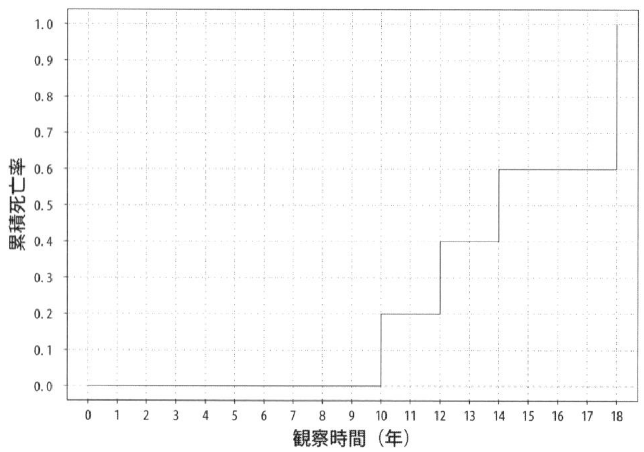

〔3〕確率変数 T と J の同時密度関数を $f_j(t)$ $(j = 1, 2)$ とすれば，

$$
\begin{aligned}
f_j(t) &= \lim_{\Delta t \to 0} \frac{1}{\Delta t} P(t \leq T \leq t + \Delta t, J = j) \\
&= \lim_{\Delta t \to 0} \frac{1}{\Delta t} \left(\frac{P(t \leq T \leq t + \Delta t, J = j, T \geq t)}{P(T \geq t)} \right) P(T \geq t) \\
&= \lim_{\Delta t \to 0} \frac{1}{\Delta t} P(t \leq T \leq t + \Delta t, J = j \mid T \geq t) P(T \geq t) \\
&= \lambda_j(t) P(T \geq t)
\end{aligned}
$$

となる。ここで，$P(T \geq t)$ は時間 t までにいずれのイベントも発現していない確率なので $S_2(t)$ であり，結局 $f_j(t) = \lambda_j(t) S_2(t)$ となる。
したがって，

$$F_j(t) = \int_0^t f_j(u)du = \int_0^t \lambda_j(u)S_2(u)du \quad (j = 1, 2)$$

と表せる。この例のように，イベント1かイベント2のどちらか一方のイベントが起こると，他方のイベントは観測できなくなるようなイベントを競合リスクイベントと呼ぶ。

〔4〕表2のデータにおける（競合リスクを考慮した）累積イベント発現率の推移は以下のようになる。

時間 t	イベントの種類	t_{ji}	d_{1i}	d_{2i}	n_{ji}	$\hat{S}_2(t_{ji})$	$\hat{S}_2(\bar{t}_{ji})$	$\hat{F}_1(t)$	$\hat{F}_2(t)$
0	–	–	0	0	8	1.0	1.0	0.0	0.0
4	2	t_{21}	0	1	8	0.875	1.0	0.0	0.125
6	2	t_{22}	0	1	7	0.75	0.875	0.0	0.25
8	0	–	0	0	6	0.75	0.75	0.0	0.25
10	1	t_{11}	1	0	5	0.6	0.75	0.15	0.25
12	1	t_{12}	1	0	4	0.45	0.6	0.3	0.25
14	1	t_{13}	1	0	3	0.3	0.45	0.45	0.25
16	0	–	0	0	2	0.3	0.3	0.45	0.25
18	1	t_{14}	1	0	1	0.0	0.3	0.75	0.25

したがって，（あ）6，（い）5，（う）0.15，（え）0.75，（お）0.125，（か）0.25となる。

〔5〕上問〔4〕のイベント1に対する累積イベント発現率 $\hat{F}_1(t)$（実線）を上問〔2〕で求めた $1 - S_1(t)$ の推定値（点線）のグラフに上書きすると以下のようになる。

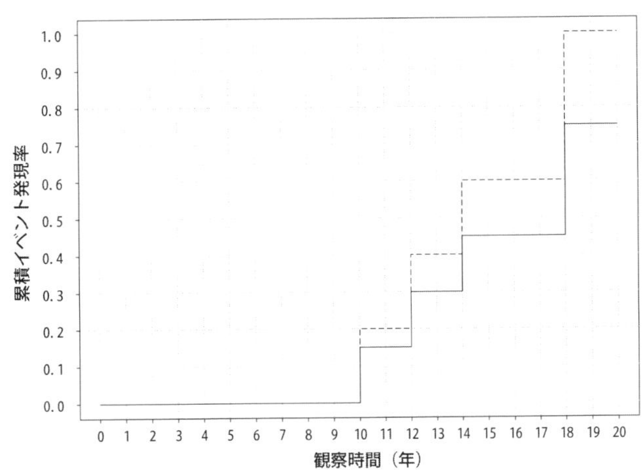

上問〔2〕で求めた $1 - S_1(t)$ の推定値は，実際にはイベント 2 が起きている被験者を打ち切りと扱った場合の，イベント 1 の累積イベント発生率の推定値となっている。このように求めた累積イベント発生率の推定値は，上問〔4〕の方法（競合リスクを考慮したうえ）で推定される累積イベント発生率 $\hat{F}_1(t)$ よりも過大推定されていることがわかる。これは，実際にはイベント 2 が起きている被験者を打ち切りと扱うことにより，イベント無発生率を過大推定していることに起因する。したがって，競合リスクイベントが存在する場合にはイベント発生率の推定には注意が必要である。

統計応用（医薬生物学） 問 2

以下の各問に答えよ。

〔1〕確率変数 $X_1, X_2, \ldots, X_n$ を母集団 $N(\mu, \sigma^2)$ からの標本とする。ここで，標本平均を $\bar{X}$，標本不偏分散を s^2 とする。

〔1-1〕μ の両側 $100(1-\alpha)\%$ 信頼区間を答えよ（導出過程は答えないでよい）。

〔1-2〕$\Delta > 0$ として，次の 2 つの仮説を考える。

$$\text{仮説 1}: \begin{cases} H_{01}: \mu \leq -\Delta \\ H_{A1}: \mu > -\Delta \end{cases} \qquad \text{仮説 2}: \begin{cases} H_{02}: \mu \geq \Delta \\ H_{A2}: \mu < \Delta \end{cases}$$

それぞれの仮説に対して有意水準 α で検定するとき，各仮説に対する検定統計量と棄却域を導出せよ。

〔1-3〕上問〔1-2〕の帰無仮説と対立仮説から次の仮説を考える。

$$\begin{cases} H_0: H_{01} \cup H_{02} \\ H_A: H_{A1} \cap H_{A2} \end{cases}$$

このとき，H_{01}，H_{02} をそれぞれ有意水準 α で検定し，その各々が棄却されるときに帰無仮説 H_0 を棄却する検定の第 1 種の過誤確率が最大で α となることを示せ。

〔2〕試験製剤の標準製剤に対する生物学的同等性試験を 2 剤 2 期クロスオーバー試験により実施した。被験者 20 名（$i = 1, \ldots, 20$）の試験製剤と標準製剤における各薬物の血中濃度の時間曲線下面積（AUC）を Y_i^T および Y_i^S とし，それぞれ対数正規分布 $LN(\mu_T, \sigma_T^2)$ と $LN(\mu_S, \sigma_S^2)$ に従うとする（すなわち，$X_i^T = \log Y_i^T$ と $X_i^S = \log Y_i^S$ がそれぞれ正規分布 $N(\mu_T, \sigma_T^2)$ および $N(\mu_S, \sigma_S^2)$ に従う）。

〔2-1〕次の量を μ_T と μ_S を用いて表せ。ただし，log は自然対数を表す。

$$\log\left(\frac{\text{試験製剤のAUCの中央値}}{\text{標準製剤のAUCの中央値}}\right)$$

〔2-2〕上問〔1-3〕の仮説検定を用いて，試験製剤の標準製剤に対する生物学的同等性を判断することを考える。$X_i^T - X_i^S$ の標本平均が -0.1, 標本不偏分散が 0.26^2, $\Delta = \log(1.25) = 0.223$ であるとき，帰無仮説 H_0 が棄却されるかどうかを判断せよ。ただし仮説 1 および仮説 2 の有意水準はそれぞれ 5% とする。

解答例

〔1〕

〔1-1〕$t_{n-1}(\alpha/2)$ を自由度 $(n-1)$ の t 分布の上側 $100(\alpha/2)$% 点とすると，μ の両側 $100(1-\alpha)$% 信頼区間は

$$\bar{X} \pm t_{n-1}(\alpha/2)\frac{s}{\sqrt{n}}$$

となる。

〔1-2〕仮説 1 に対しては，検定統計量として

$$T_1 = \sqrt{n}\frac{\bar{X}+\Delta}{s}$$

を用いる。棄却域は $R_1 = \{t \in R | t > t_{n-1}(\alpha)\}$ とする。$\mu = -\Delta$ のとき，T_1 は自由度 $(n-1)$ の t 分布に従い，第 1 種の誤りの確率は α である。$\mu < -\Delta$ のときは, 第 1 種の誤りの確率は α より小さい。したがって, 有意水準 α の検定になる。
仮説 2 に対しても同様に，統計量は

$$T_2 = \sqrt{n}\frac{\bar{X}-\Delta}{s}$$

を用いる。棄却域は $R_2 = \{t \in R | t < -t_{n-1}(\alpha)\}$ とする。$\mu = \Delta$ のとき，T_1 は自由度 $(n-1)$ の t 分布に従い，第 1 種の誤りの確率は α である。$\mu > \Delta$ のときは, 第 1 種の誤りの確率は α より小さい。したがって, 有意水準 α の検定になる。

〔1-3〕帰無仮説 H_{01} と H_{02} に対する検定統計量を T_1，T_2 とし，それぞれの検定における棄却域を R_1，R_2 とすると，

$$P(T_1 \in R_1 | H_{01}) = \alpha, \quad P(T_2 \in R_2 | H_{02}) = \alpha$$

である。
いま，$H_0 : H_{01} \cup H_{02}$ に対する検定を考えると，この帰無仮説 H_0 が棄却されるのは明らかに，帰無仮説 H_{01} および H_{02} が両方とも棄却されるときであることがわかる。また，H_0 が正しければ，少なくともどちらかの $H_{0x} (x \in 1, 2)$ は正しいことがわかる。したがって，

$$\begin{aligned}\text{全体としての第 1 種の過誤確率} &= P(T_1 \in R_1 \text{ かつ } T_2 \in R_2 | H_0) \\ &\leq P(T_1 \in R_1 | H_{01}) \\ &= \alpha\end{aligned}$$

〔2〕

〔2-1〕 Y_i^T の中央値を m_T とすると，

$$P(Y_i^T \leq m_T) = P(\log Y_i^T \leq \log m_T) = P(X_i^T \leq \log m_T) = 0.5$$

より，$m_T = \exp(\mu_T)$ とわかる。同様に，Y_i^S の中央値を m_S とすると，$m_S = \exp(\mu_S)$ となる。

したがって，

$$\log\left(\frac{\text{試験製剤のAUCの中央値}}{\text{標準製剤のAUCの中央値}}\right) = \log(m_T) - \log(m_S)$$
$$= \mu_T - \mu_S$$

と表せることがわかる。

〔2-2〕 $X_i^T - X_i^S$ の分散を σ^2 とすると，$X_i^T - X_i^S$ は正規分布 $N(\mu_T - \mu_S, \sigma^2)$ に従う。$\mu_T - \mu_S = \mu$ と置けば，上問〔1-3〕の方法を用いて，仮説 1 および仮説 2 はそれぞれ有意水準 5% の片側検定であるため，これを μ に対する信頼区間を用いて検定を行うとすれば，用いる信頼区間は両側 90% 信頼区間となる。したがって，各仮説がそれぞれ有意水準 5% で棄却されるということは，μ に対する両側 90% 信頼区間が $(-\Delta, \Delta)$ 内に含まれることと同値である。

したがって，$X_i^T - X_i^S$ の標本平均を $\bar{X}$，標本不偏分散を U^2 と記せば，上問〔1-1〕より μ の両側 90% 信頼区間は

$$\bar{X} \pm t_{19}(0.05)\frac{U}{\sqrt{20}}$$

で求められ，$\bar{X} = -0.1$，$U = 0.26$，$t_{19}(0.05) = 1.729$ より，$[-0.201, 0.001]$ となる。いま，$\Delta = \log(1.25) = 0.223$ より，求めた信頼区間は $(-0.223, 0.223)$ の中に含まれるため同等性が成り立つといえる。

統計応用（医薬生物学）問3

新規治療と既存治療の有効率を比較するための観察研究を計画した。治療の結果は，有効と無効で評価されるものとする。観察結果は表1のように整理する。ただし，$n_{1+} + n_{2+} = N$とする。n_{11} と n_{21} は，それぞれ独立に二項分布 $B(n_{1+}, \pi_1)$，$B(n_{2+}, \pi_2)$ に従うとし，表2は表1に対応する母集団確率とする。以下の各問に答えよ。

表1：観察結果

	有効	無効	合計
新規治療	n_{11}	n_{12}	n_{1+}
既存治療	n_{21}	n_{22}	n_{2+}

表2：母集団確率

	有効	無効	合計
新規治療	π_1	$1-\pi_1$	1
既存治療	π_2	$1-\pi_2$	1

〔1〕観察結果を表1のように整理したところ，表3の結果が得られた。表3について，オッズ比の推定値を求めよ。また，自然対数をとったオッズ比（対数オッズ比）の漸近分散の推定量が各セルの観測度数の逆数の和となることを用いて，オッズ比の正規近似に基づく95% 信頼区間を求めよ。ただし，指数関数と対数の値は本書巻末の付表5を参照すること。

表3：観察結果

	有効	無効	合計
新規治療	59	71	130
既存治療	60	65	125

〔2〕次式の帰無仮説 H_0 と対立仮説 H_1 に関する検定を考える。

$$H_0 : \pi_1 = \pi_2 = \pi$$
$$H_1 : \pi_1 \neq \pi_2$$

〔2-1〕積二項尤度 $L(\pi_1,\ \pi_2)$ を示せ。

〔2-2〕帰無仮説の下で，π の最尤推定量 $\hat{\pi}$ を示せ。

〔2-3〕帰無仮説の下で，$E[n_{11}]$ と $V[n_{11}]$ の π を $\hat{\pi}$ に置き換えた推定量 $\hat{E}[n_{11}]$ と $\hat{V}[n_{11}]$ を示せ。

〔2-4〕帰無仮説の下で，$V[n_{11} - \hat{E}[n_{11}]]$ の π を $\hat{\pi}$ に置き換えた推定量 $\hat{V}[n_{11} - \hat{E}[n_{11}]]$ を示せ。さらに表3について，次の検定統計量 X を用いて有意水準5% で検定した結果を述べよ。

$$X = \frac{(n_{11} - \hat{E}[n_{11}])^2}{\hat{V}[n_{11} - \hat{E}[n_{11}]]}$$

〔3〕交絡因子の影響を取り除くために，交絡因子で層別することを考える。交絡因子で層別した結果を表 4 のように整理した。ただし，$n_{1+k}+n_{2+k}=N_k$ とする。

表 4：第 k 層（$k=1,\ldots,K$）における観察結果

	有効	無効	合計
新規治療	n_{11k}	n_{12k}	n_{1+k}
既存治療	n_{21k}	n_{22k}	n_{2+k}

第 k 層の母オッズ比を ψ_k で定義する。次式の帰無仮説 H_0 に関する検定を考える。

$$H_0: \psi_1=\psi_2=\cdots=\psi_K=1$$

ただし，各層で観測度数は独立であると仮定する。

〔3-1〕

$$Y_k=n_{11k}-\hat{E}[n_{11k}] \quad (k=1,\ldots,K)$$

とする。帰無仮説の下で，$Y_k(k=1,\ldots,K)$ が漸近的に従う分布を示せ。

〔3-2〕

$$Y=Y_1+Y_2+\cdots+Y_K$$

とする。帰無仮説の下で，Y が漸近的に従う分布を示すことにより，Cochran 検定統計量を導出せよ。

〔4〕表 3 について，治療群間で男性と女性の割合が大きく異なったため，性別で整理した結果を表 5 にまとめた。

表 5：性別で層別した観察結果

	男性			女性		
	有効	無効	合計	有効	無効	合計
新規治療	25	5	30	34	66	100
既存治療	55	45	100	5	20	25

表 5 について，Cochran 検定を行うことを考える。有意水準 5% で検定した結果について上問〔2〕の結果を踏まえて考察せよ。

解答例

〔1〕オッズ比の推定量は次式で与えられる。

$$\hat{\psi} = \frac{n_{11}n_{22}}{n_{12}n_{21}}$$

したがって，オッズ比の推定値は次のようになる。

$$\hat{\psi} = \frac{59 \times 65}{71 \times 60} \simeq 0.9$$

対数オッズ比の分散の推定量は次式で与えられる。

$$\widehat{V}[\log \hat{\psi}] = \frac{1}{n_{11}} + \frac{1}{n_{12}} + \frac{1}{n_{21}} + \frac{1}{n_{22}}$$

したがって，対数オッズ比の分散の推定値は次のようになる。

$$\widehat{V}[\log \hat{\psi}] = \frac{1}{59} + \frac{1}{71} + \frac{1}{60} + \frac{1}{65} \simeq 0.063$$

対数オッズ比の正規近似に基づく95%信頼区間は次のようになる。

$$(\log \psi_L, \log \psi_U) = \left(\log \hat{\psi} - 1.96 \times \sqrt{\widehat{V}[\log \hat{\psi}]}, \log \hat{\psi} + 1.96 \times \sqrt{\widehat{V}[\log \hat{\psi}]}\right)$$

したがって，オッズ比の正規近似に基づく95%信頼区間は次のようになる。

$$(\psi_L, \psi_U) = (\exp(\log \psi_L), \exp(\log \psi_U)) \simeq (0.550, 1.472)$$

〔2〕帰無仮説 H_0，対立仮説 H_1 の別表現は，次のようになる。

$$H_0 : \pi_1 = \pi_2 = \pi \quad \Leftrightarrow \quad \frac{\pi_1(1-\pi_2)}{\pi_2(1-\pi_1)} = 1$$

$$H_1 : \pi_1 \neq \pi_2 \quad \Leftrightarrow \quad \frac{\pi_1(1-\pi_2)}{\pi_2(1-\pi_1)} \neq 1$$

〔2-1〕積二項尤度 $L(\pi_1, \pi_2)$ は次式で与えられる。

$$L(\pi_1, \pi_2) = {}_{n1+}C_{n11}\pi_1{}^{n11}(1-\pi_1)^{n12}{}_{n2+}C_{n21}\pi_2{}^{n21}(1-\pi_2)^{n22}$$

〔2-2〕帰無仮説 $H_0 : \pi_1 = \pi_2 = \pi$ の下で，積二項尤度 $L(\pi_1, \pi_2)$ は次のようになる。

$$L(\pi_1, \pi_2) = L(\pi) = {}_{n1+}C_{n11\,n2+}C_{n21}\pi^{n11+n21}(1-\pi)^{n12+n22}$$

二項係数を取り除くと，対数尤度 $\log L(\pi)$ は次のようになる。

$$\log L(\pi) = (n_{11} + n_{21}) \log \pi + (n_{12} + n_{22}) \log (1 - \pi)$$

$\log L(\pi)$ を最大にする π を求めればよい。

$$\frac{\partial \log L(\pi)}{\partial \pi} = \frac{n_{11} + n_{21}}{\pi} - \frac{n_{12} + n_{22}}{1 - \pi}$$

より π の最尤推定量 $\hat{\pi}$ は次のようになる。

$$\hat{\pi} = \frac{n_{11} + n_{21}}{N} \quad (N = n_{11} + n_{12} + n_{21} + n_{22})$$

〔2-3〕n_{11} が二項分布 $B(n_{1+}, \pi)$ に従うとき，期待値 $E[n_{11}]$ と分散 $\mathrm{V}[n_{11}]$ は次式で与えられる。

$$E[n_{11}] = n_{1+}\pi, \quad V[n_{11}] = n_{1+}\pi(1-\pi)$$

したがって，$E[n_{11}]$ と $V[n_{11}]$ の π を $\hat{\pi}$ に置き換えた推定量 $\widehat{E}[n_{11}]$ と $\widehat{V}[n_{11}]$ は次のようになる。

$$\widehat{E}[n_{11}] = \frac{n_{1+}(n_{11}+n_{21})}{N}, \quad \widehat{V}[n_{11}] = \frac{n_{1+}(n_{11}+n_{21})(n_{12}+n_{22})}{N^2}$$

〔2-4〕

$$n_{11} - \widehat{E}[n_{11}] = \frac{Nn_{11} - n_{1+}(n_{11}+n_{21})}{N} = \frac{n_{2+}n_{11} - n_{1+}n_{21}}{N}$$

$$V[n_{11} - \widehat{E}[n_{11}]] = \frac{n_{2+}^2 V[n_{11}] + n_{1+}^2 V[n_{21}]}{N^2} = \frac{n_{1+}n_{2+}\pi(1-\pi)}{N}$$

より，$\widehat{V}[n_{11} - \widehat{E}[n_{11}]]$ は次のようになる。

$$\widehat{V}[n_{11} - \widehat{E}[n_{11}]] = \frac{n_{1+}n_{2+}(n_{11}+n_{21})(n_{12}+n_{22})}{N^3}$$

Slutsky の定理より，次の検定統計量 Z は漸近的に標準正規分布に従う。

$$Z = \frac{n_{11} - \widehat{E}[n_{11}]}{\sqrt{\widehat{V}[n_{11} - \widehat{E}[n_{11}]]}}$$

したがって，検定統計量 $X(=Z^2)$ は自由度 1 のカイ二乗分布に従う。

表 3 について，検定統計量 X の値は次のようになる。

$$X = \frac{\left(\dfrac{125 \times 59 - 130 \times 60}{255}\right)^2}{\dfrac{130 \times 125 \times (59+60) \times (71+65)}{255^3}} \simeq 0.175$$

自由度 1 のカイ二乗分布の上側確率 5% に対する χ^2 の値は 3.84 であるので，有意水準 5% の検定で有意ではない。

〔3〕

〔3-1〕帰無仮説の下で，上問〔2〕より Y_k $(k=1, \ldots, K)$ は漸近的にそれぞれ平均 0，分散

$$\widehat{V}[Y_k] = \frac{n_{1+k}n_{2+k}(n_{11k}+n_{21k})(n_{12k}+n_{22k})}{N_k^3}$$

の正規分布に従う。

〔3-2〕各層で観測度数は独立であるので，正規分布の再生性より Y は漸近的に平均 0，分散 $\displaystyle\sum_{k=1}^{K} \widehat{V}[Y_k]$ の正規分布に従う。したがって，Cochran 検定統計量は次のようになる。

$$Z_C = \frac{\displaystyle\sum_{k=1}^{K}(n_{11k} - \widehat{E}[n_{11k}])}{\sqrt{\displaystyle\sum_{k=1}^{K}(\widehat{V}[n_{11k} - \widehat{E}[n_{11k}]])}}$$

$$X_C = \frac{\left(\displaystyle\sum_{k=1}^{K}(n_{11k} - \widehat{E}[n_{11k}])\right)^2}{\displaystyle\sum_{k=1}^{K}(\widehat{V}[n_{11k} - \widehat{E}[n_{11k}]])}$$

ただし，Z_Cは漸近的に標準正規分布，X_Cは漸近的に自由度1のカイ二乗分布に従う。

〔4〕表5について，検定統計量X_Cの値は次のようになる。

$$X_C = \frac{\left(\dfrac{100 \times 25 - 30 \times 55}{130} + \dfrac{25 \times 34 - 100 \times 5}{125}\right)^2}{\dfrac{30 \times 100 \times (25+55) \times (5+45)}{130^3} + \dfrac{100 \times 25 \times (34+5) \times (66+20)}{125^3}} \simeq 8.940$$

自由度1のカイ二乗分布の上側確率5%に対するχ^2の値は3.84であるので，有意水準5%の検定で有意となり，上問〔2〕と異なる結果となった。実際に全体，男性，女性のオッズ比の推定値は，それぞれ

$$\hat{\psi} = \frac{59 \times 65}{71 \times 60} = 0.9, \quad \hat{\psi}_1 = \frac{25 \times 45}{5 \times 55} = 4.091, \quad \hat{\psi}_2 = \frac{34 \times 20}{66 \times 5} = 2.061$$

となり，「シンプソンのパラドックス」として知られる矛盾が起きている。性別は交絡要因の1つとなっている可能性があるため，上問〔2〕の結果よりも性別で調整したCochran検定の結果から解釈したほうがよいと考えられる。

統計応用（医薬生物学） 問4

脂質異常症治療薬の高用量と標準用量の治療効果を比較したランダム化比較試験の結果があり，メタアナリシスによる試験結果の統合を計画している。次の表に示すように，4つの臨床試験の結果から心血管に関連しない死亡について，標準用量群を参照水準とした高用量群の対数リスク比と分散が得られている（出典：Cannon et al. *Journal of the American College of Cardiology.* 2006; 48(3): 438-445）。

試験名	Y_k（対数リスク比）	σ_k^2（分散）
PROVE IT-TIMI 22	− 0.480	0.095
A-to-Z	0.032	0.092
TNT	0.221	0.014
IDEAL	− 0.085	0.013

統合には，次の変量効果モデルが仮定できるとする。

$$Y_k = \theta_k + \varepsilon_k,$$
$$\theta_k = \mu + \delta_k,$$
$$\varepsilon_k \sim N(0, \sigma_k^2), \quad \delta_k \sim N(0, \tau^2)$$

統合する試験の数を $K(k=1, \ldots, K)$ とし，各試験で得られた治療効果の結果が Y_k（対数リスク比）として測定されており，θ_k は各試験の真の治療効果とする。各試験の分散 σ_k^2 は既知とし，平均治療効果のパラメータ μ と試験間変動のパラメータ τ^2 は未知とする。ただし ε_k と δ_k は互いに独立とする。以下の各問に答えよ。

〔1〕変量効果モデルの下で，Y_k が従う確率分布を示せ。

〔2〕変量効果モデルの下で，平均治療効果を表すパラメータ μ の最尤推定を考える。

〔2-1〕Y_k が従う確率分布から全試験の対数尤度関数 $\log L(\mu, \tau^2)$ を求めよ。

〔2-2〕μ の最尤推定量（$\hat{\mu}$）の式を導出せよ（推定量に含まれる τ^2 は推定量 $\hat{\tau}^2$ に置き換えてよい）。

〔2-3〕表に示した4つの臨床試験の結果から得られる τ^2 の最尤推定値は $\hat{\tau}^2 = 0.013$ である。この値と表中の値からの μ の最尤推定値を計算せよ。

〔3〕μ の 95% 信頼区間を考える。以下の問題においては，τ^2 は既知であり，$\tau^2 = 0.014$ として求めよ。

〔3-1〕分散 $V[\hat{\mu}]$ の式を求めよ。

〔3-2〕表の数値を用いて，μ の 95% 信頼区間

$$\left[\hat{\mu} - \Phi^{-1}(0.975)\sqrt{V[\hat{\mu}]}, \hat{\mu} + \Phi^{-1}(0.975)\sqrt{V[\hat{\mu}]}\right]$$

を計算せよ。ただし $\Phi^{-1}(0.975)$ は標準正規分布の 97.5% 点とする。

解答例

〔1〕モデルの定義と仮定（$\varepsilon_k \sim N(0,\ \sigma_k^2)$ と $\delta_k \sim N(0,\ \tau^2)$ は互いに独立）より，$Y_k = \theta_k + \varepsilon_k$ は独立な正規分布の和となっている。$E[Y_k] = E[\theta_k + \varepsilon_k] = E[\mu + \delta_k + \varepsilon_k] = \mu$, $\mathrm{Var}[Y_k] = \mathrm{Var}[\mu + \delta_k + \varepsilon_k] = \sigma_k^2 + \tau^2$ および正規分布の再生性から，Y_k は正規分布 $N(\mu,\ \sigma_k{}^2 + \tau^2)$ に従う。

〔2〕

〔2-1〕Y_k の分布は $N(\mu,\ \sigma_k^2 + \tau^2)$ であるから，全 K 試験の対数尤度関数は

$$\log L(\mu, \tau^2) = \frac{1}{2}\sum_{k=1}^{K}\left[-\log 2\pi - \log(\sigma_k^2 + \tau^2) - \frac{(y_k - \mu)^2}{\sigma_k^2 + \tau^2}\right]$$

〔2-2〕対数尤度関数の μ による偏微分は，

$$\frac{\partial \log L(\mu, \tau^2)}{\partial \mu} = \sum_{k=1}^{K}\frac{y_k - \mu}{\sigma_k^2 + \tau^2}$$

である。以下の対数尤方程式の解が最尤推定量であるから

$$\sum_{k=1}^{K}\frac{y_k - \hat{\mu}}{\sigma_k^2 + \hat{\tau}^2} = 0 \Leftrightarrow \sum_{k=1}^{K}\frac{y_k}{\sigma_k^2 + \hat{\tau}^2} = \hat{\mu}\sum_{k=1}^{K}\frac{1}{\sigma_k^2 + \hat{\tau}^2} \Leftrightarrow \hat{\mu} = \frac{\displaystyle\sum_{k=1}^{K}\frac{y_k}{\sigma_k^2 + \hat{\tau}^2}}{\displaystyle\sum_{k=1}^{K}\frac{1}{\sigma_k^2 + \hat{\tau}^2}}$$

が得られる。

〔2-3〕最尤推定量の式，$\hat{\mu} = \dfrac{\displaystyle\sum_{k=1}^{K}\frac{y_k}{\sigma_k^2 + \hat{\tau}^2}}{\displaystyle\sum_{k=1}^{K}\frac{1}{\sigma_k^2 + \hat{\tau}^2}}$ に表の数値と $\hat{\tau}^2 = 0.013$ を代入し計算すると

試験名	Y_k	σ_k^2	$(\sigma_k^2 + \hat{\tau}^2)^{-1}$	$Y_k(\sigma_k^2 + \hat{\tau}^2)^{-1}$
PROVE IT-TIMI 22	− 0.480	0.095	9.259	− 4.444
A-to-Z	0.032	0.092	9.524	0.305
TNT	0.221	0.014	37.037	8.185
IDEAL	− 0.085	0.013	38.462	− 3.269

$$\sum_{k=1}^{K}\frac{y_k}{\sigma_k^2 + \hat{\tau}^2} \simeq 0.777, \quad \sum_{k=1}^{K}\frac{1}{\sigma_k^2 + \hat{\tau}^2} \simeq 94.282, \quad \hat{\mu} \simeq 0.00824$$

である。

〔3〕

〔3-1〕最尤推定量 $\hat{\mu}$ の分散は

$$V[\hat{\mu}] = V\left[\frac{\displaystyle\sum_{k=1}^{K}\frac{Y_k}{\sigma_k^2+\tau^2}}{\displaystyle\sum_{k=1}^{K}\frac{1}{\sigma_k^2+\tau^2}}\right] = \left(\sum_{k=1}^{K}\frac{1}{\sigma_k^2+\tau^2}\right)^{-2}\sum_{k=1}^{K}\frac{\mathrm{Var}[Y_k]}{(\sigma_k^2+\tau^2)^2}$$
$$= \left(\sum_{k=1}^{K}\frac{1}{\sigma_k^2+\tau^2}\right)^{-1}$$

である。

〔3-2〕$\tau^2 = 0.014$ として，上問〔2-3〕と同様の表を作成すると

試験名	Y_k	σ_k^2	$(\sigma_k^2+\tau^2)^{-1}$	$Y_k(\sigma_k^2+\tau^2)^{-1}$
PROVE IT-TIMI 22	− 0.480	0.095	9.174	− 4.404
A-to-Z	0.032	0.092	9.434	0.302
TNT	0.221	0.014	35.714	7.893
IDEAL	− 0.085	0.013	37.037	− 3.148

となり，$\hat{\mu} \simeq 0.00704, \sqrt{V[\hat{\mu}]} \simeq 0.105, \Phi^{-1}(0.975) = 1.96$ であるから，

$$\hat{\mu} - \Phi^{-1}(0.975)\sqrt{V[\hat{\mu}]} \simeq -0.198, \quad \hat{\mu} + \Phi^{-1}(0.975)\sqrt{V[\hat{\mu}]} \simeq 0.212$$

であり，μ の 95% 信頼区間は $[-0.198, 0.212]$ となる。

統計応用（医薬生物学） 問 5

統計応用（人文科学）問 5 と共通問題。103 ページ参照。

PART 4

1級
2019年11月
問題／解答例

2019年11月に実施された
統計検定１級で実際に出題された問題文および、
解答例を掲載します。

※**統計数理**（必須解答）は５問中３問に解答します。
統計応用は選択した分野の５問中３問を選択します。
※統計数値表は本書巻末に「付表」として掲載しています。

統計数理　問 1

非負の整数値を取る離散型確率変数 X に対し，確率分布と一対一の対応関係にある確率母関数が

$$G_X(t) = E[t^X] = \sum_k t^k P(X = k) \quad (-1 \leq t \leq 1) \tag{1}$$

によって定義される。ここで和 $\sum_k$ は X の定義範囲すべてに渡るものとする。以下の各問に答えよ。

〔1〕 確率母関数の 1 階および 2 階微分により X の期待値および分散を求める式を導け。

〔2〕 試行回数 n，成功の確率 p の二項分布 $B(n, p)$ の確率母関数 $G_X(t)$ を求め，上問〔1〕の方法により $B(n, p)$ の期待値と分散を導出せよ。

〔3〕 一般に，正の実数 r とすべての $0 < t \leq 1$ に対し，

$$P(X \leq r) \leq t^{-r} G_X(t) \tag{2}$$

が成り立つことを示せ。
ヒント：$G_X(t)$ の定義 (1) における和 $\sum_k$ を $\sum_{k \leq r}$ と $\sum_{k > r}$ に分ける。

〔4〕 二項分布 $B(n, p)$ に従う確率変数 X と実数 a（ただし $0 < a < p$）に対し

$$P(X \leq an) \leq \left(\frac{p}{a}\right)^{an} \left(\frac{1-p}{1-a}\right)^{(1-a)n}$$

が成り立つことを示せ。
ヒント：上問〔3〕の (2) の右辺の t に関する最小値を求める。

解答例

〔1〕 確率母関数 $G_X(t)$ を t で微分して $t=1$ と置くことにより

$$\frac{d}{dt}G_X(t)|_{t=1} = \sum_{k\geq 1} kt^{k-1}P(X=k)|_{t=1} = \sum_{k\geq 1} kP(X=k) = E[X]$$

を得る。また，$G_X(t)$ を t で再度微分して $t=1$ と置くと

$$\begin{aligned}\frac{d^2}{dt^2}G_X(t)|_{t=1} &= \sum_{k\geq 2} k(k-1)t^{k-2}P(X=k)|_{t=1} \\ &= \sum_{k\geq 2} k(k-1)P(X=k) = E[X(X-1)]\end{aligned}$$

となるので，分散は

$$V[X] = E[X(X-1)] + E[X] - (E[X])^2$$

により求められる。

〔2〕 二項分布 $B(n,p)$ の確率母関数は

$$G_X(t) = \sum_{k=0}^{n} t^k {}_nC_k p^k (1-p)^{n-k} = \sum_{k=0}^{n} {}_nC_k (pt)^k (1-p)^{n-k} = (pt+1-p)^n$$

となる。期待値は

$$E[X] = \frac{d}{dt}G(t)|_{t=1} = np(pt+1-p)^{n-1}|_{t=1} = np$$

である。また，

$$\frac{d^2}{dt^2}G(t)|_{t=1} = n(n-1)p^2(pt+1-p)^{n-2}|_{t=1} = n(n-1)p^2$$

であるので，分散は

$$V[X] = E[X(X-1)] + E[X] - (E[X])^2 = n(n-1)p^2 + np - (np)^2 = np(1-p)$$

と求められる。

〔3〕 確率母関数 $G_X(t)$ の定義における和を $k \leq r$ と $k > r$ の 2 つに分けると

$$\begin{aligned}G_X(t) &= \sum_{k} t^k P(X=k) \\ &= \sum_{k\leq r} t^k P(X=k) + \sum_{k>r} t^k P(X=k) \\ &\geq \sum_{k\leq r} t^k P(X=k)\end{aligned}$$

2019年11月

である。$0 < t \leq 1$ のとき，$k \leq r$ であれば $t^k \geq t^r$ であるので，

$$G_X(t) \geq \sum_{k \leq r} t^r P(X = k) = t^r P(X \leq r)$$

であり，これより与式の

$$P(X \leq r) \leq t^{-r} G_X(t)$$

が導かれる。

〔4〕 上問〔2〕と〔3〕より，$0 < t \leq 1$ において $r = an$ とすると $(0 < a < p)$

$$P(X \leq an) \leq (pt + 1 - p)^n t^{-an} \tag{1}$$

が成り立つ。そして不等式 (1) の右辺の $(pt + 1 - p)^n t^{-an}$ の t に関する最小値を求める。

右辺の $(pt + 1 - p)^n t^{-an}$ の対数を取ったものを $f(t)$ とし，対数関数は単調増加関数であるので $f(t)$ の最小値を与える t を求める。関数は

$$f(t) = \log\{(pt + 1 - p)^n t^{-an}\} = n\{\log(pt + 1 - p) - a \log t\}$$

であり，これを t で微分して 0 と置くと

$$\begin{aligned} f'(t) &= n\left(\frac{p}{pt + 1 - p} - \frac{a}{t}\right) \\ &= \frac{n}{t(pt + 1 - p)}\{pt - a(pt + 1 - p)\} \\ &= \frac{n}{t(pt + 1 - p)}\{p(1 - a)t - a(1 - p)\} = 0 \end{aligned}$$

より $t_0 = \dfrac{(1 - p)a}{p(1 - a)} = \left(\dfrac{a}{1 - a}\right) \Big/ \left(\dfrac{p}{1 - p}\right)$ にて最小値を取ることが分かる（$a < p$ の条件より $t_0 < 1$ である）。これを不等式 (1) の右辺に代入して

$$\begin{aligned} \left\{p \cdot \frac{(1 - p)a}{p(1 - a)} + 1 - p\right\}^n \left\{\frac{(1 - p)a}{p(1 - a)}\right\}^{-an} &= \left\{\frac{1 - p}{1 - a}\right\}^n \left\{\frac{(1 - p)a}{p(1 - a)}\right\}^{-an} \\ &= \left(\frac{p}{a}\right)^{an} \left(\frac{1 - p}{1 - a}\right)^{(1 - a)n} \end{aligned}$$

を得る。

統計数理　問2

確率変数 X_1, X_2 は互いに独立に確率密度関数

$$f(x) = \begin{cases} \lambda e^{-\lambda x} & (x > 0) \\ 0 & (x \leq 0) \end{cases}$$

を持つ指数分布に従うとし $(\lambda > 0)$，それらの和を $U = X_1 + X_2$，標本平均を $\bar{X} = \dfrac{U}{2}$ とする。このとき，以下の各問に答えよ。

〔1〕 U の期待値 $E[U]$ を求めよ。

〔2〕 U の確率密度関数 $g(u)$ を求めよ。

〔3〕 期待値 $E\left[\dfrac{1}{U}\right]$ を求めよ。

〔4〕 α を正の定数とし，パラメータ $\theta = \dfrac{1}{\lambda}$ を $\alpha\bar{X}$ で推定する。そのときの損失関数を

$$L(\alpha\bar{X}, \theta) = \frac{\alpha\bar{X}}{\theta} + \frac{\theta}{\alpha\bar{X}} - 2$$

として期待値 $R(\alpha, \theta) = E[L(\alpha\bar{X}, \theta)]$ を導出し，$R(\alpha, \theta)$ が最小となる α の値を求めよ。

解答例

〔1〕 X_1 の期待値は，部分積分により

$$E[X_1] = \int_0^\infty x\lambda e^{-\lambda x}dx = \left[-xe^{-\lambda x}\right]_0^\infty + \int_0^\infty e^{-\lambda x}dx = 0 + \left[-\frac{1}{\lambda}e^{-\lambda x}\right]_0^\infty = \frac{1}{\lambda}$$

である。X_2 の期待値も同じ値になるので，$E[U] = E[X_1] + E[X_2] = \dfrac{2}{\lambda}$ となる。

〔2〕 X_1, X_2 から U, V への一対一変換を

$$\begin{cases} U = X_1 + X_2 \\ V = X_1 \end{cases}$$

とする。このとき，逆変換は

$$\begin{cases} X_1 = V \\ X_2 = U - V \end{cases}$$

であり，変換のヤコビアンは

$$|J| = \mathrm{abs}\begin{vmatrix} 0 & 1 \\ 1 & -1 \end{vmatrix} = 1$$

となる。これより，$(U,\ V)$ の同時確率密度関数 $h(u,\ v)$ は，$v > 0$ および $u - v > 0$ の範囲で

$$h(u, v) = f(v)f(u-v)|J| = \lambda e^{-\lambda v}\lambda e^{-\lambda(u-v)} = \lambda^2 e^{-\lambda u}$$

となる。よって，$h(u,\ v)$ を v の定義範囲 $0 < v < u$ で積分して，U の確率密度関数 $g(u)$ は，

$$g(u) = \int_0^u \lambda^2 e^{-\lambda u} dv = \lambda^2 e^{-\lambda u}[v]_0^u = \lambda^2 u e^{-\lambda u}$$

より

$$g(u) = \begin{cases} \lambda^2 u e^{-\lambda u} & (u > 0) \\ 0 & (u \leq 0) \end{cases}$$

と求められる。

〔3〕 期待値は

$$E\left[\frac{1}{U}\right] = \int_0^\infty \frac{1}{u}\cdot\lambda^2 u e^{-\lambda u} du = \lambda^2\int_0^\infty e^{-\lambda u} du = \lambda^2\left[-\frac{1}{\lambda}e^{-\lambda u}\right]_0^\infty = \lambda$$

となる。

〔4〕 上問〔1〕と〔3〕の結果より，$E[\bar{X}] = \dfrac{1}{\lambda} = \theta$ および $E\left[\dfrac{1}{\bar{X}}\right] = 2\lambda = \dfrac{2}{\theta}$ に注意すると，期待値は

$$\begin{aligned} R(\alpha,\theta) = E[L(\alpha\bar{X},\theta)] &= \frac{\alpha}{\theta}E[\bar{X}] + \frac{\theta}{\alpha}E\left[\frac{1}{\bar{X}}\right] - 2 = \frac{\alpha}{\theta}\times\theta + \frac{\theta}{\alpha}\times\frac{2}{\theta} - 2 \\ &= \alpha + \frac{2}{\alpha} - 2 \end{aligned}$$

と求められ，θ に無関係になるので，これを $R(\alpha)$ と書いておく。この $R(\alpha)$ を最小にする α は，$R(\alpha)$ を α で微分して 0 と置いて

$$R'(\alpha) = 1 - \frac{2}{\alpha^2} = 0$$

となるので，$\alpha = \sqrt{2}$ となる。このとき，$R(\sqrt{2}) = 2(\sqrt{2}-1)$ であり，実際，

$$R''(\alpha)|_{\alpha=\sqrt{2}} = \frac{4}{\alpha^3}|_{\alpha=\sqrt{2}} = \sqrt{2} > 0$$

であるので，$\alpha = \sqrt{2}$ は $R(\alpha)$ の最小値を与えることが確かめられる。

統計数理　問3

確率変数 $X_1, \ldots, X_n$ を互いに独立に区間 $(0, \theta)$ 上の一様分布に従う確率変数とする。ここで，$\theta > 0$ は未知パラメータである。$X_1, \ldots, X_n$ の最大値を $Y = \max(X_1, \ldots, X_n)$ とするとき，以下の各問に答えよ。

〔1〕 Y はパラメータ θ に関する十分統計量であることを示せ。

〔2〕 Y の確率密度関数 $g(y)$ は $0 < y < \theta$ の範囲で $g(y) = \dfrac{n}{\theta^n} y^{n-1}$ となることを示せ。

〔3〕 $Y = y$ が与えられたときの条件の下での $X_1, \ldots, X_n$ の条件付き同時分布を求めよ。

〔4〕 Y の期待値 $E[Y]$ を求め，それにより，Y の関数としてパラメータ θ の不偏推定量 $\tilde{\theta}$ を構成せよ。

〔5〕 なめらかな関数 $u(Y)$ に対し，すべての θ で $E[u(Y)] = 0$ が成り立つならば，$u(Y) \equiv 0$ となることを示せ。

〔6〕 Y の関数である θ の不偏推定量としては，上問〔4〕の $\tilde{\theta}$ は唯一の不偏推定量であることを示せ。

解答例

〔1〕 確率変数 X_i は区間 $(0, \theta)$ 上の一様分布に従うので，その確率密度関数は

$$f_i(x_i) = \frac{1}{\theta} \quad (x_i \leq \theta)$$

である $(i = 1, \ldots, n)$。$X_1, \ldots, X_n$ は互いに独立であることから，$X_1, \ldots, X_n$ の同時確率密度関数は

$$f(x_1, \ldots, x_n) = \begin{cases} \dfrac{1}{\theta^n} & (x_1, \ldots, x_n \leq \theta) \\ 0 & (\text{その他}) \end{cases}$$

となる。条件の $(x_1, \ldots, x_n \leq \theta)$ は $(y \leq \theta)$ と同値であるので，同時確率密度関数 $f(x_1, \ldots, x_n)$ は y のみの関数となる。よって，Fisher-Neyman の分解定理により，Y は θ に関する十分統計量である。

〔2〕 各 X_i は互いに独立に区間 $(0, \theta)$ 上の一様分布に従い，その累積分布関数は $0 < x < \theta$ の範囲で $F_i(x) = P(X_i \leq x) = \dfrac{x}{\theta}$ である $(i = 1, \ldots, n)$。よって，Y の累積分布関数は，$0 < y < \theta$ の範囲で

$$G(y) = P(Y \leq y) = P(X_1, \ldots, X_n \leq y) = P(X_1 \leq y) \cdots P(X_n \leq y) = \left(\frac{y}{\theta}\right)^n$$

となる。これより，Y の確率密度関数 $g(y)$ は，$G(y)$ を y で微分して

$$g(y) = G'(y) = \frac{n}{\theta^n} y^{n-1}$$

と求められる。

〔3〕 $Y = y$ が与えられたとき，$X_1, \ldots, X_n$ の変量の条件付き同時確率密度関数は，Y の選び方が n 通りあることに注意すると，Y 以外の変量を便宜上 $X_1, \ldots, X_{n-1}$ と置いて，上問〔2〕より

$$f(x_1, \ldots, x_{n-1}, y|y) = \frac{f(x_1, \ldots, x_{n-1}, y)}{g(y)} = \frac{\dfrac{n}{\theta^n}}{\dfrac{n}{\theta^n} y^{n-1}} = \frac{1}{y^{n-1}}$$

となる。あるいは，$Y = X_n$ となる確率が $1/n$ であるとして

$$f(x_1, \ldots, x_{n-1}, y|y) = \frac{f(x_1, \ldots, x_{n-1}, y)}{g(y)} = \frac{\dfrac{1}{\theta^n}}{\dfrac{n}{\theta^n} y^{n-1}} = \frac{1}{ny^{n-1}}$$

としてもよい。

上問〔1〕では，$X_1, \ldots, X_n$ の同時確率密度関数が y のみの関数であることから，Fisher-Neyman の分解定理により Y の十分性を示したが，十分統計量の定義「$Y = y$ が与えられた下での $X_1, \ldots, X_n$ の条件付き同時確率密度関数がパラメータ θ に依存しない」ことは本問の証明から示される。

〔4〕 Y の期待値は

$$E[Y] = \int_0^\theta y \cdot \frac{n}{\theta^n} y^{n-1} dy = \frac{n}{\theta^n} \int_0^\theta y^n dy = \frac{n}{\theta^n} \left[\frac{y^{n+1}}{n+1}\right]_0^\theta = \frac{n}{n+1}\theta$$

となる。よって，$\tilde{\theta} = \dfrac{n+1}{n} Y$ とすれば θ の推定量として不偏性を持つ。

〔5〕 関数 $u(Y)$ の期待値が 0 であることより

$$E[u(Y)] = \int_0^\theta u(y) \frac{n}{\theta^n} y^{n-1} dy = 0 \Rightarrow \int_0^\theta u(y) y^{n-1} dy = 0$$

となる。これがすべての θ で成り立つためには，関数 $u(Y)$ はなめらかであることより $u(y) \equiv 0$ でなければならない。すなわち，積分を θ の関数とみると，θ で微分することにより $u(y)y^{n-1} = 0$ が $y > 0$ で成立する。したがって，$y > 0$ で $u(y) = 0$ である。関数 $u(y)$ が連続であれば $u(0) = 0$ も成り立つ。

〔6〕 $s(Y)$ を θ の別の不偏推定量であるとする。すなわち $E[s(Y)]=\theta$ である。このとき，

$$E[s(Y)-\tilde{\theta}]=E\left[s(Y)-\frac{n+1}{n}Y\right]=E[u(Y)]=\theta-\theta=0$$

となる。上問〔5〕より $u(Y)\equiv 0$ であるので $s(Y)\equiv\tilde{\theta}$ が示される。このことより，上問〔1〕および〔3〕より Y は十分統計量であるので，Y は θ の完備十分統計量であることが分かる。

統計数理　問4

位置パラメータ θ を持つコーシー分布を考える。確率密度関数は

$$f_\theta(x)=\frac{1}{\pi\{1+(x-\theta)^2\}}\quad(-\infty<x<\infty)$$

である。この分布からの大きさ1の標本 X に基づき，帰無仮説：$\theta=0$ を対立仮説：$\theta=1$ に対して検定したい。この検定問題に対し，棄却域を

$$R=\{x:1<x<3\}$$

とする（非確率化）検定を考える。以下の各問に答えよ。ただし，$\tan^{-1}2=1.107$，$\tan^{-1}3=1.249$，$\pi=3.1416$ とし，$\dfrac{d}{dx}\tan^{-1}(x)=\dfrac{1}{1+x^2}$ を用いてもよい。

〔1〕 この検定のサイズ（第一種の過誤確率）α を小数第3位まで求めよ。

〔2〕 この検定の検出力 $1-\beta$ （$=1-$「第二種の過誤確率」）の値を小数第3位まで求めよ。

〔3〕 尤度比 $\lambda(x)=\dfrac{f_1(x)}{f_0(x)}$ の $x=1$ および $x=3$ における値を求め，$\lambda(x)$ の概形を描け。

〔4〕 この検定は，上問〔1〕におけるサイズ α を有意水準とする検定の中での最強力検定となることを，ネイマン・ピアソンの基本定理を用いて示せ。

解答例

〔1〕 検定におけるサイズ（第一種の過誤確率）α は

$$\alpha=P(1<X<3|\theta=0)=\int_1^3 f_0(x)dx=\frac{1}{\pi}\int_1^3\frac{1}{1+x^2}dx=\frac{1}{\pi}[\tan^{-1}x]_1^3$$
$$=\frac{1}{\pi}\left(\tan^{-1}3-\frac{\pi}{4}\right)=\frac{1.249}{3.1416}-\frac{1}{4}\approx 0.148$$

である。

〔2〕 検出力 $1-\beta$ は

$$1-\beta = P(1 < X < 3|\theta = 1) = \int_1^3 f_1(x)dx = \frac{1}{\pi}\int_1^3 \frac{1}{1+(x-1)^2}dx$$
$$= \frac{1}{\pi}[\tan^{-1}(x-1)]_1^3 = \frac{1}{\pi}\left(\tan^{-1} 2 - 0\right) = \frac{1.107}{3.1416} \approx 0.352$$

となる。

〔3〕 尤度比は

$$\lambda(x) = \frac{f_1(x)}{f_0(x)} = \frac{1+x^2}{1+(x-1)^2}$$

であり，$\lambda(1) = \lambda(3) = 2$ となる。ここで $\lambda(x) > 2$ となる x の範囲を求める。$\lambda(x) > 2$ を変形して

$$1 + x^2 > 2\{1 + (x-1)^2\}$$
$$x^2 - 4x + 3 = (x-3)(x-1) < 0$$
$$1 < x < 3$$

を得る。$\lambda(x)$ の関数形を詳しく調べると，$\lambda(x) = \dfrac{1+x^2}{1+(x-1)^2} \geq 1$ を解いて，$x \geq 0.5$ のとき $\lambda(x) \geq 1$ であり，$\lambda'(x) = -2(x^2-x-1)$ であるので，$\lambda'(x) = 0$ より $x = \dfrac{1 \pm \sqrt{5}}{2}$ で極値を取る。また，$\displaystyle\lim_{x \leftrightarrow -\infty} \lambda(x) = 1$，$\displaystyle\lim_{x \leftrightarrow \infty} \lambda(x) = 1$ となることが分かる。実際，$\lambda(x)$ のグラフは次のようである。

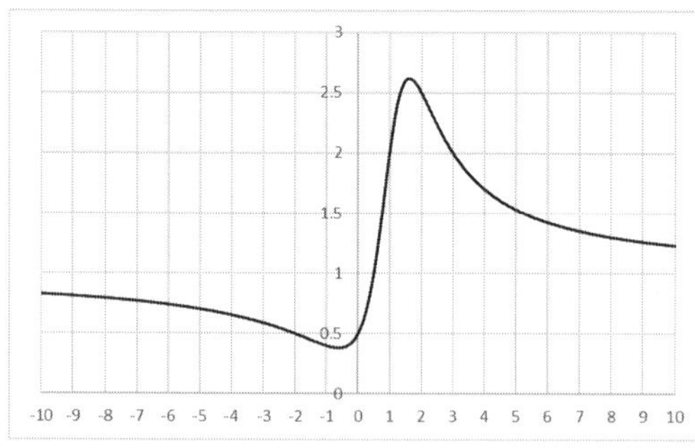

〔4〕 ネイマン・ピアソンの基本定理により，与えられたサイズの下での最強力検定は，尤度比がある値以上の領域を棄却域とするものである。上問〔1〕から〔3〕により，$R = \{x : 1 < x < 3\}$ を棄却域にする検定が最強力検定となる。

統計数理　問5

確率変数 Y は分散が1の正規分布 $N(\mu,1)$ に従うとし $(-\infty<\mu<\infty)$，期待値 μ のベイズ推定を行う。$N(\mu,1)$ の確率密度関数は

$$f(y)=\frac{1}{\sqrt{2\pi}}\exp\left[-\frac{(y-\mu)^2}{2}\right]\quad(-\infty<y<\infty)$$

である。ここでは μ の事前分布としてパラメータ λ および ξ が既知のラプラス分布（両側指数分布）を想定する。ただし，$0<\lambda<\infty$ および $-\infty<\xi<\infty$ である。ラプラス分布の確率密度関数は

$$g(\mu)=\frac{\lambda}{2}\exp[-\lambda|\mu-\xi|]$$

であり，右図は $\xi=0,\lambda=1$ のラプラス分布の確率密度関数である。

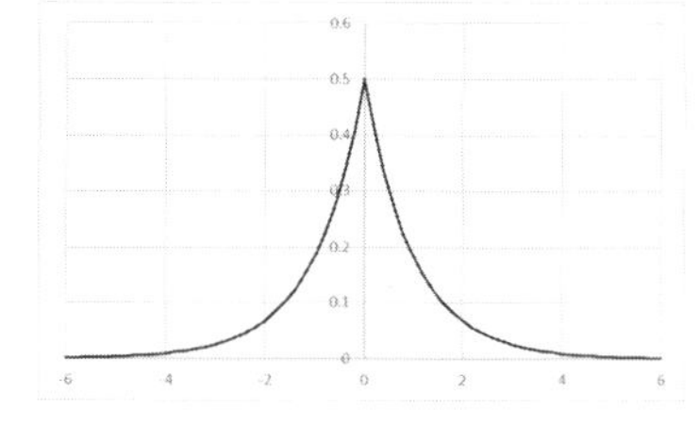

$N(\mu,1)$ からの大きさ n の無作為標本 $Y_1,\ldots,Y_n$ の実現値 $y_1,\ldots,y_n$ が得られたとして，以下の各問に答えよ。

〔1〕 事前分布であるラプラス分布の期待値は $E[\mu]=\xi$ であること，および分散は $V[\mu]=\dfrac{2}{\lambda^2}$ であることを示せ。

〔2〕 観測値 $\boldsymbol{y}=(y_1,\ldots,y_n)$ が与えられたとき，μ の事後確率密度関数 $g(\mu|\boldsymbol{y})$ を求めよ。ただし $g(\mu|\boldsymbol{y})$ の正規化定数は無視してよい。

〔3〕 期待値 μ の推定値 $\hat{\mu}$ を事後確率密度関数 $g(\mu|\boldsymbol{y})$ の最大値を与える値 (posterior mode) とする。$\hat{\mu}$ を求めよ。

〔4〕 事前分布の想定によるベイズ推定では，μ の最尤推定値である標本平均 $\bar{y}=\dfrac{1}{n}\sum_{i=1}^{n}y_i$ に比べ上問〔3〕で求めた推定値 $\hat{\mu}$ はどのような特徴を持つか。横軸に $\bar{y}$，縦軸に $\bar{y}$ および $\hat{\mu}$ の値を取ったグラフを描き，それを基に論ぜよ。

解答例

〔1〕 分布は ξ を中心に左右対称であり，

$$\int_{\xi}^{\infty} \mu \times \frac{\lambda}{2}\exp[-\lambda(\mu-\xi)]d\mu = \frac{1}{2\lambda}+\frac{\xi}{2}<\infty$$

と片側の積分が有限であるので，$E[\mu]=\xi$ となる。分散は以下の計算により $V[\mu]=\dfrac{2}{\lambda^2}$ と求められる。なお，式変形の途中で $x=\lambda(\mu-\xi)$ と置き，$\mu-\xi=\dfrac{x}{\lambda}$ と $d\mu=\dfrac{1}{\lambda}dx$ および $\displaystyle\int_0^{\infty} x^2\exp[-x]dx=2$ を用いている。

$$\begin{aligned}
V[\mu] &= E[(\mu-\xi)^2] \\
&= \int_{-\infty}^{\infty} (\mu-\xi)^2 \times \frac{\lambda}{2}\exp[-\lambda|\mu-\xi|]d\mu \\
&= \int_{-\infty}^{\xi} (\mu-\xi)^2 \times \frac{\lambda}{2}\exp[\lambda(\mu-\xi)]d\mu + \int_{\xi}^{\infty} (\mu-\xi)^2 \times \frac{\lambda}{2}\exp[-\lambda(\mu-\xi)|]d\mu \\
&= \int_{-\infty}^{0} \left(\frac{x}{\lambda}\right)^2 \times \frac{\lambda}{2}\exp[x]\frac{1}{\lambda}dx + \int_{0}^{\infty} \left(\frac{x}{\lambda}\right)^2 \times \frac{\lambda}{2}\exp[-x]\frac{1}{\lambda}dx \\
&= \frac{1}{2\lambda^2}\left\{\int_{-\infty}^{0} x^2\exp[x]dx + \int_0^{\infty} x^2\exp[-x]dx\right\} \\
&= \frac{2}{\lambda^2}
\end{aligned}$$

〔2〕 観測値 $\boldsymbol{y}=(y_1,\ldots,y_n)$ の標本平均を $\bar{y}=\dfrac{1}{n}\sum\limits_{i=1}^{n} y_i$ とする。$Y_1,\ldots,Y_n$ の同時確率密度関数は

$$f(\boldsymbol{y})=\prod_{i=1}^{n}\frac{1}{\sqrt{2\pi}}\exp\left[-\frac{(y_i-\mu)^2}{2}\right]=\frac{1}{(2\pi)^{n/2}}\exp\left[-\frac{1}{2}\sum_{i=1}^{n}(y_i-\mu)^2\right]$$

である。よって，μ の事後確率密度関数は，正規化定数を無視すると

$$\begin{aligned}
g(\mu|\boldsymbol{y}) &\propto \frac{1}{(2\pi)^{n/2}}\exp\left[-\frac{1}{2}\sum_{i=1}^{n}(y_i-\mu)^2\right]\times\frac{\lambda}{2}\exp\left[-\lambda|\mu-\xi|\right] \\
&= \frac{\lambda}{2(2\pi)^{n/2}}\exp\left[-\frac{1}{2}\sum_{i=1}^{n}(y_i-\mu)^2-\lambda|\mu-\xi|\right] \\
&= \frac{\lambda}{2(2\pi)^{n/2}}\exp\left[-\frac{1}{2}\left\{\sum_{i=1}^{n}(y_i-\bar{y})^2+n(\mu-\bar{y})^2\right\}-\lambda|\mu-\xi|\right]
\end{aligned}$$

となる。

〔3〕 事後分布において，$\log g(\mu|\boldsymbol{y})$ で μ に関係した部分は

$$h(\mu) = -\frac{1}{2}n(\mu - \bar{y})^2 - \lambda|\mu - \xi| \tag{1}$$

であるので，$h(\mu)$ の最大値を求める。式 (1) を変形すると

$$h(\mu) = -\frac{1}{2}n\{(\mu - \xi) - (\bar{y} - \xi)\}^2 - \lambda|\mu - \xi|$$

となるが，μ の推定値を $\hat{\mu}$ とすると，この式から $\bar{y} - \xi$ と $\hat{\mu} - \xi$ とは同符号であることが分かる（異符号と同符号では右辺第 2 項の値は等しいが異符号の場合には右辺第 1 項の値が同符号の場合に比べ小さくなる）。

まず $\bar{y} - \xi > 0$ とする。$\mu - \xi > 0$ とした $h(\mu)$ を μ で微分して 0 と置き，

$$\begin{aligned} h'(\mu) &= \left\{-\frac{1}{2}n(\mu - \bar{y})^2 - \lambda(\mu - \xi)\right\}' \\ &= -n(\mu - \bar{y}) - \lambda = 0 \end{aligned}$$

より

$$\hat{\mu} = \max\left(\bar{y} - \frac{\lambda}{n}, \xi\right)$$

を得る。ここで $\max(a, b)$ は a と b の大きいほうを意味する。

$\bar{y} - \xi < 0$ とすると，$\mu - \xi < 0$ とした $h(\mu)$ を μ で微分して 0 と置き，

$$\begin{aligned} h'(\mu) &= \left\{-\frac{1}{2}n(\mu - \bar{y})^2 + \lambda(\mu - \xi)\right\}' \\ &= -n(\mu - \bar{y}) + \lambda = 0 \end{aligned}$$

より

$$\hat{\mu} = \min\left(\bar{y} + \frac{\lambda}{n}, \xi\right)$$

を得る。また，$\bar{y} - \xi = 0$ のときは $\hat{\mu} = \xi$ である。よってこれらをまとめ，

$$\hat{\mu} = \begin{cases} \max\left(\bar{y} - \dfrac{\lambda}{n}, \xi\right) & (\bar{y} > \xi) \\ \xi & (\bar{y} = \xi) \\ \min\left(\bar{y} + \dfrac{\lambda}{n}, \xi\right) & (\bar{y} < \xi) \end{cases} \tag{2}$$

となる。

〔4〕 ラプラス分布を事前分布に想定したときの事後分布に基づく推定値は，最尤推定値 $\bar{y}$ に比べ事前分布の平均値 ξ に近づく。このとき，$\bar{y}$ がかなり ξ に近い場合には，$\bar{y}$ の値によらず推定値が事前分布の平均値 ξ となる点が興味深い。次の図は $\lambda = 1$，$n = 5$ の場合に，横軸に $\bar{y}$，縦軸に最尤推定値および上問〔3〕の推定値 (2) を取ったものである。

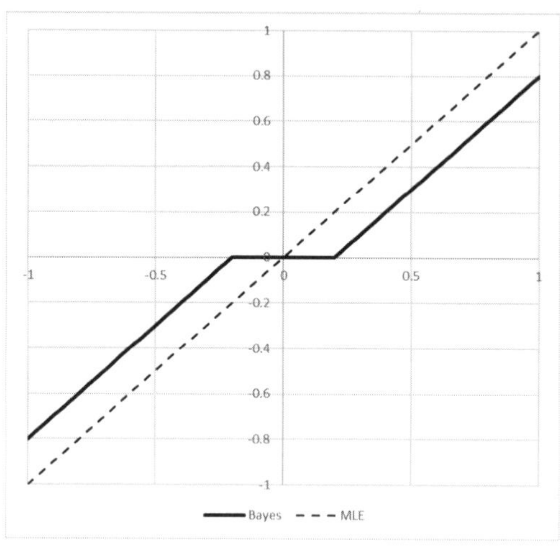

統計応用（人文科学）　問 1

S 大学の入試では，受験者の得点により合格者を決定している。ある年，受験者全体の得点の上位半分を合格とした。また，受験者全体での得点の上位 10 %の合格者は入学しなかった。この年，A 君はS 大学を受験し合格した。A 君の得点は受験者全体の中で偏差値が54 であった。

受験者全体の得点は正規分布 $N(100, 20^2)$ とみなし，以下の各問に答えよ。なお，標準正規分布の確率密度関数は $\varphi(z) = \dfrac{1}{\sqrt{2\pi}} \exp\left[-\dfrac{z^2}{2}\right]$ である。

〔1〕 A 君の得点はいくらで，それは受験者全体の中で上位何%に位置する得点であるかを示せ。また，A 君の得点は合格者および入学者の中で上位何%に位置する得点であるかをそれぞれ示せ。

〔2〕 入学者の最低点と最高点はいくらか。

〔3〕 合格者の得点の分布の確率密度関数を，標準正規分布の確率密度関数 $\varphi(z)$ を用いて示せ。

〔4〕 合格者の得点の平均および分散はそれぞれいくらか。

解答例

〔1〕 全受験者の中で偏差値が 54 なので，標準化得点は 0.4 である。よって A 君の得点は，$100 + 20 \times 0.4 = 108$（点）であることが分かる。また，標準化得点の 0.4 は，標準正規分布の数表より，全受験者の中で上位 34.46 %に位置することが分かる。したがってこの得点は，合格者の中で上位 $34.46/0.5 = 68.92$ %，入学者の中で上位 $24.46/0.4 = 61.15$ %に位置する。

〔2〕 試験の点数の分布が $N(100, 20^2)$ とみなされる受験者の上位半分が合格であるので，入学者の最低点は 100 点である。合格者の上位 10 %は入学しなかったので，標準正規分布の数表から $Z \sim N(0, 1)$ のとき $P(Z > 1.28) = 0.1$ が読み取れ，入学者の最高点は $100 + 1.28 \times 20 = 125.6$ 点であることが分かる。

〔3〕 合格者の得点の確率密度関数は正規分布の片側上半分の 2 倍になるので，

$$\frac{2}{\sqrt{2\pi} \times 20} \exp\left[-\frac{(x-100)^2}{2 \times 20^2}\right] \quad (x \geq 100)$$

となる。これは標準正規分布の確率密度関数 $\phi(z)$ を用いると

$$\frac{1}{10}\varphi\left(\frac{x-100}{20}\right) \quad (x \geq 100)$$

と書くことができる。

〔4〕 ここで求める平均と分散は，合格者のみで考えた条件付き期待値と条件付き分散であることに注意する。標準正規分布での 0 以上のみの条件付き期待値は，$z\varphi(z) = -\varphi'(z)$ を用いて

$$E[Z|Z \geq 0] = 2 \times \frac{1}{\sqrt{2\pi}} \int_0^\infty z \cdot \exp\left[-\frac{z^2}{2}\right] dz = \frac{2}{\sqrt{2\pi}} \left[-\exp\left[-\frac{z^2}{2}\right]\right]_0^\infty = \sqrt{\frac{2}{\pi}}$$

となる。よって，合格者のみの得点の条件付き期待値は，$X = 100 + 20Z$ より

$$100 + 20\sqrt{\frac{2}{\pi}} \approx 115.96$$

と求められる。標準正規分布での 0 以上のみの条件付き分散は，$z^2\varphi(z) = z \cdot z\varphi(z)$ とした部分積分により

$$E[Z^2|Z \geq 0] = 2\int_0^\infty z^2\varphi(z)dz = 2[-z\varphi(z)]_0^\infty + 2\int_0^\infty \varphi(z)dz = 1$$

であるので，

$$V[Z|Z \geq 0] = E[Z^2|Z \geq 0] - (E[Z|Z \geq 0])^2 = 1 - \left(\sqrt{\frac{2}{\pi}}\right)^2 = 1 - \frac{2}{\pi}$$

となる。よって，元の分布での条件付き分散は

$$V[X|X \geq 100] = 20^2\left(1 - \frac{2}{\pi}\right) \approx 145.35$$

と求められる。

統計応用（人文科学）　問2

ある不動産会社が，ある駅近辺のマンションの分類のため，A ～ F の 6 棟のマンションの築年数（単位：年）と駅からの所要時間（単位：分）を調査したところ，表 1 のような結果を得た。また，表 2 は表 1 から求めたユークリッド距離によるマンション間の距離行列である。これらの表を基にしたクラスター分析について，以下の各問に答えよ。

表 1：築年数と駅からの所要時間

マンション	築年数	所要時間
A	1	3
B	2	2
C	3	4
D	7	9
E	8	7
F	9	9

表 2：表 1 から作成したユークリッド距離による各マンション間の距離行列

	A	B	C	D	E	F
A	0.00	1.41	2.24	8.49	8.06	10.00
B	1.41	0.00	2.24	8.60	7.81	9.90
C	2.24	2.24	0.00	6.40	5.83	7.81
D	8.49	8.60	6.40	0.00	2.24	2.00
E	8.06	7.81	5.83	2.24	0.00	2.24
F	10.00	9.90	7.81	2.00	2.24	0.00

表 1 のデータに対し，階層的クラスター分析を適用することでクラスターを求める。

〔1〕 最短距離法（single-linkage method）を用いた階層的クラスター分析を行い，デンドログラムを作成せよ。

〔2〕 2 つのクラスターに分けたいとき，デンドログラムをどの距離の区間で分ければよいか述べよ。

次に，表 1 のデータに対して非階層的クラスター分析を行う。ここでは，初期値としてデータセットの中からランダムに k 点の代表点を選んでクラスターを決定していく k-means 法を適用する。

〔3〕 初期割り振りとしてマンション D をクラスター 1，マンション E をクラスター 2 の代表点に割り振った状態を考える。クラスター代表点を 1 回更新したときの，各クラスターの代表点座標を計算し，更新後の各クラスターに属するマンションの記号をそれぞれ答えよ。

〔4〕 k-means 法によるクラスター分析では初期値依存性があることが知られている。初期値依存性とは何かについて簡潔に説明せよ。また，初期値依存性によって誤った結論になるのを避けるための対策について述べよ。

解答例

〔1〕 距離行列より，以下の順序で最短距離法のクラスターは形成される。

・距離 1.41 で A，B が結合

・距離 2 で D，F が結合

・距離 2.24 で C と (A, B) が結合

・距離 2.24 で E と (D, F) が結合

・距離 5.83 で (C, (A, B)) と (E, (D, F)) が結合

よってデンドログラムは以下のようになる。

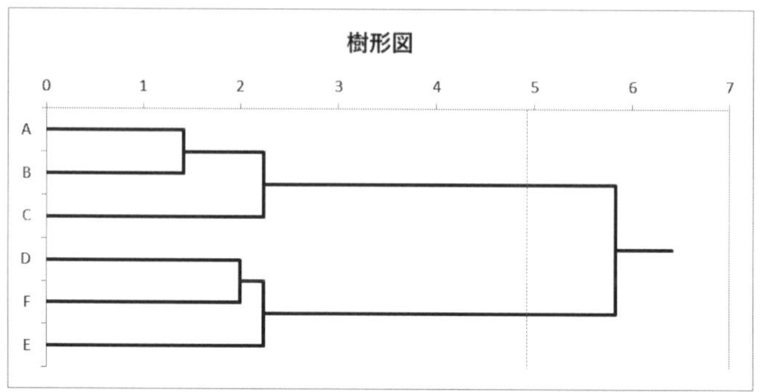

〔2〕 上問〔1〕より，最短距離法を用いた場合，2.24 より大きく 5.83 以下のクラスター形成距離で分けることにより，2 つのクラスターを形成することが可能となる。

〔3〕 選択された 2 点の初期代表点の座標

・マンション D：(7, 9)

・マンション E：(8, 7)

より 2 つのクラスターを分ける。2 つの代表点から等距離にある点の集合が辺 DE の垂直二等分線であるので，2 クラスターを分ける直線の方程式は

$$y = \frac{1}{2}x + \frac{17}{4}$$

となる。よって，クラスター１側のマンションはＤ，Ｆであり，クラスター２側のマンションはＡ，Ｂ，Ｃ，Ｅとなる。ここから新たな代表点の座標を計算すると，

クラスター１：(8, 9)

クラスター２：(3.5, 4)

となり，このときの新たなクラスターに属するマンションは

クラスター１：Ｄ，Ｅ，Ｆ

クラスター２：Ａ，Ｂ，Ｃ

となる。

〔4〕 初期値依存性とは，選択される初期代表点に依存してアルゴリズムが収束した際のクラスターが大きく異なる場合がある問題点のことである。この問題の回避策として，何度か非階層的クラスタリングを実行し，結果が安定しているか調査することがあげられる。これによって，誤った結論へ導かれることを回避できる可能性が高くなる。

2019年11月

統計応用（人文科学） 問３

項目反応理論における２パラメータロジスティックモデルでは，パラメータ θ の参加者が項目 j に正答する確率を表す項目反応関数 (item response function) が

$$P_j(\theta) = \frac{1}{1 + \exp[-a_j(\theta - b_j)]}$$

によって与えられる ($\exp[x] = e^x$ である)。ここで a_j と b_j は項目パラメータである。データとして与えられるのは，各項目について正答のとき 1，誤答のとき 0 の値を取る 2 値観測変数とする。このとき，以下の各問に答えよ。

〔1〕 項目パラメータが次のように与えられる 4 つの項目がある。

	a_j	b_j
項目 1	1.0	2.0
項目 2	1.0	1.0
項目 3	0.5	2.0
項目 4	0.5	−2.0

$\theta = 0$ の参加者にとって正答確率が等しい 2 つの項目はどれとどれかを示せ。

〔2〕 参加者パラメータ θ が参加者集団において標準正規分布に従うとき，この参加者集団にとって，上問〔1〕の 4 つの項目の中で最も正答しやすいと考えられる項目はどれかを求めよ。

〔3〕 項目反応関数の θ に関する偏導関数は，$P_j(\theta) = 0.5$ である点においてどのようになるかを項目パラメータの式で示せ。

〔4〕 項目 j について

$$f_j(\theta) = \frac{\left(\dfrac{\partial P_j(\theta)}{\partial \theta}\right)^2}{P_j(\theta)\{1 - P_j(\theta)\}}$$

によって与えられる関数の名称を述べ，これが何を表すかを説明せよ。

〔5〕 パラメータ c_j を追加した 3 パラメータロジスティックモデル

$$P_j(\theta) = c_j + \frac{1 - c_j}{1 + \exp[-a_j(\theta - b_j)]}$$

におけるパラメータ c_j の意味を述べよ。

解答例

この問題の状況における 4 つの項目の項目反応関数（項目特性曲線）をグラフで表すと次のようになる。

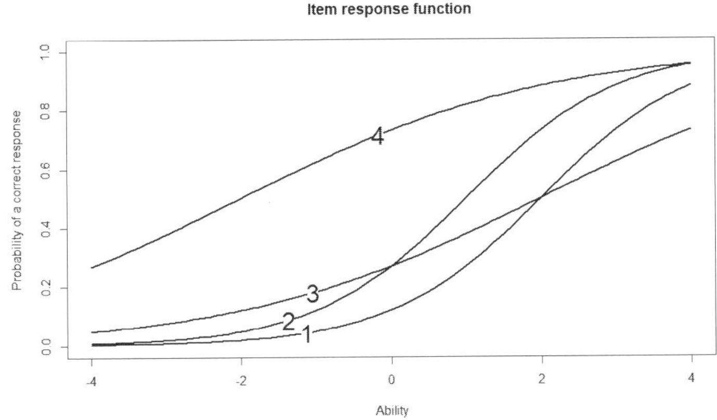

〔1〕 それぞれの項目の $\theta = 0$ での項目反応曲線の値を求めると以下のようになる。

$$\text{項目 1}: P_1(\theta = 0) = \frac{1}{1 + \exp[-1(0-2)]} = \frac{1}{1 + \exp[2]} \approx 0.119$$

$$\text{項目 2}: P_2(\theta = 0) = \frac{1}{1 + \exp[-1(0-1)]} = \frac{1}{1 + \exp[1]} \approx 0.269$$

$$\text{項目 3}: P_3(\theta = 0) = \frac{1}{1 + \exp[-0.5(0-2)]} = \frac{1}{1 + \exp[1]} \approx 0.269$$

$$\text{項目 4}: P_4(\theta = 0) = \frac{1}{1 + \exp[-0.5(0+2)]} = \frac{1}{1 + \exp[-1]} \approx 0.731$$

よって，$\theta = 0$ の参加者にとって正答確率が等しいのは項目 2 と項目 3 である。

〔2〕 $\theta = -2.0, -1.0, 0.0, 1.0, 2.0$ などを代入して項目特性曲線の形状を考えると，上図にも示したように，標準正規分布に従う参加者パラメータ θ が通常取り得る範囲の値に対して，項目 4 の正答確率が一貫して最も高いことが分かる。したがって，この参加者集団にとって，項目 4 が最も正答しやすい項目と考えられる。困難度パラメータ b_j が最も小さいのが項目 4 という解答でもよい。

あるいは，次の考察によっても正解が得られる：

$$P_1(\theta) = \frac{1}{1 + \exp[-1(\theta-2)]} = \frac{1}{1 + \exp[-1(\theta-1)-1]} = P_2(\theta - 1)$$

かつ $P_j(\theta),\ j = 1, 2, 3, 4$ は θ の増加関数であるので，$P_2(\theta) > P_1(\theta)$ である。

2019年11月

同様に，$P_4(\theta) > P_3(\theta)$ も示される。よって，$P_2(\theta)$ と $P_4(\theta)$ を比較すればよい。$-a_2(\theta - b_2) = -\theta + 1$，$-a_4(\theta - b_4) = -0.5\theta - 1$ であるので，$\theta < 4$ の範囲で $-a_2(\theta - b_2) > -a_4(\theta - b_4)$ である。よって，参加者パラメータが標準正規分布に従うとき，項目 4 が最も正答しやすい項目である。

〔3〕 項目反応関数

$$P_j(\theta) = \frac{1}{1 + \exp[-a_j(\theta - b_j)]}$$

を θ について偏微分すると，

$$\frac{\partial P_j(\theta)}{\partial \theta} = P_j(\theta)\{1 - P_j(\theta)\}a_j$$

となり，$P_j(\theta) = 0.5$ のときこれは $\dfrac{a_j}{4}$ になる。

〔4〕 これは項目 j についての項目情報関数（item information function；単に情報関数 information function でもよい）であり，参加者パラメータ θ の関数として，当該項目による θ についての推定（測定）の精度を表す。

〔5〕 3 パラメータロジスティックモデルの項目反応関数

$$P_j(\theta) = c_j + \frac{1 - c_j}{1 + \exp[-a_j(\theta - b_j)]}$$

では，追加されたパラメータ c_j は当て推量パラメータと呼ばれ，項目 j に対して参加者が単に当て推量で解答したときに偶然正答できる確率を表す。すなわち，正答は単なる当て推量によるものとそうでないもののいずれかによって得られ，当て推量で正答する確率が c_j で，そうでない確率は，項目反応確率の $1 - c_j$ 倍によって得られるというモデルである。

統計応用（人文科学）　問４

次の図は，あるソフトウェアを用いて，あるデータについて構造方程式モデリング（共分散構造分析）を行った結果から得られたパス図と各パラメータの推定値である。図中に示された推定値に基づき，以下の各問に答えよ。

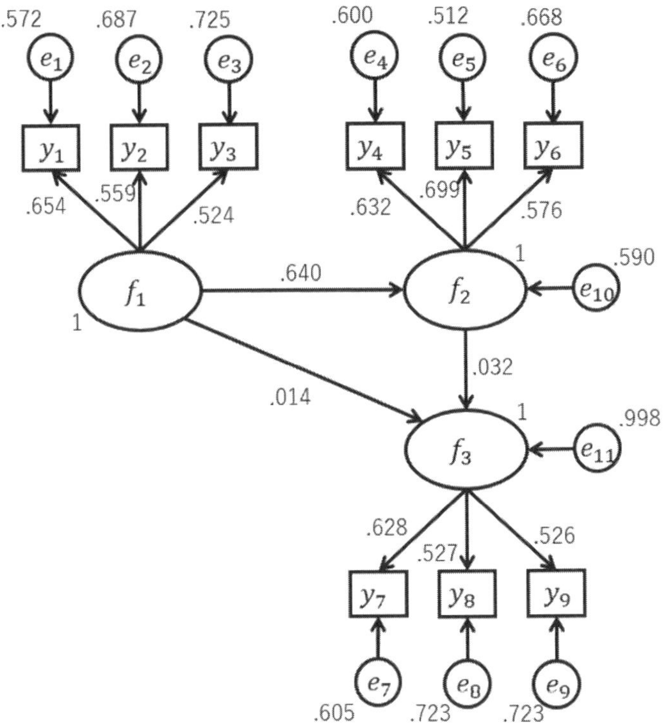

〔1〕 この結果は標準解と非標準解のどちらと考えられるか。理由とともに述べよ。

〔2〕 上問〔1〕で答えた解における，f_1 から f_2 への直接効果，間接効果，総合効果の推定値をそれぞれ求めよ。

〔3〕 上問〔1〕で答えた解における，f_1 から f_3 への直接効果，間接効果，総合効果の推定値をそれぞれ求めよ。

〔4〕 このモデルにおける潜在変数の構造方程式は，$\boldsymbol{f} = \begin{pmatrix} f_1 \\ f_2 \\ f_3 \end{pmatrix}$ とするとき，

$$\boldsymbol{f} = A\boldsymbol{f} + \boldsymbol{e}$$

と表現できる。行列 A とベクトル $\boldsymbol{e}$ の要素を具体的に示せ。ただし，必要な場合には $\boldsymbol{f}$ および $\boldsymbol{e}$ の要素は記号のままでよい。

〔5〕 構造方程式モデリングでは，同値モデルの存在が問題となることがある。同値モデルとは何かを説明せよ。

解答例

〔1〕 たとえば観測変数 y_1 の分散は $(.654)^2 + .572 = 1.00$ と求められ，1 になっている。同様にすべての観測変数 y_1 から y_9 について，観測変数の分散が 1 となっている。したがって，図に示されているのは標準解であると考えられる。

〔2〕 図より，f_1 から f_2 への直接効果の推定値は .640 である。また間接効果は 0 であり，したがって両者の和である総合効果の推定値は .640 である。

〔3〕 図より，f_1 から f_3 への直接効果の推定値は .014，間接効果の推定値は $.640 \times .032 = .020$ である。したがって両者の和である総合効果の推定値は $.014 + .020 = .034$ である。

〔4〕 図より，潜在変数の構造方程式は

$$\begin{pmatrix} f_1 \\ f_2 \\ f_3 \end{pmatrix} = \begin{pmatrix} 0 & 0 & 0 \\ .640 & 0 & 0 \\ .014 & .032 & 0 \end{pmatrix} \begin{pmatrix} f_1 \\ f_2 \\ f_3 \end{pmatrix} + \begin{pmatrix} f_1 \\ e_{10} \\ e_{11} \end{pmatrix}$$

となる。したがって $\boldsymbol{A} = \begin{pmatrix} 0 & 0 & 0 \\ .640 & 0 & 0 \\ .014 & .032 & 0 \end{pmatrix}$，$\boldsymbol{e} = \begin{pmatrix} f_1 \\ e_{10} \\ e_{11} \end{pmatrix}$ である。

〔5〕 同値モデルとは，異なるモデルであっても同じ分散共分散行列を与える複数のモデルのことである。複数の同値モデルでは，たとえモデルが異なっていても，どのようなデータであっても適合度が常に同じになる。したがって，同値モデルの間では，適合度による統計的モデル選択を行うことができない。

統計応用（人文科学）　問 5　　統計応用 4 分野の共通問題

ABO 血液型の分布は O 型，A 型，B 型，AB 型の比率で示され，この比率は国や地域によって違いが見られる。日本のある地域 C から無作為に抽出した 100 人を調べたところ，血液型の分布は表 1 のようになった。以下の各問に答えよ。

表 1：地域 C の血液型分布（観測度数）

血液型	O 型	A 型	B 型	AB 型	合計
観測度数	24	48	16	12	100

〔1〕 日本人の ABO 血液型は

$$\text{O 型}:\text{A 型}:\text{B 型}:\text{AB 型} = 3:4:2:1 \tag{1}$$

の比率で分布するといわれている。帰無仮説を 式 (1) の比率とし，表 1 について適合度のカイ 2 乗検定を有意水準 5 %で行い，その結果を述べよ。

〔2〕 血液型の分布の観測度数が，k を自然数として $6k$，$12k$，$4k$，$3k$ であったとしたとき（表 1 では $k=4$），適合度のカイ 2 乗検定が有意水準 5 %で有意になる最小の k はいくらか。

〔3〕 一般に，適合度のカイ 2 乗検定統計量は，近似的にカイ 2 乗分布に従うことからその名があるが，その統計量が近似的にカイ 2 乗分布に従う根拠は何かを詳細に述べよ。厳密に証明する必要はない。

〔4〕 ABO 血液型は，親から受け継いだ 3 つの遺伝子 O，A，B の組合せによって決まることが知られていて，表 2 のように血液型が決まる。これより，遺伝子 O，A，B はそれぞれ r，p，q $(r+p+q=1)$ の比率で分布しているとすると，各血液型の比率は表 2 の最後の行に示したようになる。

表 2：遺伝子を考慮した血液型分布

血液型	O 型	A 型	B 型	AB 型
遺伝子型	OO	AA AO OA	BB BO OB	AB BA
比率	r^2	p^2+2pr	q^2+2qr	$2pq$

全観測度数を N とし，各血液型の観測度数をそれぞれ n_O，n_A，n_B，n_{AB}，各遺伝子型の度数を f_{OO}，f_{AA}，f_{AO}，f_{BB}，f_{BO}，f_{AB} とする（f_{AO}，f_{BO}，f_{AB} はそれぞ

れ AO と OA，BO と OB，AB と BA の合計度数である）。このとき，$f_{OO} = n_O$，$f_{AA} + f_{AO} = n_A$，$f_{BB} + f_{BO} = n_B$，$f_{AB} = n_{AB}$ であり，f_{AA}，f_{AO}，f_{BB}，f_{BO} は実際は観測されない度数である。

比率 r，p，q の最尤推定値を求める。度数 f_{OO}，f_{AA}，f_{AO}，f_{BB}，f_{BO}，f_{AB} に基づく尤度関数は，r，p，q に依存しない定数を無視すると

$$L(r,\, p,\, q) \propto (r^2)^{f_{OO}} (p^2)^{f_{AA}} (2pr)^{f_{AO}} (q^2)^{f_{BB}} (2qr)^{f_{BO}} (2pq)^{f_{AB}}$$

となる。次の (i) および (ii) に答え，最尤推定値を求める数値計算の反復法を構築せよ。ただし実際に数値を求める必要はない。

(i)　ラグランジュの未定乗数を λ とした

$$Q = \log L(r,\, p,\, q) - \lambda(r + p + q - 1)$$

を r，p，q でそれぞれ偏微分して 0 と置き，$L(r,\, p,\, q)$ を最大化する r，p，q の値を求める式を示せ。

(ii)　上記 (i) で求めた r，p，q を用いて度数 f_{AA}，f_{AO}，f_{BO}，f_{BB} の期待値を求める式を示せ。

解答例

〔1〕 適合度のカイ 2 乗検定統計量の値は

$$Y = \frac{(24-30)^2}{30} + \frac{(48-40)^2}{40} + \frac{(16-20)^2}{20} + \frac{(12-10)^2}{10} = 4.0$$

となる。自由度 3 のカイ 2 乗分布の上側 5 %点は 7.81 であるので $Y < 7.81$ となり，有意水準 5 %で帰無仮説は棄却されない。

〔2〕 観測度数の比率はそのままに各度数を c 倍すると，カイ 2 乗統計量の値も c 倍になる。したがって，自由度 3 のカイ 2 乗分布の上側 5 %点の 7.81 を超える Y となる最小の k が答えである。$k = 4$ で $Y = 4.0$ であるので，$k = 7$ では $Y = 7.0$ であり，$k = 8$ とすると $Y = 8.0$ となるので $k = 8$ が答えとなる。

〔3〕 一般に，カテゴリー数が K の度数分布表の各度数を $f_1, \ldots, f_K$ とし，全観測値数を $N = f_1 + \ldots + f_K$ としたとき，各カテゴリーの生起確率を $p_1, \ldots, p_K$ とすると，$f_1, \ldots, f_K$ は，パラメータ $(N, p_1, \ldots, p_K)$ の多項分布に従う。N が大きいとき，多項分布は多変量正規分布で近似できるので，$f_1, \ldots, f_K$ の線形変換によって互いに独立に標準正規分布に従う確率変数を構成し，適合度のカイ 2 乗検定統計量 Y がそれらの 2 乗和となることを示して Y がカイ 2 乗分布に従うとする。

カイ 2 乗近似の妥当性は多項分布の正規近似に依存する。したがって，各カテゴリー度数

の期待値が小さいなど，その近似がうまくいかない場合には Y のカイ2乗近似の精度は悪くなる。

（コメント）なお，本問では求められていないが，実用上重要な結果であるので参考のため，Y が近似的にカイ2乗分布に従うことの証明のアウトラインを示しておく。

観測度数ベクトル $\boldsymbol{f} = (f_1, \ldots, f_K)'$ は試行回数 N および各カテゴリーの確率 $\boldsymbol{p} = (p_1, \ldots, p_K)'$ の多項分布に従うので（プライム（$'$）は行列あるいはベクトルの転置を表す），観測度数の期待値と分散および共分散はそれぞれ

$$\begin{array}{l} E[f_k] = Np_k,\ V[f_k] = Np_k(1-p_k) \quad (k = 1, \ldots, K) \\ Cov[f_j, f_k] = -Np_jp_k \quad (j, k = 1, \ldots, K; j \neq k) \end{array} \tag{1}$$

となる。N が大きいとき，$\boldsymbol{f}$ の分布は K 変量正規分布 $N_K(N\boldsymbol{p}, \Sigma)$ で近似される。ここで，$N\boldsymbol{p}$ は期待値ベクトル，Σ は各要素が式 (1) で与えられる分散と共分散からなる分散共分散行列である。したがって，

$$x_k = \frac{f_k - Np_k}{\sqrt{Np_k}} \quad (k = 1, \ldots, K)$$

とすると，$\boldsymbol{x} = (x_1, \ldots, x_K)'$ は近似的に K 変量正規分布 $N_K(\boldsymbol{0}, R)$ に従う。ここで $\boldsymbol{0}$ は成分がすべて0の零ベクトルで，分散共分散行列 R は

$$R = \begin{pmatrix} 1-p_1 & -\sqrt{p_1}\sqrt{p_2} & \cdots & -\sqrt{p_1}\sqrt{p_K} \\ -\sqrt{p_2}\sqrt{p_1} & 1-p_2 & \cdots & -\sqrt{p_2}\sqrt{p_K} \\ \vdots & \vdots & \ddots & \vdots \\ -\sqrt{p_K}\sqrt{p_1} & -\sqrt{p_K}\sqrt{p_2} & \cdots & 1-p_K \end{pmatrix}$$

である。

R は固有値0（単根）と1（$(K-1)$ 重根）を持ち，固有値0に対応する正規化された固有ベクトルは $\boldsymbol{h}_1 = (\sqrt{p_1}, \cdots, \sqrt{p_K})'$ である。よって，H_2 を $H = (\boldsymbol{h}_1 : H_2)$ が K 次直交行列となるような固有値1に対応する $K-1$ 本の固有ベクトルからなる $K \times (K-1)$ 行列とすれば，R は $R = H_2H_2'$ と表される。$\boldsymbol{z} = H'\boldsymbol{x}$ とすると，$E[\boldsymbol{z}] = \boldsymbol{0}$ であり，$\boldsymbol{z}$ の分散共分散行列は，$H_2'\boldsymbol{h}_1 = \boldsymbol{0}$ に注意すると，

$$V[\boldsymbol{z}] = H'RH = \begin{pmatrix} 0 & 0 & \cdots & 0 \\ 0 & 1 & \cdots & 0 \\ \vdots & \vdots & \ddots & \vdots \\ 0 & 0 & \cdots & 1 \end{pmatrix}$$

となる。よって，$z_1 \equiv 0$ であり，$z_2, \ldots, z_K$ は互いに独立に $N(0, 1)$ に従う。

以上より，

$$\boldsymbol{x}'\boldsymbol{x} = \sum_{k=1}^{K} \frac{(f_k - Np_k)^2}{Np_k} = \boldsymbol{x}'HH'\boldsymbol{x} = (H'\boldsymbol{x})'(H'\boldsymbol{x}) = \boldsymbol{z}'\boldsymbol{z} = \sum_{k=2}^{K} z_k^2$$

となるので，$Y = \sum_{k=1}^{K} \frac{(f_k - Np_k)^2}{Np_k}$ の分布は，近似的に互いに独立に $N(0,1)$ に従う変量の $K-1$ 個の 2 乗和に等しく，自由度 $K-1$ のカイ 2 乗分布に従うことが示される。

〔4〕 (i) 目的関数は

$$\begin{aligned} Q =& \log L(r,p,q) - \lambda(r+p+q-1) \\ =& 2f_{OO}\log r + 2f_{AA}\log p + f_{AO}\log(2pr) + 2f_{BB}\log q + f_{BO}\log(2qr) \\ &+ f_{AB}\log(2pq) - \lambda(r+p+q-1) \end{aligned}$$

である。これを r，p，q でそれぞれ偏微分して 0 と置くと，

$$\begin{aligned} \frac{\partial Q}{\partial r} &= \frac{2f_{OO}}{r} + \frac{f_{AO}}{r} + \frac{f_{BO}}{r} - \lambda = 0 \\ \frac{\partial Q}{\partial p} &= \frac{2f_{AA}}{p} + \frac{f_{AO}}{p} + \frac{f_{AB}}{p} - \lambda = 0 \\ \frac{\partial Q}{\partial q} &= \frac{2f_{BB}}{q} + \frac{f_{BO}}{q} + \frac{f_{AB}}{q} - \lambda = 0 \end{aligned}$$

となるので，関係式

$$\begin{aligned} 2f_{OO} + f_{AO} + f_{BO} &= \lambda r \\ 2f_{AA} + f_{AO} + f_{AB} &= \lambda p \\ 2f_{BB} + f_{BO} + f_{AB} &= \lambda q \end{aligned}$$

を得る。これらの両辺を加えると，

$$2(f_{OO} + f_{AO} + f_{BO} + f_{AA} + f_{BB} + f_{AB}) = 2N = \lambda(r+p+q) = \lambda$$

より $\lambda = 2N$ となる。よって，各比率の推定値は

$$\begin{aligned} \hat{r} &= \frac{2f_{OO} + f_{AO} + f_{BO}}{2N} \\ \hat{p} &= \frac{2f_{AA} + f_{AO} + f_{AB}}{2N} \\ \hat{q} &= \frac{2f_{BB} + f_{BO} + f_{AB}}{2N} \end{aligned}$$

となる。

(ii) パラメータの値 p, q が与えられたとき，観測されない度数の期待値は

$$E[f_{AA}] = Np^2,\ E[f_{AO}] = n_A - Np^2$$
$$E[f_{BB}] = Nq^2,\ E[f_{BO}] = n_B - Nq^2$$

で与えられる。

（コメント）問題の解答としては以上であるが，実際の計算では，上問 (i) および (ii) で得られた結果を用い，適当な初期値 $f_{AA}^{(0)}$，$f_{BB}^{(0)}$ から出発し，

$$r^{(t)} = \frac{2f_{OO} + f_{AO}^{(t-1)} + f_{BO}^{(t-1)}}{2N}$$
$$p^{(t)} = \frac{2f_{AA}^{(t-1)} + f_{AO}^{(t-1)} + f_{AB}}{2N}$$
$$q^{(t)} = \frac{2f_{BB}^{(t-1)} + f_{BO}^{(t-1)} + f_{AB}}{2N}$$

および

$$f_{AA}^{(t)} = N(p^{(t)})^2,\quad f_{AO}^{(t)} = n_A - N(p^{(t)})^2$$
$$f_{BB}^{(t)} = N(q^{(t)})^2,\quad f_{BO}^{(t)} = n_B - N(q^{(t)})^2$$

を繰り返す反復計算アルゴリズムにより解を求める。これは，(i) で求めた結果を M ステップ，(ii) で得られた結果を E ステップとする EM アルゴリズムである。

なお上記で，

$$f_{AO}^{(t)} = N \cdot 2p^{(t)}r^{(t)},\quad f_{BO}^{(t)} = N \cdot 2q^{(t)}r^{(t)}$$

としたアルゴリズムはうまくいかない。$f_{AA}^{(t)} + f_{AO}^{(t)} = n_A$，$f_{BB}^{(t)} + f_{BO}^{(t)} = n_B$ が成り立つとは限らないためである。

統計応用（社会科学） 問 1

大きさ N の有限母集団が L 個の部分母集団（層）に分割され，各層の大きさを N_h $(h = 1,\ldots,L)$ とする $(N = \sum_{h=1}^{L} N_h$ である)。ある測定項目 Y について，第 h 層における第 i 番目の個体の値を y_{hi} $(i = 1,\ldots,N_h; h = 1,\ldots,L)$ と書き，各層の母平均と母分散を

$$\bar{Y}_h = \frac{1}{N_h}\sum_{i=1}^{N_h} y_{hi}, \quad S_h^2 = \frac{1}{N_h - 1}\sum_{i=1}^{N_h}(y_{hi} - \bar{Y}_h)^2$$

で定める。第 h 層の大きさの相対比率を $W_h = \dfrac{N_h}{N}$ とし，全体の母集団平均 $\bar{Y} = \sum_{h=1}^{L} W_h \bar{Y}_h$ を推定する目的で，層別に標本を抽出することを考える。

各層の標本の大きさを n_h として，全体で大きさ $n = \sum_{h=1}^{L} n_h$ の標本を抽出する。各層では，他の層とは独立に非復元単純無作為抽出を行い，第 h 層での標本平均を $\bar{y}_h = \dfrac{1}{n_h}\sum_{i=1}^{n_h} y_{hi}$ とする。また，$w_h = \dfrac{n_h}{n}$, $f_h = \dfrac{n_h}{N_h}$ と記号を定める。このとき，以下の各問に答えよ。ただし，$\bar{y}_h$ の期待値と分散がそれぞれ

$$E[\bar{y}_h] = \bar{Y}_h, \quad V[\bar{y}_h] = \frac{1 - f_h}{n_h} S_h^2 \quad (h = 1,\ldots,L)$$

となることを用いてもよい。

〔1〕 層化推定量 $\hat{Y} = \sum_{h=1}^{L} W_h \bar{y}_h$ の期待値 $E[\hat{Y}]$ と分散 $V[\hat{Y}]$ を求めよ。

〔2〕 各層の標本を大きさ $n_h = W_h n$ で割り当てたときの層化推定量を $\hat{Y}_{(1)}$ と表す。分散 $V[\hat{Y}_{(1)}]$ を求めよ。

〔3〕 標本の大きさ n が与えられたとき，層化推定量の分散を最小にするような標本の配分 n_h を求めよ。

〔4〕 上問〔3〕の配分 n_h を用いた層化推定量を $\hat{Y}_{(2)}$ と表す。分散 $V[\hat{Y}_{(2)}]$ を求めよ。

〔5〕 層の情報を用いない大きさ n の非復元無作為標本 $y_1,\ldots,y_n$ から求めた推定量を $\hat{Y}_{(0)} = \bar{y} = \dfrac{1}{n}\sum_{i=1}^{n} y_i$ と書く。有限母集団の修正項が $1 - f_h \approx 1$ と無視できるほど各層の大きさ N_h が大きい場合，関係式

$$V[\hat{Y}_{(2)}] \leq V[\hat{Y}_{(1)}] \leq V[\hat{Y}_{(0)}]$$

が成り立つことを示せ。

解答例

〔1〕 期待値は

$$E[\hat{Y}] = \sum_{h=1}^{L} W_h E[\bar{y}_h] = \sum_{h=1}^{L} W_h \bar{Y}_h = \bar{Y}$$

である（不偏推定量）。分散は

$$V[\hat{Y}] = V\left[\sum_{h=1}^{L} W_h \bar{y}_h\right] = \sum_{h=1}^{L} W_h^2 V[\bar{y}_h] = \sum_{h=1}^{L} W_h^2 \frac{1-f_h}{n_h} S_h^2 = \sum_{h=1}^{L} W_h^2 S_h^2 \left(\frac{1}{n_h} - \frac{1}{N_h}\right)$$

となる。

〔2〕 各層の標本の大きさを $n_h = W_h n$ とすると，$f_h = \dfrac{n_h}{N_h} = \dfrac{n}{N}$ と h に依存せず一定となる。よって，$f = \dfrac{n}{N}$ としてこれを〔1〕の $V[\hat{Y}]$ の式に代入すると $W_h^2 \dfrac{1-f_h}{n_h} = W_h \dfrac{1-f}{n}$ となる。これより

$$V[\hat{Y}_{(1)}] = \frac{1-f}{n} \sum_{h=1}^{L} W_h S_h^2$$

を得る。

〔3〕 上問〔1〕の分散

$$V[\hat{Y}] = \sum_{h=1}^{L} W_h^2 S_h^2 \left(\frac{1}{n_h} - \frac{1}{N_h}\right) = \sum_{h=1}^{L} \frac{W_h^2}{n_h} S_h^2 - \sum_{h=1}^{L} \frac{W_h^2}{N_h} S_h^2$$

の第 1 項だけが n_h に関係するので，Lagrange の未定乗数を λ として，

$$Q = \sum_{h=1}^{L} \frac{W_h^2}{n_h} S_h^2 - \lambda \left(\sum_{h=1}^{L} n_h - n\right)$$

とする。これを n_h で偏微分して 0 と置くと

$$\frac{\partial Q}{\partial n_h} = -\frac{W_h^2}{n_h^2} S_h^2 - \lambda = 0$$

となるので，これより $n_h \propto W_h S_h \propto N_h S_h$ を得る。また，$\dfrac{\partial^2 Q}{\partial n_h^2} = 2\dfrac{W_h^2}{n_h^3} S_h^2 \geq 0$ かつ，

2019年11月

すべての $h_1 \neq h_2$ について $\dfrac{\partial^2 Q}{\partial n_{h1} \partial n_{h2}} = 0$ であるので，最小化の条件も満たしていることが分かる。よって，最適配分は

$$\frac{n_h}{n} = \frac{W_h S_h}{\sum_{h=1}^{L} W_h S_h} = \frac{N_h S_h}{\sum_{h=1}^{L} N_h S_h}$$

とすればよい。

〔4〕 上問〔3〕より

$$V[\hat{Y}_{(2)}] = \sum_{h=1}^{L} W_h^2 S_h^2 \left(\frac{1}{n_h} - \frac{1}{N_h} \right) = \frac{1}{n} \left(\sum_{h=1}^{L} W_h S_h \right)^2 - \frac{1}{N} \sum_{h=1}^{L} W_h S_h^2$$

を得る。

〔5〕 $1 - f_h \approx 1$ と想定し得るほど各層の大きさ N_h が大きいとすると，上問〔2〕および〔4〕より

$$V[\hat{Y}_{(1)}] = \frac{1}{n} \sum_{h=1}^{L} W_h S_h^2, \quad V[\hat{Y}_{(2)}] = \frac{1}{n} \left(\sum_{h=1}^{L} W_h S_h \right)^2$$

となる。仮定より $1 - \dfrac{1}{N} \approx 1$ であるので，母集団における個体の値の偏差平方和は，分散を S^2 とすると

$$(N-1)S^2 = \sum_{h=1}^{L} \sum_{i=1}^{N_h} (y_{hi} - \bar{Y})^2 = \sum_{h=1}^{L} \sum_{i=1}^{N_h} (y_{hi} - \bar{Y}_h)^2 + \sum_{h=1}^{L} N_h (\bar{Y}_h - \bar{Y})^2$$

であり，分散は

$$S^2 \approx \sum_{h=1}^{L} W_h S_h^2 + \sum_{h=1}^{L} W_h (\bar{Y}_h - \bar{Y})^2$$

となる。よって，

$$\begin{aligned} V[\hat{Y}_{(0)}] &= \frac{1}{n} S^2 \approx \frac{1}{n} \sum_{h=1}^{L} W_h S_h^2 + \frac{1}{n} \sum_{h=1}^{L} W_h (\bar{Y}_h - \bar{Y})^2 \\ &= V[\hat{Y}_{(1)}] + \frac{1}{n} \sum_{h=1}^{L} W_h (\bar{Y}_h - \bar{Y})^2 \geq V[\hat{Y}_{(1)}] \end{aligned}$$

を得る。$V[\hat{Y}_{(1)}]$ と $V[\hat{Y}_{(2)}]$ については，$\bar{S} = \sum_{h=1}^{L} W_h S_h$ を加重平均とすると，

$$n(V[\hat{Y}_{(1)}] - V[\hat{Y}_{(2)}]) \approx \sum_{h=1}^{L} W_h S_h^2 - \left(\sum_{h=1}^{L} W_h S_h\right)^2 = \sum_{h=1}^{L} W_h (S_h - \bar{S})^2 \geq 0$$

となることより示される。

統計応用（社会科学） 問2

ある大きな母集団における世帯所得の分布を考える。この分布に従う確率変数 $X \geq 0$ は連続型で，その累積分布関数を $F(x)$，確率密度関数を $f(x)$ とし，X の期待値を $\mu = E[X] < \infty$ とする。ここでは，$u = F(x)$ が $0 < F(x) < 1$ となる x で狭義単調増加，すなわち $0 < u < 1$ で逆関数 $x = F^{-1}(u)$ が存在する場合のみを考える。

この分布のローレンツ曲線 $L(u)$ は，$0 \leq u \leq 1$ で

$$L(u) = \frac{\int_0^u F^{-1}(t)dt}{\int_0^1 F^{-1}(t)dt} = \frac{\int_0^{F^{-1}(u)} yf(y)dy}{\mu} \tag{1}$$

により定義される（$u = 1$ のときは，式 (1) の最右辺の分子における積分範囲の $F^{-1}(u)$ は ∞ もしくは $\lim_{u \uparrow 1} F^{-1}(u)$ と考える）。また，ジニ係数 G は 45 度線とローレンツ曲線で囲まれた部分の面積の 2 倍として定義される。すなわち，

$$G = 2\int_0^1 \{u - L(u)\}du$$

である。このとき，以下の各問に答えよ。なお以下では，上で述べた条件を満たす分布のみを考える。

〔1〕 ローレンツ曲線およびジニ係数は所得分布のどのような特徴を表すかを簡潔に述べよ。

〔2〕 確率変数 $U = F(X)$ は区間 $(0, 1)$ 上の一様分布に従うことを示せ。

〔3〕 $\sigma > 0$，$\alpha > 1$ に対して

$$F(x) = \begin{cases} 1 - \left(\dfrac{x}{\sigma}\right)^{-\alpha} & (x > \sigma) \\ 0 & (0 \leq x \leq \sigma) \end{cases}$$

を累積分布関数として持つ分布をパレート分布といい，Pareto(σ, α) と書く。パレート分布 Pareto(σ, α) のローレンツ曲線 $L(u)\ (0 \leq u \leq 1)$ を求めよ。またそれを利用してジニ係数は $G = \dfrac{1}{2\alpha - 1}$ となることを示せ。

2019年11月

〔4〕 一般に，2 つの分布 F_1, F_2 の累積分布関数を $F_1(x), F_2(x)$ とし，ローレンツ曲線をそれぞれ $L_1(u), L_2(u)$ としたとき，すべての $0 \leq u \leq 1$ に対して $L_1(u) \geq L_2(u)$ であり，かつある $0 < u < 1$ において $L_1(u) > L_2(u)$ となるとき，F_1 は F_2 をローレンツ優越するという。

上問〔3〕で定義したパレート分布に対し，$\mathrm{Pareto}(\sigma_1, \alpha_1)$ が $\mathrm{Pareto}(\sigma_2, \alpha_2)$ をローレンツ優越するための必要十分条件を $\sigma_1, \alpha_1, \sigma_2, \alpha_2$ を用いて表せ。

〔5〕 ある分布の期待値が $\mu > 0$ であり，ローレンツ曲線が

$$L(u) = u + (1-u)\log(1-u) \quad (0 \leq u \leq 1)$$

であるとする。このとき，この分布の累積分布関数 $F(x)$ を求めよ。なお，ここで log は自然対数である。

解答例

〔1〕 ローレンツ曲線 $L(u)$ は，横軸に母集団の構成比率 $(0 \leq u \leq 1)$，縦軸に所得の累積比率 $(0 \leq L(u) \leq 1)$ を取ったもので，所得分布の不平等度を曲線によって表している。母集団を構成する人々全員の所得が同じであった場合にはローレンツ曲線は傾き 45° の直線となり，所得の不平等度が大きくなるにつれ曲線は下方に大きく膨らむ。ジニ係数 G はその不平等度を数値で表したもので，完全に平等な場合は $G = 0$，極端に不平等な場合には 1 に近づく。

〔2〕 U の累積分布関数を $G(u)$ とすると，$0 < u < 1$ において

$$G(u) = P(U \leq u) = P(F(X) \leq u) = P(X \leq F^{-1}(u)) = F(F^{-1}(u)) = u$$

であり，$G(u) = u$ は区間 $(0, 1)$ 上の一様分布の累積分布関数である。

〔3〕 $0 < F(x) < 1$ となる x すなわち $x < \sigma$ に対して，$u = F(x) = 1 - (x/\sigma)^{-\alpha}$ を x について解くと $x = F^{-1}(u) = \sigma(1-u)^{-1/\alpha}$ となる。これよりローレンツ曲線は

$$\begin{aligned} L(u) &= \frac{\int_0^u \sigma(1-t)^{-1/\alpha}dt}{\int_0^1 \sigma(1-t)^{-1/\alpha}dt} = \frac{\left[-\dfrac{1}{1-(1/\alpha)}(1-t)^{1-(1/\alpha)}\right]_0^u}{\left[-\dfrac{1}{1-(1/\alpha)}(1-t)^{1-(1/\alpha)}\right]_0^1} \\ &= 1 - (1-u)^{1-(1/\alpha)} \quad (0 \leq u \leq 1) \end{aligned}$$

となり，ジニ係数は

$$G = 2\int_0^1 \left[u - \left\{1 - (1-u)^{1-(1/\alpha)}\right\}\right] du = 2\left[\frac{u^2}{2} - u - \frac{1}{2-(1/\alpha)}(1-u)^{2-(1/\alpha)}\right]_0^1$$
$$= 2\left\{-\frac{1}{2} + \frac{1}{2-(1/\alpha)}\right\} = \frac{1}{2\alpha - 1}$$

となる。

〔4〕 任意の $0 < u < 1$ と任意の $\alpha_1 > \alpha_2 > 1$ に対して，$0 < 1-u < 1$ と $1 - \dfrac{1}{\alpha_1} > 1 - \dfrac{1}{\alpha_2} > 0$ より，$(1-u)^{1-(1/\alpha_1)} < (1-u)^{1-(1/\alpha_2)}$ となる。

このことと，上問〔3〕のローレンツ曲線より，Pareto(σ_1，α_1) が Pareto(σ_2, α_2) をローレンツ優越するための必要十分条件は

$$\alpha_1 > \alpha_2 \quad (\sigma_1, \sigma_2 \text{は任意})$$

となることが分かる。

〔5〕 $L(u) = \dfrac{\int_0^u F^{-1}(t)dt}{\mu}$ を u で微分すると

$$\frac{d}{du}L(u) = \frac{F^{-1}(u)}{\mu} \quad (0 < u < 1)$$

となる。一方，問題で与えられた $L(u) = u + (1-u)\log(1-u)$ を u で微分すると

$$\frac{d}{du}L(u) = 1 - \log(1-u) - 1 = -\log(1-u) \quad (0 < u < 1)$$

となる。よって，

$$F^{-1}(u) = -\mu\log(1-u) \quad (0 < u < 1)$$

となるので，$x = -\mu\log(1-u)$ を u について解いて

$$u = F(x) = 1 - e^{-x/\mu} \quad (x > 0)$$

を得る。これは期待値 μ の指数分布の累積分布関数である。

統計応用（社会科学）　問3　　理工学　問4と共通問題

時系列データ $(\ldots, X_{-1}, X_0, X_1, \ldots, X_n, \ldots)$ は1次の自己回帰（AR(1)）モデル

$$X_t = \phi X_{t-1} + \epsilon_t \quad (t = \ldots, -1, 0, 1, \ldots) \tag{1}$$

に従うとする。ここで ϵ_t は互いに独立に $N(0, \sigma^2)$ に従う確率変動項であり，定常性の条件 $|\phi| < 1$ を仮定する。$(X_1, \ldots, X_n)$ につき以下の各問に答えよ。

〔1〕 モデル (1) における $(X_1, \ldots, X_n)$ の自己共分散行列 $T = \{\tau_{ij}\}$ の各成分は

$$\tau_{ij} = \frac{\sigma^2}{1-\phi^2}\phi^{|i-j|} \quad (i, j = 1, \ldots, n)$$

で与えられ，自己相関行列は $R = \{\rho_{ij}\} = \{\phi^{|i-j|}\}$ となることを示せ。

〔2〕 n 次対称行列 $A = \{a_{ij}\}$ を

$$a_{ij} = \begin{cases} 1 & (i = j = 1, i = j = n) \\ 1+\phi^2 & (i = j = 2, \ldots, n-1) \\ -\phi & (|i-j| = 1) \\ 0 & (|i-j| \geq 2) \end{cases}$$

とする。たとえば $n = 4$ では

$$A = \begin{pmatrix} 1 & -\phi & 0 & 0 \\ -\phi & 1+\phi^2 & -\phi & 0 \\ 0 & -\phi & 1+\phi^2 & -\phi \\ 0 & 0 & -\phi & 1 \end{pmatrix}$$

である。

一般の n および上問〔1〕の行列 T に対し，$\dfrac{1}{\sigma^2}T$ の逆行列は A で与えられることを示せ。また，A の行列式 $|A|$ および R の行列式 $|R|$ の値を求めよ。

〔3〕 $\boldsymbol{x} = (x_1, \ldots, x_n)'$ を n 次ベクトルとしたとき（プライム ($'$) は転置を表す），上問〔2〕の行列 A に関する 2 次形式 $Q_A = \boldsymbol{x}'A\boldsymbol{x}$ を $x_1, \ldots, x_n$ を用いて書き下し，$|\phi| < 1$ のとき，Q_A はすべての $\boldsymbol{x} \neq \boldsymbol{0}$（成分がすべて 0 のベクトル）に対して常に正であること，すなわち A は正定値であることを示せ。

〔4〕 上問〔2〕の行列 A の $(1,1)$ 要素の 1 のみを ϕ^2 に変えた行列を B とする。たとえば $n = 4$ の場合は

$$B = \begin{pmatrix} \phi^2 & -\phi & 0 & 0 \\ -\phi & 1+\phi^2 & -\phi & 0 \\ 0 & -\phi & 1+\phi^2 & -\phi \\ 0 & 0 & -\phi & 1 \end{pmatrix}$$

である。一般の n について，B に関する 2 次形式 $Q_B = \boldsymbol{x}'B\boldsymbol{x}$ はすべての $\boldsymbol{x}$ に対して ϕ の値によらず非負となること，すなわち Q_B は非負定値であることを示せ。また，$Q_B = 0$ となる $\boldsymbol{x}$ (ただし，$\boldsymbol{x} \neq \boldsymbol{0}$) はどのようなベクトルであるか。

〔5〕 モデル (1) における自己回帰係数 ϕ が既知もしくはきわめて精度よく推定されているが誤差分散 σ^2 は未知であるとき，σ^2 の 95 %信頼区間の構成法を示せ。

解答例

〔1〕 X_t の分散は，X_{t-1} と ε_t が独立であることおよび定常性により

$$\tau^2 = V[X_t] = \phi^2 V[X_{t-1}] + V[\varepsilon_t] = \phi^2\tau^2 + \sigma^2$$

となるので，$\tau^2 = \dfrac{\sigma^2}{1-\phi^2}$ となる。X_t と X_{t+1} の共分散は

$$Cov[X_t, X_{t+1}] = \phi V[X_t] = \frac{\sigma^2}{1-\phi^2}\phi$$

となる。同様に，X_t と X_{t+2} の共分散は

$$Cov[X_t, X_{t+2}] = \phi Cov[X_t, X_{t+1}] = \phi^2 V[X_t] = \frac{\sigma^2}{1-\phi^2}\phi^2$$

となり，以下同様に，

$$Cov[X_t, X_{t+k}] = \frac{\sigma^2}{1-\phi^2}\phi^k$$

を得る。よって定常性より

$$Cov[X_i, X_j] = \frac{\sigma^2}{1-\phi^2}\phi^{|i-j|}$$

となる。自己相関係数は自己共分散を自己分散で割ればいいので，$\rho_{ij} = \phi^{|i-j|}$ となる。

〔2〕 行列の積 AR の対角要素はすべて $1-\phi^2$ であること，および非対角要素がすべて 0 であることを行列の積によって示す。具体的に $n=4$ を参照しながら結果を導く。

$$AR = \begin{pmatrix} 1 & -\phi & 0 & 0 \\ -\phi & 1+\phi^2 & -\phi & 0 \\ 0 & -\phi & 1+\phi^2 & -\phi \\ 0 & 0 & -\phi & 1 \end{pmatrix} \begin{pmatrix} 1 & \phi & \phi^2 & \phi^3 \\ \phi & 1 & \phi & \phi^2 \\ \phi^2 & \phi & 1 & \phi \\ \phi^3 & \phi^2 & \phi & 1 \end{pmatrix}$$

AR の $(1,1)$ 要素は

$$1 \times 1 - \phi \times \phi = 1 - \phi^2$$

であり，(n,n) 要素は

$$-\phi \times \phi + 1 \times 1 = 1 - \phi^2$$

である。(k,k) 要素は

$$-\phi\times\phi+(1+\phi^2)\times 1-\phi\times\phi=1-\phi^2$$

となる。これより AR のすべての対角要素は $1-\phi^2$ であることが示される。非対角要素については，$(1,k)$ 要素は

$$1\times\phi^{k-1}-\phi\times\phi^{k-2}=0$$

であり，(n,k) 要素は

$$-\phi\times\phi^{k-2}+1\times\phi^{k-1}=0$$

となる。(k,l) 要素 $(k\neq l)$ は，ある自然数 a に対し，

$$-\phi\times\phi^{a}+(1+\phi^2)\phi^{a+1}-\phi\times\phi^{a+2}=0$$

となり，AR のすべての非対角要素は 0 になることが分かる。よって，A は $\dfrac{1}{1-\phi^2}R$ すなわち $\dfrac{1}{\sigma^2}T$ の逆行列となる。

A に対し，行列式の値を変えない行基本変形，すなわち第 1 行目を ϕ 倍して 2 行目に加える，その第 2 行目を ϕ 倍して第 3 行目に加える，という作業を最後まで施す。これにより A は上三角行列となり，その第 1 対角要素から第 $n-1$ 対角要素までは 1，第 n 対角要素は $1-\phi^2$ となるので $|A|=1-\phi^2$ となる。具体的に $n=4$ で示すと以下のようになる。

$$A=\begin{pmatrix}1&-\phi&0&0\\-\phi&1+\phi^2&-\phi&0\\0&-\phi&1+\phi^2&-\phi\\0&0&-\phi&1\end{pmatrix}\to\begin{pmatrix}1&-\phi&0&0\\0&1&-\phi&0\\0&-\phi&1+\phi^2&-\phi\\0&0&-\phi&1\end{pmatrix}$$

$$\to\begin{pmatrix}1&-\phi&0&0\\0&1&-\phi&0\\0&0&1&-\phi\\0&0&-\phi&1\end{pmatrix}\to\begin{pmatrix}1&-\phi&0&0\\0&1&-\phi&0\\0&0&1&-\phi\\0&0&0&1-\phi^2\end{pmatrix}$$

R の行列式に関しては，

$$\left|\frac{1}{1-\phi^2}R\right|=\frac{1}{(1-\phi^2)^n}|R|=\frac{1}{1-\phi^2}$$

であるので，$|R|=(1-\phi^2)^{n-1}$ を得る。

〔3〕 2 次形式を書き下すと

$$Q_A = \boldsymbol{x}'A\boldsymbol{x} = x_1^2 + \sum_{i=2}^{n-1}(1+\phi^2)x_i^2 + x_n^2 - 2\phi\sum_{i=2}^{n}x_ix_{i-1}$$
$$= (1-\phi^2)x_1^2 + \sum_{i=2}^{n}(x_i - \phi x_{i-1})^2$$

となり，仮定より $|\phi| < 1$ であるので，すべての $\boldsymbol{x} \neq 0$ に対して $Q_A > 0$ となる。

〔4〕 2 次形式を書き下すと

$$Q_B = \boldsymbol{x}'B\boldsymbol{x} = \phi^2 x_1^2 + \sum_{i=2}^{n-1}(1+\phi^2)x_i^2 + x_n^2 - 2\phi\sum_{i=2}^{n}x_ix_{i-1}$$
$$= \sum_{i=2}^{n}(x_i - \phi x_{i-1})^2$$

となり，すべての ϕ に対し，$\boldsymbol{x} \neq 0$ であれば $Q_B \geq 0$ となる。$Q_B = 0$ となるのは，$x_i = \phi x_{i-1}(i = 2, \ldots, n)$ の場合であるので，c を定数として $\boldsymbol{x} = c(1, \phi, \phi^2, \ldots, \phi^{n-1})'$ となる。

〔5〕 確率変数列 $(X_1, \ldots, X_n)$ は期待値 0，分散共分散行列 T の n 変量正規分布に従うので，2 次形式 $Q = \boldsymbol{x}'T^{-1}\boldsymbol{x}$ は自由度 n のカイ 2 乗分布に従う。よって，上問〔3〕より $\dfrac{Q_A}{\sigma^2} = \dfrac{1}{\sigma^2}\left\{(1-\phi^2)X_1^2 + \sum_{i=2}^{n}(X_i - \phi X_{i-1})^2\right\}$ は自由度 n のカイ 2 乗分布に従うことから，観測データ $(x_1, \ldots, x_n)$ に対し，$s^2 = (1-\phi^2)x_1^2 + \sum_{i=2}^{n}(x_i - \phi x_{i-1})^2$ を求め，$\chi^2_{0.025}(n)$ および $\chi^2_{0.975}(n)$ をそれぞれ自由度 n のカイ 2 乗分布の上側および下側 2.5 %点として，σ^2 の 95 %信頼区間は

$$\frac{s^2}{\chi^2_{0.025}(n)} \leq \sigma^2 \leq \frac{s^2}{\chi^2_{0.975}(n)}$$

と求められる。

統計応用（社会科学）　問 4

あるコーヒーショップチェーンでは，各店舗から報告されるお客さんからのクレーム情報を収集して分析し，よりよい接客につなげようとしている。表 1 はある日に全国の店舗から無作為に抽出した 100 店舗のクレームの件数の度数とそれらの平均および分散である。この表に関する以下の令央君と和美さんの会話に関する各問に答えよ。なお，パラメータ λ のポアソン分布に従う確率変数 X の確率関数は

$$f(x;\lambda) = P(X = x) = \frac{\lambda^x}{x!}e^{-\lambda} \quad (x = 0, 1, 2, \ldots) \tag{1}$$

である。

表 1：クレーム数の度数分布と平均，分散

クレーム数	0	1	2	3	4	5	6	7	計	平均	分散
度数	22	23	26	18	6	4	1	0	100	1.79	2.03

令央：クレームは稀な事象だからポアソン分布が当てはまると思うよ。ポアソン分布のパラメータ λ の最尤推定値は標本平均だから，データから値を求めると $\hat{\lambda} = \bar{x} = 1.79$ だ。これをパラメータ値とするポアソン分布を折れ線に表示して，表 1 の度数の棒グラフに当てはめると図 1 になったよ。

和美：なんだか当てはまりが悪いわね。クレーム数の分布はポアソン分布とはちょっと違うんじゃないかしら。ポアソン分布だと平均と分散が等しいはずだけど，分散は 2.03 と平均の 1.79 よりも大きいし。噂だけど本当はクレームがあったのにそれがなかったと報告している店舗があるみたいよ。

令央：では，クレームがあったのにそれを 0 と報告した店舗の割合を ω として，ゼロ度数が多いゼロ過剰なポアソン分布を当てはめてみよう。計算の結果今度は λ の推定値が $\hat{\lambda} = 1.98$ になったので分布形をグラフにしてみると図 2 のようになったよ。

和美：当てはまりが格段によくなったわ。クレームがあったのにそれを 0 としたショップの割合 ω はどのくらいなのかしら。そういう店舗には正直に報告してもらうようお願いしなくてはいけないわね。クレーム情報は接客の向上のために有用ですもの。

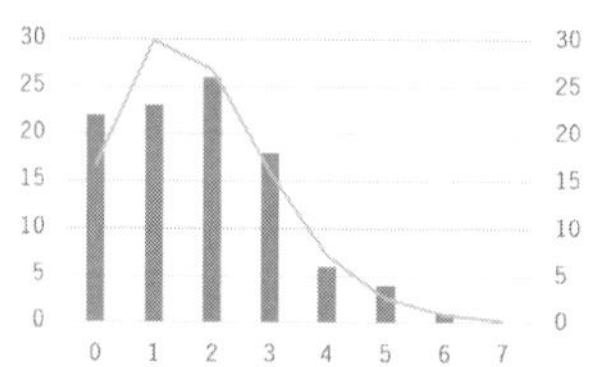

図 1：ポアソン分布の当てはめ

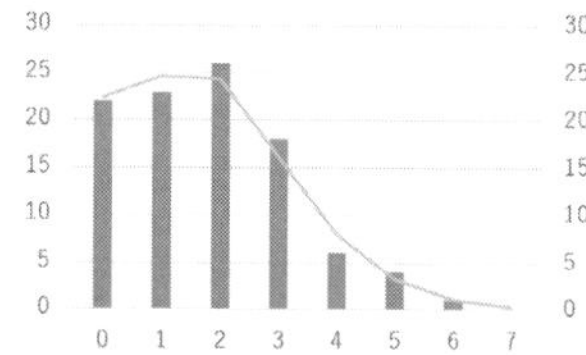

図 2：ゼロ過剰なポアソン分布の当てはめ

〔1〕 パラメータ λ のポアソン分布の期待値と分散はともに λ であることを示せ。

〔2〕 パラメータ λ のポアソン分布からの大きさ n の無作為標本が $x_1, \ldots, x_n$ と得られたときのパラメータ λ の最尤推定値は標本平均 $\bar{x} = \dfrac{1}{n}\displaystyle\sum_{i=1}^{n} x_i$ であることを示せ。

〔3〕 $x = k$ となる度数を f_k とし，表 1 のような観測度数分布 $(f_0, f_1, \ldots, f_K)$ に対するポアソン分布の適合度を統計的に評価する適合度のカイ 2 乗検定について述べよ。ただし，実際に計算する必要はない。

〔4〕 ゼロ過剰パラメータを ω としたときのゼロ過剰なポアソン（Zero-Inflated Poisson = ZIP）分布の確率関数は

$$g(x;\lambda,\omega)=\begin{cases}\omega+(1-\omega)f(x;\lambda) & (x=0)\\ (1-\omega)f(x;\lambda) & (x\geq 1)\end{cases} \tag{2}$$

で与えられる。ここで $f(x;\lambda)$ は式 (1) で与えられるポアソン分布の確率関数である。ZIP 分布からの大きさ n の無作為標本 $x_1,\ldots,x_n$ が与えられたとき，以下の手順に基づき，繰り返し計算による λ の最尤推定法を示せ。

(i) $x=0$ の観測度数を f_0 とし（表 1 では $f_0=22$），$A=x_1+\cdots+x_n$ と置く。また，便宜的にゼロ過剰部分の（観測されない）度数を m とする。すなわちポアソン分布部分の度数は $n-m$ である。このとき，n,m,A を用いて λ および ω の対数尤度関数 $l(\lambda,\omega)$ を求めよ。

(ii) $l(\lambda,\omega)$ を λ および ω で偏微分して 0 と置くことにより

$$\begin{cases}\lambda=h_1(n,m,A)\\ \omega=h_2(n,m)\end{cases}$$

となる関係式を導け。

(iii) m と λ の関係式

$$m=h_3(n,f_0,\lambda)$$

を導き，$\lambda^{(0)}$ を初期値として，繰り返し計算式

$$m^{(t)}=h_3(n,f_0,\lambda^{(t-1)})$$
$$\lambda^{(t)}=h_1(n,m^{(t)},A)$$

を求めよ。

〔5〕 表 1 のデータに基づく，式 (2) の ZIP 分布におけるゼロ過剰パラメータ ω の推定値はいくらか。また，観測されたクレーム数が 0 の度数 22 のうちで，クレームがあったにもかかわらずそれを 0 と報告したショップの割合はいくらか。

解答例

〔1〕 X をパラメータ λ のポアソン分布に従う確率変数とすると，

$$E[X]=\sum_{x=0}^{\infty}x\cdot\frac{\lambda^x}{x!}e^{-\lambda}=\lambda\sum_{y=0}^{\infty}\frac{\lambda^y}{y!}e^{-\lambda}=\lambda$$

となる。ここで，$y=x-1$ と置き，ポアソン分布の全確率は 1 となることを用いた。また，

$$E[X(X-1)] = \sum_{x=0}^{\infty} x(x-1) \cdot \frac{\lambda^x}{x!} e^{-\lambda} = \lambda^2 \sum_{z=0}^{\infty} \frac{\lambda^z}{z!} e^{-\lambda} = \lambda^2$$

である。ここで，$z = x - 2$ と置き，ポアソン分布の全確率は 1 となることを用いた。これより分散は

$$V[X] = E[X(X-1)] + E[X] - (E[X])^2 = \lambda^2 + \lambda - \lambda^2 = \lambda$$

と求められる。

〔2〕 観測データを $x_1, \ldots, x_n$ とし，標本平均を $\bar{x} = \frac{1}{n} \sum_{i=1}^{n} x_i$ とすると，尤度関数は

$$L(\lambda) = \prod_{i=1}^{n} \frac{\lambda^{x_i}}{x_i!} e^{-\lambda} = \lambda^{n\bar{x}} e^{-n\lambda} \prod_{i=1}^{n} \frac{1}{x_i!}$$

であるので，対数尤度関数は

$$l(\lambda) = \log L(\lambda) = n\bar{x} \log \lambda - n\lambda - \sum_{i=1}^{n} \log x_i!$$

となる。よってこれを λ で微分して 0 と置き

$$l'(\lambda) = \frac{n\bar{x}}{\lambda} - n = 0$$

より最尤推定値 $\hat{\lambda} = \bar{x}$ を得る。

〔3〕 この設問では，想定したカテゴリー数は $K+1$ であることを注意する。ポアソン分布のパラメータの推定値を $\hat{\lambda}$ とすると，サンプルサイズが n のとき，$x = k$ の期待度数は

$$e_k = nf(k; \hat{\lambda}) = \frac{n\hat{\lambda}^k}{k!} e^{-\hat{\lambda}} \quad (k = 0, 1, \ldots, K)$$

となる。よって，

$$Y = \sum_{k=0}^{K} \frac{(f_k - e_k)^2}{e_k}$$

とし，母集団分布がポアソン分布であるという帰無仮説の下で Y が近似的に自由度 $K-1$ のカイ 2 乗分布に従うことを利用した適合度のカイ 2 乗検定を行う。自由度を $K-1$，すなわちカテゴリー数 $K+1$ よりも 2 だけ小さくする理由は，各カテゴリーの確率の和が 1 であることおよびポアソン分布の期待値 λ を推定しているためである。そして，Y の値が自由度 $K-1$ のカイ 2 乗分布の上側 5 %点よりも大きなときは有意水準 5 %で帰無仮説「母集団分布はポアソン分布である」は否定される。ただしここで K は，期待度数 e_k が小さいカテゴリーを併合することによって最後のカテゴリーを「K 以上」とした値とする。たとえば表 1 のデータでは $x \geq 5$ のカテゴリーは併合して $K = 5$ とする。

〔4〕 (i)　大きさ n の無作為標本 $x_1, \ldots, x_n$ に対して，ゼロ過剰部分の度数が m で，ポアソン部分の度数が $n-m$ であるとし，$x_1, \ldots, x_{n-m}$ がポアソン部分であるとすると，尤度関数は

$$L(\lambda, \omega) = \omega^m \prod_{i=1}^{n-m} \left\{(1-\omega)\frac{\lambda^{x_i}}{x_i!}e^{-\lambda}\right\} = \omega^m (1-\omega)^{n-m} \lambda^A e^{-(n-m)\lambda} \prod_{i=1}^{n-m} \frac{1}{x_i!}$$

となる。よって対数尤度関数は，

$$\begin{aligned} l(\lambda, \omega) &= \log L(\lambda, \omega) \\ &= m \log \omega + (n-m)\log(1-\omega) + A \log \lambda - (n-m)\lambda - \log \prod_{i=1}^{n-m} x_i! \end{aligned}$$

で与えられる。

(ii)　対数尤度関数 $l(\lambda, \omega)$ を λ および ω で微分して 0 と置くことにより，尤度方程式

$$\frac{\partial l(\lambda, \omega)}{\partial \lambda} = \frac{A}{\lambda} - (n-m) = 0$$

$$\frac{\partial l(\lambda, \omega)}{\partial \omega} = \frac{m}{\omega} - \frac{n-m}{1-\omega} = 0$$

を得る。これらより

$$\lambda = \frac{A}{n-m}, \quad \omega = \frac{m}{n}$$

が得られる。

(iii)　$x \geq 1$ となる観測値数は $n - f_0$ であり，$x = 0$ となるポアソン分布部分の m が与えられた場合の期待観測値数は $(n-m)e^{-\lambda}$ であるので，ポアソン分布部分の観測値数は $n - m = n - f_0 + (n-m)e^{-\lambda}$ となり，これより

$$m = \frac{f_0 - ne^{-\lambda}}{1 - e^{-\lambda}}$$

を得る。よって，λ の適当な初期値 $\lambda^{(0)}$ を選択し，

$$
\begin{cases}
m^{(t)} = \dfrac{f_0 - n\exp[-\lambda^{(t-1)}]}{1-\exp[-\lambda^{(t-1)}]} \\[2em]
\lambda^{(t)} = \dfrac{A}{n - m^{(t)}}
\end{cases}
$$

ITE	m	Lambda
0		1.790
1	6.367	1.912
2	8.469	1.956
3	9.146	1.970
4	9.363	1.975
5	9.431	1.976
6	9.453	1.977
7	9.460	1.977
8	9.462	1.977
9	9.463	1.977
10	9.463	1.977

となる反復計算式（EM アルゴリズム）が得られる。$\lambda^{(0)}$ としては標本平均を用いればよい。実際に反復計算をすると，右のような経緯をたどって最尤推定値に収束する。

〔5〕 $\tilde{\lambda} = 1.98$ とすると，ゼロ過剰部分の度数 m は

$$
m = \frac{f_0 - ne^{-\tilde{\lambda}}}{1 - e^{-\tilde{\lambda}}} \approx \frac{22 - 100 \times e^{-1.98}}{1 - e^{-1.98}} \approx 9.46
$$

と推定される。もしくは，$\tilde{\lambda} = \dfrac{A}{n-m}$ の式を変形して，

$$
m = n - \frac{A}{\tilde{\lambda}} = 100 - \frac{179}{1.98} \approx 9.46
$$

としても求められる。よって，ω は $\tilde{\omega} = \dfrac{9.46}{100} = 0.0946$ と推定され，$x = 0$ となった度数 $f_0 = 22$ での割合は $\dfrac{9.46}{22} = 0.43$ となる。

統計応用（社会科学） 問 5

統計応用（人文科学）問 5 と共通問題。173 ページ参照。

統計応用（理工学）　問1

ある工業製品の寿命を表す連続型の確率変数を T とし ($T \geq 0$)，その累積分布関数を $F(t) = P(T \leq t)$，生存関数を $S(t) = P(T > t) = 1 - F(t)$，確率密度関数を $f(t) = \dfrac{d}{dt}F(t)$ とする。また，ハザード関数を $h(t) = \dfrac{f(t)}{S(t)}$ とし，累積ハザード関数を $H(t) = \displaystyle\int_0^t h(s)ds$ とする。以下では $F(t)$ および $H(t)$ は適当な回数微分可能であり，$E[T] < \infty$ とする。このとき以下の各問に答えよ。

〔1〕 T の期待値を $E[T] = \displaystyle\int_0^\infty tf(t)dt$ とするとき，

$$E[T] = \int_0^\infty S(t)dt$$

となることを示せ。

〔2〕 この製品が時点 t で稼働しているときの余命 $T - t$ の期待値（平均余命関数）を

$$m(t) = E[T - t|T > t]$$

とする。このとき

$$m(t) = \frac{\displaystyle\int_t^\infty S(x)dx}{S(t)}$$

および

$$m(t) = \int_0^\infty \exp[H(t) - H(t + x)]dx$$

であることを示せ。また，$m'(x)$ を $m(x)$ の導関数とするとき

$$S(t) = \exp\left[-\int_0^t \frac{1 + m'(x)}{m(x)}dx\right]$$

であることを示せ。

〔3〕 ハザード関数 $h(t)$ が t の増加（非減少）関数であるとき寿命分布は IFR（increasing failure rate）であるといい，それが t の減少（非増加）関数のとき DFR（decreasing failure rate）であるという。

(1) ハザード関数 $h(t)$ は寿命のどのような性質を意味するかを述べよ。

(2) 累積ハザード関数 $H(t)$ が凸関数のとき寿命分布は IFR であり，それが凹関数のとき分布は DFR であることを示せ。なお，関数 $f(t)$ が区間 I で凸関数であるとは，区

間内の任意の 2 点 $t_1 < t_2$ および $0 < p < 1$ なる任意の p に対し，

$$f(pt_1 + (1-p)t_2) \leq pf(t_1) + (1-p)f(t_2) \tag{$*$}$$

が成り立つことをいい，$f(t)$ が凹関数であるとは式 $(*)$ の不等号 $(\leq)$ が逆向きの $\geq$ となることをいう。

〔4〕 パラメータ 1 の指数分布に従う確率変数を X とする。X の累積分布関数は $F(x) = P(X \leq x) = 1 - e^{-x}$ である。β を正の実数とし，$T = X^{1/\beta} = \sqrt[\beta]{X}$ と変数変換する。

(1) T の確率密度関数 $g_\beta(t)$ およびハザード関数 $h_\beta(t)$ を求め，β の値と T の分布の IFR 性および DFR 性との関係を示せ。

(2) $\beta = \dfrac{1}{2}$ および $\beta = 2$ としたときの T のハザード関数 $h_{\frac{1}{2}}(t), h_2(t)$ を求め，$0 < t < 5$ でそれぞれの関数の概形を図示せよ。

解答例

〔1〕 $S'(t) = -f(t)$ であるので，条件 $E[T] < \infty$ より $\lim_{t\to\infty} tS(t) = 0$ であることに注意すると，部分積分により

$$E[T] = \int_0^\infty tf(t)dt = -\left[tS(t)\right]_0^\infty + \int_0^\infty S(t)dt$$

となる。

〔2〕 部分積分により

$$\begin{aligned}\int_t^\infty S(x)dx &= [xS(x)]_t^\infty + \int_t^\infty xf(x)dx = -tS(t) + S(t)\int_t^\infty x\frac{f(x)}{S(t)}dx \\ &= S(t)\left\{-t + \int_t^\infty xf(x|T>t)dx\right\} = S(t)\{E[T|T>t] - t\} \\ &= S(t)E[T-t|T>t]\end{aligned}$$

となることより与式を得る。また，$h(t) = -\dfrac{d}{dt}\log S(t)$ より $H(t) = -\log S(t)$ であるので，式変形の途中で $y = t + x$ と置いて，

$$\begin{aligned}\int_0^\infty \exp[H(t) - H(t+x)]dx &= \int_0^\infty \exp[-\log S(t) + \log S(t+x)]dx \\ &= \frac{1}{S(t)}\int_0^\infty S(t+x)dx \\ &= \frac{1}{S(t)}\int_t^\infty S(y)dy = m(t)\end{aligned}$$

を得る。

次に,

$$\int_t^\infty S(x)dx = m(t)S(t)$$

の両辺を t で微分して

$$-S(t) = m'(t)S(t) + m(t)S'(t)$$

となるので，移項して微分方程式

$$\frac{S'(t)}{S(t)} = -\frac{1+m'(t)}{m(t)}$$

を得る。両辺を積分して，$\log S(0) = \log 1 = 0$ に注意すると，

$$\log S(t) = -\int_0^t \frac{1+m'(x)}{m(x)}dx$$

となることより，与式が示される。

〔3〕 (1)　ハザード関数 $h(t)$ は，時刻 t まで稼働していた製品が時刻 t で故障する瞬間故障率を表す。すなわち

$$h(t) = \lim_{\Delta t \downarrow 0} \frac{P(t \leq T < t + \Delta t | T \geq t)}{\Delta t}$$

である。

(2)　一般にある関数 $g(t)$ がなめらかな凸関数であるときは，その 2 階微分は $g''(x) > 0$ であることより，導関数 $g'(t)$ は t の増加関数となる。よって，$H(t)$ の微分であるハザード関数 $h(t)$ は増加関数であることから T の確率分布は IFR である。凹関数の場合は，導関数は t の減少関数であることから，T の分布は DFR である。

〔4〕 (1)　$T = X^{1/\beta}$ と変数変換すると，累積分布関数は

$$G_\beta(t) = P(T \leq t) = P(X^{1/\beta} \leq t) = P(X \leq t^\beta) = 1 - \exp[-t^\beta]$$

となる。よって，確率密度関数は

$$g_\beta(t) = \frac{d}{dt}G_\beta(t) = \beta t^{\beta-1}\exp[-t^\beta]$$

となる。生存関数は $S_\beta(t) = \exp[-t^\beta]$ であるので，ハザード関数は

$$h_\beta(t) = \frac{g_\beta(t)}{S_\beta(t)} = \beta t^{\beta-1}$$

で与えられる。これより，$\beta > 1$ では分布は IFR，$\beta < 1$ では DFR となる。$\beta = 1$ のときは指数分布であり，ハザード関数は定数で IFR かつ DFR となる。

(2)　$\beta = 1/2$ とすると，確率密度関数とハザード関数はそれぞれ

$$g_{1/2}(t) = \frac{1}{2}t^{-1/2}\exp[-t^{1/2}] = \frac{1}{2\sqrt{t}}\exp[-\sqrt{t}], \quad h_{1/2}(t) = \frac{1}{2}t^{-1/2} = \frac{1}{2\sqrt{t}}$$

であり，$\beta = 2$ とすると，確率密度関数とハザード関数はそれぞれ

$$g_2(t) = 2t\exp[-t^2], \quad h_2(t) = 2t$$

となる。それぞれの関数形は以下のようである。確率密度関数の概形は参考のために示した。

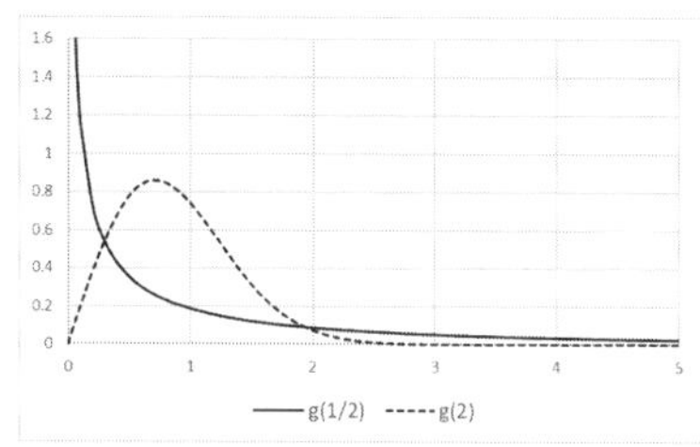

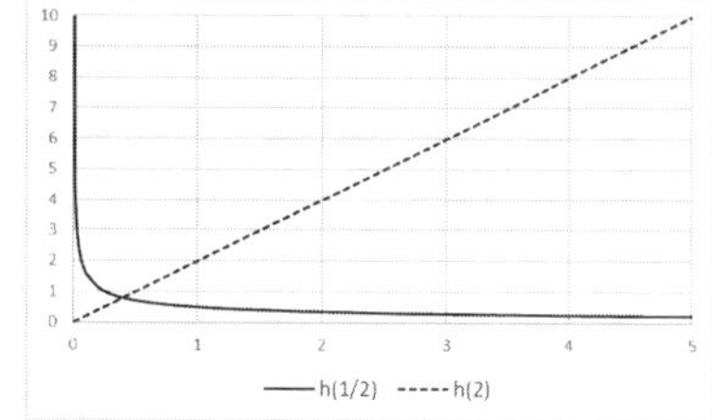

図 1：確率密度関数とハザード関数

統計応用（理工学）　問 2

ある部品の熱処理工程は，特性 A を管理特性とし，$\bar{X} - R$ 管理図（平均値 $\bar{X}$ と範囲 R の 2 つの管理図）で管理されている。図 1 の $\bar{X} - R$ 管理図に示すように，$\bar{X} - R$ 管理図の群の大きさは 4 であり，群は熱処理バッチに対応する。また，図 2 は半導体ウェハのある製造工程におけるウェハ上に付着するパーティクル（微少なごみ）の数を管理特性とした C 管理図である。

管理図は中心線（Center Line）と管理限界線（Control Limit）から成る。管理図の Center Line（CL）は，管理図に打点される統計量の平均値であり，CL の上側に UCL（Upper Control Limit），下側に LCL（Lower Control Limit）が設定され，それらの値は，

$$\text{CL} \pm（管理図に打点される統計量の標準偏差）\times 3$$

である。$\bar{X} - R$ 管理図での上式における標準偏差は，R 管理図によって安定していることを判断した群内変動より求める。標準偏差の 3 倍で管理限界を設定する方法を 3 シグマルールという。ただし，R 管理図は LCL が負になる場合は考えない。$\bar{X} - R$ 管理図は正規分布を仮定して作成される。

また，C 管理図はポアソン分布を仮定して作成される。図 2 の CL は平均値 1.62 であり，管理限界線は 3 シグマルールで計算している。ただし，R 管理図と同様に，LCL が負になる場合は考えない。

図1の $\bar{X}$ 管理図および図2の C 管理図ともに管理限界線を越えた点が多発している。この現象に関連して以下の各問に答えよ。

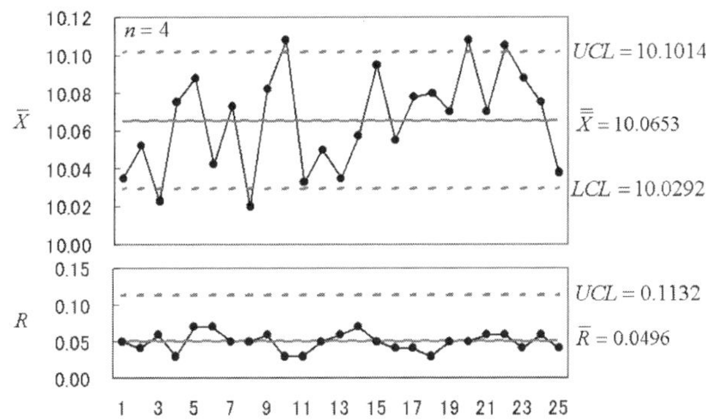

図 1：熱処理工程の $\bar{X}-R$ 管理図

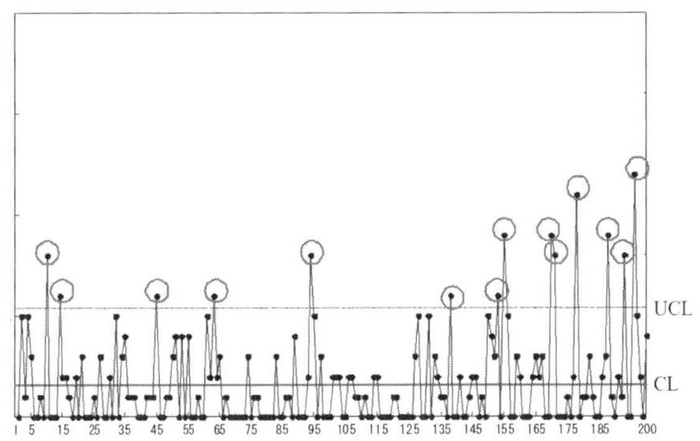

図 2：半導体ウェハの製造工程の C 管理図

〔1〕 R 管理図から，熱処理のバッチ内（群内）変動は安定しているとみなされる。図1の $\bar{X}$ の管理図より，処理バッチ内変動（標準偏差 $\hat{\sigma}_W$）を推定せよ。

〔2〕 $\bar{X}$ 管理図は多数の点が管理限界線を外れている。図 1 の元データ x_{ij} $(i = 1, \ldots, 25; j = 1, 2, 3, 4)$ の標準偏差 $\hat{\sigma}_{\mathrm{Total}}$ が 0.0481 であったとしたとき，熱処理バッチ間変動（群間変動 $\hat{\sigma}_B$）を標準偏差で求めよ。

〔3〕 上問〔2〕のバッチ間変動のほとんどが鋼材の変動によることが判明した。ただし，鋼材の変動は鋼材メーカーの問題であり，その変動は熱処理工程からすれば管理外である。鋼材ロットは処理バッチに対応している。熱処理担当のエンジニアは，熱処理後の特性 A

の現状のばらつきは通常のばらつきであり，規格に対しても何ら問題はなく，現状を維持管理したいと判断した。3 シグマルールによって管理するとしたとき，$\bar{X}-R$ 管理図に対する対応策を考えよ。

〔4〕 図 2 の C 管理図は 3 シグマルールを用いている。C 管理図の UCL を求めよ。

〔5〕 図 2 の C 管理図は管理限界外の点が多発している。上問〔3〕と同様に，担当のエンジニアは，この程度のばらつきは通常のばらつきであり問題はなく，現状を維持管理したいと考えている。管理限界外の点が多発している図 2 の現象を説明し，C 管理図を活用するための対応策を考えよ。

解答例

〔1〕 熱処理のバッチ内（群内）変動は安定している。群内変動（標準偏差）の推定量を $\hat{\sigma}_W$ とする。$\bar{X}$ 管理図の CL の値から，

$$\bar{\bar{x}}=\frac{1}{25}\sum_{i-1}^{25}\bar{x}_i=10.0653$$

となる。$\bar{X}$ 管理図の UCL は 3 シグマルールで設定されるので

$$\mathrm{UCL}=\bar{\bar{x}}+3.0\times\frac{\hat{\sigma}_W}{\sqrt{n}}$$

であり，$\bar{X}$ 管理図から

$$10.1014=10.0653+3.0\times\frac{\hat{\sigma}_W}{\sqrt{4}}$$

であるので $\hat{\sigma}_W=0.0241$ となる。

〔2〕 全偏差平方和，群間偏差平方和，群内偏差平方和をそれぞれ SS_T，SS_B，SS_W とすると，平方和の分解 $SS_T=SS_B+SS_W$ が成り立つ。対応する自由度に関しても $df_T=df_B+df_W$ となる。群内分散の推定値は $\hat{\sigma}_W^2=SS_W/df_W$ で与えられる。また，各群における観測値数が一定で m である場合，群間変動の分散 σ_B^2 の推定値は，

$$\hat{\sigma}_B^2=\frac{1}{m}\left(\frac{SS_B}{df_B}-\hat{\sigma}_W^2\right)$$

となる。

題意より，$SS_{Total}=(0.0481)^2\times 99=0.2290$，$SS_W=(0.0241)^2\times 75=0.0436$ であるので，

$$SS_B=0.2290-0.0436=0.1855$$

となる。以上を表にまとめると次のようになる。

	SS	df	MS	MS^(1/2)
Between	0.1855	24	0.007729	0.0879
Within	0.0436	75	0.000581	0.0241
Total	0.2290	99	0.002314	0.0481

よって，

$$\hat{\sigma}_B^2 = \frac{1}{4}\left(\frac{0.1855}{24} - (0.0241)^2\right) \approx 0.0018$$

であるので，$\hat{\sigma}_B \approx \sqrt{0.0018} \approx 0.0423$ となる。

分散の加法性 $\sigma_{Total}^2 = \sigma_B^2 + \sigma_W^2$ に対して，それぞれの推定値を代入すると

$$(0.0481)^2 = \hat{\sigma}_B^2 + (0.0241)^2$$

となり，これから $\hat{\sigma}_B = 0.0416$ が得られ，上記で導出した値に近似する。導出の簡便さから，近似的にこの値を用いることも考えられる。

〔3〕 対応策として，鋼材による特性Ａの変動は熱処理工程にとって偶然変動であるとみなす。すなわち，$\bar{X}$ 管理図の管理限界線の設定に，群内変動 $\hat{\sigma}_W$ を用いるのではなく，群間変動も含めた $\hat{\sigma}_{Total}$ を用いる。$\bar{X}$ 管理図の管理限界線は

$$\mathrm{UCL} = \bar{\bar{x}} + 3.0 \times \frac{\hat{\sigma}_{Total}}{\sqrt{n}} = 10.0653 + 3.0 \times \frac{0.0481}{2} = 10.1375$$

$$\mathrm{LCL} = \bar{\bar{x}} - 3.0 \times \frac{\hat{\sigma}_{Total}}{\sqrt{n}} = 10.0653 - 3.0 \times \frac{0.0481}{2} = 9.9932$$

となる。

群の構成を変えて，鋼材ロットによる変動を群内変動に含めることも考えられるが，品質保証上得策ではない。

〔4〕 ポアソン分布を仮定する C 管理図の 3 シグマルールから，C 管理図の UCL は

$$\mathrm{UCL} = \mathrm{CL} + 3.0\sqrt{\mathrm{CL}} = 1.62 + 3.0\sqrt{1.62} = 5.43$$

となる。

〔5〕 C 管理図の管理限界線は特性値がポアソン分布に従うことを仮定して設定される。この仮定は，ウェハ上にパーティクルが付着する確率（付着率）は均一であるという仮定である。図 2 の C 管理図は，ポアソン分布を仮定したよりも分散が膨張している。この現象は，パーティクルの付着率はウェハ上で均一でなく，そのことが分散の膨張を起こしていると考えら

れる。

対策としては，ポアソン分布のパラメータがウェハ上で均一でない分布を仮定することである。たとえば，ポアソン分布ではなく，ポアソン分布の母数 λ がガンマ分布に従う負の二項分布を仮定する。

統計応用（理工学） 問３

ある窯を用いたタイル焼成工程では，焼成後のタイル強度 y を改善するために次の 4 因子による実験を行い，最も強度が高くなるタイル焼成温度，配合などを求める。

A：タイル焼成温度　B：成分 B 配合量
C：成分 C 配合量　D：焼成炉内位置

すべての因子は 2 水準である。実験の計画には $L_8(2^7)$ 型直交表を用いる。その直交表を表 1 の左半分に示す。表 1 の右半分は実験を行う順序に関する 4 種類の候補である。

表 1：直交表と実験の順序候補

No.	[1]	[2]	[3]	[4]	[5]	[6]	[7]	順序 1	順序 2	順序 3	順序 4
1	1	1	1	1	1	1	1	8	5	6	3
2	1	1	1	2	2	2	2	7	3	8	4
3	1	2	2	1	1	2	2	6	6	7	8
4	1	2	2	2	2	1	1	5	1	5	7
5	2	1	2	1	2	1	2	4	8	2	1
6	2	1	2	2	1	2	1	3	4	1	2
7	2	2	1	1	2	2	1	2	7	4	5
8	2	2	1	2	1	1	2	1	2	3	6
成	a		a		a		a				
分		b	b			b	b				
記				c	c	c	c				
号	1 群	2 群		3 群							

〔1〕 因子 A，B，C，D の主効果をすべて推定するため，次の「因子」の行のように各因子を割り付ける。

No.	[1]	[2]	[3]	[4]	[5]	[6]	[7]
因子	A	B		C			D
平方和	5	4	2	1	1	3	1

この表の「平方和」の行には実験結果 y_i $(i = 1, \ldots, 8)$ から求めた列ごとの平方和をあわせて示している。平方和は，第 $[k]$ 列の記号が 1 のときの平均 $\bar{y}_{[k]1}$ と記号が 2 のときの平均 $\bar{y}_{[k]2}$ を用いて $2(\bar{y}_{[k]1} - \bar{y}_{[k]2})^2$ で求められる。因子 A，B，C，D の主効果以外の変動は誤差とみなし，因子 A，B の主効果について F 値を計算せよ。また，完全無作為化実験の実験順序の例として適切なのは，表 1 の右半分の順序 1 から順序 4 のうちのどれかを示せ。

〔2〕 上問〔1〕で，因子 A，B，C，D の主効果に加え，交互作用 A×B もモデルに取り込む。このとき，それら以外の変動を誤差とみなして交互作用 A×B の F 値を計算せよ。

〔3〕 焼成窯ではいくつかのタイルを同時に焼成することができる。そこで，因子 A を 1 次因子，因子 B，C，D を 2 次因子とした分割実験とし，次の表の「因子」の行のような割り付けを行う。なお，1 次単位は {No. 1, No. 2}，{No. 3, No. 4}，{No. 5, No. 6}，{No. 7, No. 8} の 4 つとする。

No.	[1]	[2]	[3]	[4]	[5]	[6]	[7]
因子		A		B	C		D

この場合の実験順序の例として適切なものを，表 1 の順序 1 から順序 4 から選べ。

〔4〕 上問〔1〕の完全無作為化実験の場合，および上問〔3〕の分割実験の場合のそれぞれについて，タイル焼成は何回行うのかを述べよ。

〔5〕 分割実験を実施した際の，上問〔1〕と同様に求めた平方和を次の表の「平方和」の行に示す。1 次誤差，2 次誤差ともに無視できないものとして，因子 A，B，C，D の F 値を計算せよ。

No.	[1]	[2]	[3]	[4]	[5]	[6]	[7]
因子		A		B	C		D
平方和	2	5	2	4	1	1	1

解答例

〔1〕 第 [3]，[5]，[6] 列による変動が誤差となるので，誤差平方和はこれらの列の平方和の合計の 6，自由度は 3 なので誤差分散は 2.0 と推定される。したがって，因子 A，B の主効果の F 値は，それぞれ 2.5，2.0 となる。また，実験全体の順序を無作為に決めている例となるので順序 2 が適切である。

〔2〕 交互作用 A × B の変動は第 [3] 列に現れるので，その平方和は 2 となる。残りの [5]，

[6] 列の変動が誤差によるものとなり，誤差分散は 2.0 と推定される。したがって，交互作用 A × B の F 値は 1.0 となる。

〔3〕 因子 A を 1 次因子，因子 B，C，D を 2 次因子とした場合には，第 [2] 列に基づき 1 次因子の順序をまず無作為化し，そのそれぞれの中で 2 次因子の順序を無作為化する。したがって，順序 4 が適切である。

〔4〕 上問〔1〕の完全無作為化実験の場合には 8 回の焼成になる。一方，上問〔3〕の分割実験の場合には 4 回となる。

〔5〕 一次誤差は第 [1]，[3] 列に現れ，その誤差分散は 2.0 と推定される。したがって，因子 A の F 値は 2.5 となる。また 2 次誤差は第 [6] 列に現れ，その誤差分散は 1 と推定される。したがって因子 B，C，D の F 値はそれぞれ 4.0，1.0，1.0 となる。

統計応用（理工学） 問4

統計応用（社会科学）問 3 と共通。183 ページ参照。

統計応用（理工学） 問5

統計応用（人文科学）問 5 と共通。173 ページ参照。

統計応用（医薬生物学）　問1

T を生存時間を表す確率変数とし，n 人について観測された生存時間を $t_1, t_2, \ldots, t_n$ とする。$r \leq n$ となる r 個のイベントの観察時点を $t_{(1)} < t_{(2)} < \cdots < t_{(r)}$ となるように昇順に並べ替え，j 番目を $t_{(j)}$ $(j = 1, 2, \ldots, r)$ と表す。時点 $t_{(j)}$ の直前にイベントが起きる可能性のある人数（リスク集合）を n_j，時点 $t_{(j)}$ におけるイベント数を d_j とする。5 名を観察した結果，表 1 のような生存時間データが得られたとする。

表 1：生存時間データ

生存時間（週）	打ち切りの有無 (1:打ち切り，0:イベント)
10	0
13	0
18	1
19	0
23	1

このとき，以下の各問に答えよ。

〔1〕 表 1 のデータから表 2 を作成せよ。さらに，カプラン・マイヤー法による生存曲線を図示せよ。ただし，$\hat{S}(t)$ は時点 t におけるカプラン・マイヤー法により推定された生存関数の推定値とする。

表 2：生存関数のカプラン・マイヤー推定値

生存時間（週）	n_j	d_j	$\hat{S}(t)$
10			
13			
19			

〔2〕 $t_{(j)} \leq t < t_{(j+1)}$ $(j = 1, 2, \ldots, r)$ における生存関数のネルソン・アーレン推定値は次式で与えられる。

$$\tilde{S}(t) = \prod_{k=1}^{j} \exp\left(-\frac{d_k}{n_k}\right)$$

任意の時点 t において $\tilde{S}(t) \geq \hat{S}(t)$ であることを示せ。

〔3〕 表 1 のデータのように観察されたデータのうち最長の生存時間データが打ち切りの場合，カプラン・マイヤー法により推定された生存曲線は 0 に到達しない。そのため，生存曲線の曲線下面積が定義できず，平均生存時間を推定することはできない。このような場

2019年11月

合に，平均生存時間の代替指標として，境界内平均生存時間を用いることがある。境界内平均生存時間は，境界時間 τ 内での生存時間を $X(\tau)$ $(=\min(T,\tau))$ としたとき，$X(\tau)$ の期待値として定義される。境界内平均生存時間は，境界時間 τ 内における生存曲線の曲線下面積に等しくなることを示せ。

〔4〕 生存時間 $X(\tau)$ の分散 $\mathrm{Var}[X(\tau)]$ を導出せよ。ただし，生存関数を $S(t)=\exp(-\lambda t)$ とする。

〔5〕 生存関数を $S(t)=\exp(-\lambda t)$ とする。表 1 のデータからハザード λ の最尤推定値を求めよ。さらに，境界時間を $\tau=20$ とした境界内平均生存時間とその分散 $\mathrm{Var}[X(\tau)]$ の推定値を求めよ。ただし，指数関数の値は巻末の付表 5 を参照すること。

解答例

〔1〕 $t_{(j)} \le t < t_{(j+1)}$ $(j=1,2,\ldots,r)$ のカプラン・マイヤー推定値は次式で与えられる。

$$\hat{S}(t)=\prod_{k=1}^{j}\left(\frac{n_k-d_k}{n_k}\right)$$

したがって，表 1 のデータからカプラン・マイヤー推定値は次のようになる。

$$\hat{S}(10)=\frac{5-1}{5}=0.8$$
$$\hat{S}(13)=\frac{5-1}{5}\times\frac{4-1}{4}=0.6$$
$$\hat{S}(19)=\frac{5-1}{5}\times\frac{4-1}{4}\times\frac{2-1}{2}=0.3$$

さらに，表 2 は次のようになる。

表 2：生存関数のカプラン・マイヤー推定値

生存時間（週）	n_j	d_j	$\hat{S}(t)$
10	5	1	0.8
13	4	1	0.6
19	2	1	0.3

表 1 のデータから，カプラン・マイヤー法による生存曲線を図示すると図 1 のようになる。

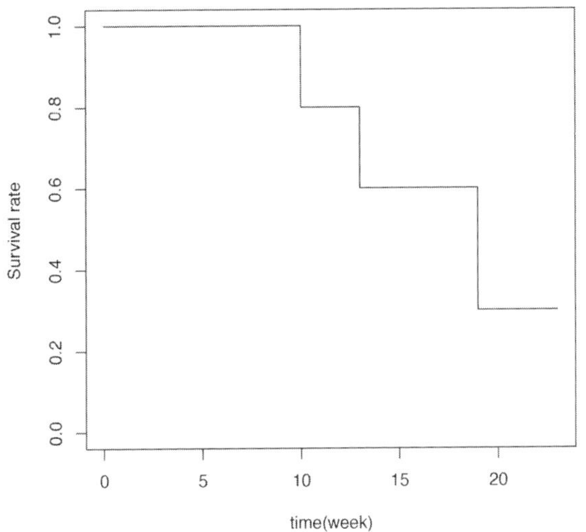

図 1：カプラン・マイヤー法による生存曲線

〔2〕 $f(x) = \exp(-x) - (1-x)$ とする。$f(x)$ の導関数 $f'(x)$ は次式となる。

$$f'(x) = -\exp(-x) + 1$$

また，$f'(x) = 0$ の解は $x = 0$ である。増減表は次のようになる。

x	$\cdots$	0	$\cdots$
$f'(x)$	$-$	0	$+$
$f(x)$	$\searrow$	0	$\nearrow$

したがって，任意の x について，$\exp(-x) \geq 1 - x$ が成り立つ。これより，

$$\exp\left(-\frac{d_k}{n_k}\right) \geq 1 - \frac{d_k}{n_k} = \frac{n_k - d_k}{n_k}$$

が成り立ち，任意の時点 t において $\tilde{S}(t) \geq \hat{S}(t)$ であることが示された。

〔3〕 T の確率密度関数を $f(t)$，累積分布関数を $F(t)$，生存関数を $S(t)$ とする。

$$
\begin{aligned}
E[X(\tau)] &= E[\min(T,\tau)] \\
&= \int_0^\tau tf(t)dt + \int_\tau^\infty \tau f(t)dt \\
&= \Big[tF(t)\Big]_0^\tau - \int_0^\tau F(t)dt + \tau\Big[F(t)\Big]_\tau^\infty \\
&= \tau F(\tau) - \int_0^\tau (1 - S(t))dt + \tau(1 - F(\tau)) \\
&= -\Big[t\Big]_0^\tau + \int_0^\tau S(t)dt + \tau \\
&= -\tau + \int_0^\tau S(t)dt + \tau \\
&= \int_0^\tau S(t)dt
\end{aligned}
$$

以上より，境界内平均生存時間は，境界時間 τ 内における生存曲線の曲線下面積に等しいことが示された。

〔4〕

$$
\begin{aligned}
E[X^2(\tau)] &= \int_0^\tau t^2 f(t)dt + \int_\tau^\infty \tau^2 f(t)dt \\
&= \Big[t^2F(t)\Big]_0^\tau - \int_0^\tau 2tF(t)dt + \tau^2\Big[F(t)\Big]_\tau^\infty \\
&= \tau^2 F(\tau) - \int_0^\tau 2t(1 - S(t))dt + \tau^2(1 - F(\tau)) \\
&= -\Big[t^2\Big]_0^\tau + 2\int_0^\tau tS(t)dt + \tau^2 \\
&= -\tau^2 + 2\int_0^\tau tS(t)dt + \tau^2 \\
&= 2\int_0^\tau tS(t)dt
\end{aligned}
$$

生存関数 $S(t) = \exp(-\lambda t)$ より

$$
\begin{aligned}
E[X(\tau)] &= \int_0^\tau S(t)dt \\
&= \int_0^\tau \exp(-\lambda t)dt
\end{aligned}
$$

$$
\begin{aligned}
&= \left[-\frac{\exp(-\lambda t)}{\lambda} \right]_0^\tau \\
&= \frac{1-\exp(-\lambda\tau)}{\lambda}
\end{aligned}
$$

$$
\begin{aligned}
E[X^2(\tau)] &= 2\int_0^\tau tS(t)dt \\
&= 2\int_0^\tau t\exp(-\lambda t)dt \\
&= 2\left[-\frac{t\exp(-\lambda t)}{\lambda} \right]_0^\tau + 2\int_0^\tau \frac{\exp(-\lambda t)}{\lambda}dt \\
&= \frac{2-2\lambda\tau\exp(-\lambda\tau)-2\exp(-\lambda\tau)}{\lambda^2}
\end{aligned}
$$

したがって，分散 $\mathrm{Var}[X(\tau)]$ は次のようになる。

$$
\begin{aligned}
\mathrm{Var}[X(\tau)] &= E[X^2(\tau)] - (E[X(\tau)])^2 \\
&= \frac{1-2\lambda\tau\exp(-\lambda\tau)-\exp(-2\lambda\tau)}{\lambda^2}
\end{aligned}
$$

〔5〕 生存関数 $S(t)=\exp(-\lambda t)$ より，対数尤度関数は次のようになる。

$$
\log L = r\log\lambda - \lambda\sum_{i=1}^n t_i
$$

ハザード λ の最尤推定量 $\hat{\lambda}$ は次のようになる。

$$
\hat{\lambda} = \frac{r}{\sum_{i=1}^n t_i}
$$

したがって，表 1 のデータから最尤推定値は，次のようになる。

$$
\hat{\lambda} = \frac{3}{10+13+18+19+23} = \frac{3}{83} \simeq 0.036
$$

$\tau=20$ とした境界内平均生存時間と分散 $\mathrm{Var}[X(\tau)]$ の推定値は，$\hat{\lambda}=0.036$ と巻末の付表 5 の値を用いると次のようになる。

$$
\begin{aligned}
\widehat{E[X(\tau)]} &= \frac{1-\exp(-\hat{\lambda}\tau)}{\hat{\lambda}} \simeq 14.257 \\
\widehat{\mathrm{Var}[X(\tau)]} &= \frac{1-2\hat{\lambda}\tau\exp(-\hat{\lambda}\tau)-\exp(-2\hat{\lambda}\tau)}{\hat{\lambda}^2} \simeq 47.954
\end{aligned}
$$

数値を丸めずに計算すると，$\widehat{E[X(\tau)]} \simeq 14.239$，$\widehat{\mathrm{Var}[X(\tau)]} \simeq 48.018$ となる。

（補足）境界内生存時間の推定としてカプラン・マイヤー法によって推定された生存関数を積分する方法について述べる。境界内生存時間の推定量は次のようになる。

$$\widehat{E[X(\tau)]} = \int_0^\tau \hat{S}(t)dt = \sum_{k=0}^{D}(t_{k+1} - t_k)\hat{S}(t_k)$$

ただし，カプラン・マイヤー法による生存関数の推定量を $\hat{S}(t)$，境界時間 τ 内での相異なる D 個のイベント発現時点を $t_1 < t_2 < \cdots < t_D$ とし，$t_0 = 0, t_{D+1} = \tau$ とする。表1のデータから境界時間 $\tau = 20$ としたカプラン・マイヤー法による境界内生存期間の推定値は次のようになる。

$$\begin{aligned}\widehat{E[X(\tau)]} &= \sum_{k=0}^{D}(t_{k+1} - t_k)\hat{S}(t_k) \\ &= (10-0)\times 1.0 + (13-10)\times 0.8 + (19-13)\times 0.6 + (20-19)\times 0.3 \\ &= 16.3\end{aligned}$$

統計応用（医薬生物学） 問2

乳がんの切除後に化学療法を受けた女性グループ $(X = 1)$ と受けなかった女性グループ $(X = 0)$ を5年間追跡した仮想的なコホート研究の結果を以下に示す（*Epidemiology* 2019; 30: 541–548）。共変量 $\boldsymbol{Z} = (\text{Memo}, \text{Grade})$ は，閉経の有無（1: あり，0: なし）とがんの進行度（1: 3以上，0: 1または2）を表し，いずれも再発 D（1: 再発あり，0: なし）のリスク因子として知られている。以下の各問に答えよ。

	$\boldsymbol{Z}$		$X=1$		$X=0$	
層 k	Memo	Grade	N	$D=1$	N	$D=1$
1	0	0	172	12	1028	58
2	0	1	220	65	180	45
3	1	0	209	48	171	35
4	1	1	597	353	103	57
	Total		$N_1 = 1198$	$Y_1 = 478$	$N_0 = 1482$	$Y_0 = 195$

Memo: 閉経の有無，Grade: がんの進行度

〔1〕 $X = x$ のグループの人数を N_x，再発数を Y_x とし，Y_x は再発確率（リスク）p_x の二項分布に従うとする。データを共変量で層別せずに，未調整のリスク差 $p_1 - p_0$ の推定値とその95 %信頼区間を有効数字2桁で求めよ。ただし，p_x の最尤推定量 $\hat{p}_x = \dfrac{Y_x}{N_x}$ とその標準誤差の推定量 $\left\{\dfrac{Y_x(N_x - Y_x)}{N_x^3}\right\}^{1/2}$ を用いて正規近似を行うこととする。

〔2〕 共変量 $\boldsymbol{Z}$ で層別したデータについて，層 $k\ (=1,\ldots,4)$ のグループ $X=x$（人数 N_{xk}）の再発数を Y_{xk} とする。さらに，各層の人数の割合を $w_k=\dfrac{N_{0k}+N_{1k}}{N_0+N_1}$，$\sum_{k=1}^{4} w_k = 1$ とし，各層の $X=x$ の再発確率（リスク）p_{xk} の重み付き平均 $R_{xw}=\sum_{k=1}^{4} w_k p_{xk}$ を調整リスクとする。調整リスク差 $R_{1w}-R_{0w}$ の推定値を有効数字 2 桁で求めよ。

〔3〕 各層内での治療確率 $e(\boldsymbol{z})=P(X=1|\boldsymbol{Z}=\boldsymbol{z})$ を傾向スコアという。傾向スコアの値が同じ集団では，層別に用いた共変量 $\boldsymbol{Z}$ の同時分布が治療群間で等しくなる（傾向スコアのバランス特性）。傾向スコアを求めるために，X を結果変数としてロジスティック回帰モデルを最尤法で当てはめたところ，以下の出力を得た。

Parameter	Estimate	Standard Error	P
Intercept	−1.7879	0.0824	< 0.0001
Memo	1.9885	0.1320	< 0.0001
Grade	1.9885	0.1300	< 0.0001
Memo∗Grade	−0.4320	0.1972	0.0285

これらの結果から，各層の傾向スコアを推定できる。推定された傾向スコアのバランス特性をデータから示せ。

〔4〕 上問〔3〕から得られた傾向スコアの値で層別したデータに対して，上問〔2〕と同様の推定量によりグループ $X=1$ と $X=0$ の調整リスク差の推定値を有効数字 2 桁で求めよ。

〔5〕 上問〔2〕の傾向スコアは次式のように表現できる。

$$e(\boldsymbol{z})=P(X=1|\boldsymbol{Z}=\boldsymbol{z})=E[X|\boldsymbol{Z}=\boldsymbol{z}]$$

このとき，次式の傾向スコアのバランス特性が成り立つことを証明せよ。

$$P(X=1|\boldsymbol{Z}=\boldsymbol{z},e(\boldsymbol{Z})=e(\boldsymbol{z}))=P(X=1|e(\boldsymbol{Z})=e(\boldsymbol{z}))$$

ただし，$P(X=1|\boldsymbol{Z}=\boldsymbol{z},e(\boldsymbol{Z})=e(\boldsymbol{z}))=P(X=1|\boldsymbol{Z}=\boldsymbol{z})$ が成り立つことを用いてよい。

解答例

〔1〕 リスク差 p_1-p_0 の最尤推定量は問題文から

$$\hat{p}_1-\hat{p}_0=\frac{Y_1}{N_1}-\frac{Y_0}{N_0}$$

2019年11月

で得られるので，点推定値は $\dfrac{478}{1198}-\dfrac{195}{1482}=0.3990-0.1316=0.2674$ となる。この標準誤差は，分散の加法性から $\left(\dfrac{478\times 720}{1198\times 1198\times 1198}+\dfrac{195\times 1287}{1482\times 1482\times 1482}\right)^{\frac{1}{2}}=0.0167$ となるので，95 %信頼区間は

$$0.2674-1.96\times 0.0167=0.235,\quad 0.2674+1.96\times 0.0167=0.300$$

となる。以上より，未調整のリスク差の推定値は 0.27，その 95 %信頼区間は (0.23, 0.30) となる。

〔2〕 標準化リスク $R_{xw}=\sum_{k=1}^{4} w_k p_{xk}$ を求めるための，層ごとのリスク (p_{1k}, p_{0k}) と重み w_k は下表のようにまとめられる。

	$\boldsymbol{Z}$		$X=1$		$X=0$	
層 k	Memo	Grade	$\hat{p}_{1k}$	w_k	$\hat{p}_{0k}$	w_k
1	0	0	$\frac{12}{172}=0.070$	$\frac{1200}{2680}$	$\frac{58}{1028}=0.056$	$\frac{1200}{2680}$
2	0	1	$\frac{65}{220}=0.295$	$\frac{400}{2680}$	$\frac{45}{180}=0.250$	$\frac{400}{2680}$
3	1	0	$\frac{48}{209}=0.230$	$\frac{380}{2680}$	$\frac{35}{171}=0.205$	$\frac{380}{2680}$
4	1	1	$\frac{353}{597}=0.591$	$\frac{700}{2680}$	$\frac{57}{103}=0.553$	$\frac{700}{2680}$

したがって，標準化リスクの推定値は

$$\hat{R}_{1w}=\frac{0.070\times 1200+0.295\times 400+0.230\times 380+0.591\times 700}{2680}=0.262$$
$$\hat{R}_{0w}=\frac{0.056\times 1200+0.250\times 400+0.205\times 380+0.553\times 700}{2680}=0.236$$

となる。したがって，調整リスク差 $R_{1w}-R_{0w}$ の推定値は 0.026 となる。

〔3〕 ここでの当てはめモデルは，パラメータ数と，あり得る回帰 $E[Y|X=x,\boldsymbol{Z}=\boldsymbol{z}]$ の数が等しい飽和モデルなので，最尤推定値による予測値は $(x,\boldsymbol{z})$ ごとの割合に一致する。したがってこのモデルから推定した各層の傾向スコア PS の値は

層 1： $\dfrac{172}{172+1028}=0.143$

層 2： $\dfrac{220}{220+180}=0.550$

層 3： $\dfrac{209}{209+171}=0.550$

層 4： $\dfrac{597}{597+103}=0.853$

となる。傾向スコアの値が同じグループで $\boldsymbol{Z}=(\mathrm{Memo},\mathrm{Grade})$ の同時分布が等しいことを示せばよい。

まず，傾向スコア PS が 0.143 の集団には層 1 のみが含まれ，全員が $\boldsymbol{Z}=(0,0)$ と等しい値を持つので，$X=1$ と $X=0$ のグループで $\boldsymbol{Z}$ の分布が等しい。したがって

$$P(\boldsymbol{Z}=(0,0)|X=1,\mathrm{PS}=0.143)=P(\boldsymbol{Z}=(0,0)|X=0,\mathrm{PS}=0.143)=1$$

となる。傾向スコアの値が 0.853 である集団も同様に層 4 しかないので，

$$P(\boldsymbol{Z}=(1,1)|X=1,\mathrm{PS}=0.853)=P(\boldsymbol{Z}=(1,1)|X=0,\mathrm{PS}=0.853)=1$$

となる。最後に，傾向スコアの値が 0.550 である集団には層 2 と層 3 が含まれ

$$P(\boldsymbol{Z}=(0,0)|X=1,\mathrm{PS}=0.550)=P(\boldsymbol{Z}=(0,0)|X=0,\mathrm{PS}=0.550)=0 \quad (1)$$

$$P(\boldsymbol{Z}=(0,1)|X=1,\mathrm{PS}=0.550)=\frac{220}{220+209}=0.513 \quad (2)$$

$$P(\boldsymbol{Z}=(0,1)|X=0,\mathrm{PS}=0.550)=\frac{180}{180+171}=0.513 \quad (3)$$

式 (2) と (3) より

$$P(\boldsymbol{Z}=(0,1)|X=1,\mathrm{PS}=0.550)=P(\boldsymbol{Z}=(0,1)|X=0,\mathrm{PS}=0.550)=0.513 \quad (4)$$

$$P(\boldsymbol{Z}=(1,0)|X=1,\mathrm{PS}=0.550)=\frac{209}{220+209}=0.487 \quad (5)$$

$$P(\boldsymbol{Z}=(1,0)|X=0,\mathrm{PS}=0.550)=\frac{171}{180+171}=0.487 \quad (6)$$

式 (5) と (6) より

$$P(\boldsymbol{Z}=(1,0)|X=1,\mathrm{PS}=0.550)=P(\boldsymbol{Z}=(1,0)|X=0,\mathrm{PS}=0.550)=0.487 \quad (7)$$

$$P(\boldsymbol{Z}=(1,1)|X=1,\mathrm{PS}=0.550)=P(\boldsymbol{Z}=(1,1)|X=0,\mathrm{PS}=0.550)=0 \quad (8)$$

となる。式 (1)，(4)，(7)，(8) より傾向スコアのバランス特性が成立している。

（補足）本来は上記のように $\boldsymbol{Z}$ の同時分布が等しいことを示さなければならないが，今回の例では $P(\boldsymbol{Z}=(1,0)|X,\mathrm{PS}=0.550)=P(\mathrm{Memo}=1|X,\mathrm{PS}=0.550)$ かつ $P(\boldsymbol{Z}=(0,1)|X,\mathrm{PS}=0.550)=P(\mathrm{Grade}=1|X,\mathrm{PS}=0.550)$ と周辺分布に帰着するので，「周辺分布のバランスが同時分布のバランスと同値である」ことを示すのでもよい。

〔4〕 上問〔3〕より，層 2 と層 3 の傾向スコアの値が等しいので，データを傾向スコアに従って層別すると下表のようになる。

PS	$X=1$		$X=0$	
	N	$D=1$	N	$D=1$
0.143	172	12	1028	58
0.550	429	113	351	80
0.853	597	353	103	57
Total	$N_1 = 1198$	$Y_1 = 478$	$N_0 = 1482$	$Y_0 = 195$

PS $= 0.550$ の層において，$\dfrac{113}{429} = 0.263$ と $\dfrac{80}{351} = 0.228$ である。したがって，標準化リスク差は

$$\hat{R}_{1w} = \frac{0.070 \times 1200 + 0.263 \times (400 + 380) + 0.591 \times 700}{2680} = 0.262$$

$$\hat{R}_{0w} = \frac{0.056 \times 1200 + 0.228 \times (400 + 380) + 0.553 \times 700}{2680} = 0.262$$

となる。よって，調整リスク差 $R_{1w} - R_{0w}$ の推定値は 0.026 となる。なお，傾向スコアで層別した標準化リスクは上問〔2〕で求めた標準化リスクと一致することが分かる。

〔5〕 条件付き期待値の繰り返し公式を適切に応用できるかを問う問題である。

$$P(X = 1|\boldsymbol{Z} = \boldsymbol{z}, e(\boldsymbol{Z}) = e(\boldsymbol{z})) = P(X = 1|\boldsymbol{Z} = \boldsymbol{z}) = e(\boldsymbol{z})$$

$$\begin{aligned} P(X = 1|e(\boldsymbol{Z}) = e(\boldsymbol{z})) &= E[X|e(\boldsymbol{Z}) = e(\boldsymbol{z})] \\ &= E_{\boldsymbol{Z}}[E[X|e(\boldsymbol{Z}), \boldsymbol{Z}]|e(\boldsymbol{Z}) = e(\boldsymbol{z})] \\ &= E_{\boldsymbol{Z}}[E[X|\boldsymbol{Z}]|e(\boldsymbol{Z}) = e(\boldsymbol{z})] \\ &= E_{\boldsymbol{Z}}[e(\boldsymbol{Z})|e(\boldsymbol{Z}) = e(\boldsymbol{z})] \\ &= e(\boldsymbol{z}) \end{aligned}$$

以上より，

$$P(X = 1|\boldsymbol{Z} = \boldsymbol{z}, e(\boldsymbol{Z}) = e(\boldsymbol{z})) = P(X = 1|e(\boldsymbol{Z}) = e(\boldsymbol{z})) = e(\boldsymbol{z})$$

となり，傾向スコアのバランス特性が成り立つことが示された。

統計応用（医薬生物学）　問３

ある疾患Ｄに罹患しているか否かは生検によって確定診断されるが，このためのスクリーニング検査として検査法Ａがある。今，この検査法Ａとは別に，新たな検査法Ｂが開発された。このとき，検査法Ａと検査法Ｂの診断性能を比較したい。そこで，被験者 200 名全員に検査法Ａと検査法Ｂ，および生検を受けてもらい，その試験の結果を，生検の結果に基づき実際に疾患Ｄに罹患していると判明した群と疾患Ｄに罹患していないと判明した群とに分けてまとめたものが次の表である。このとき以下の各問に答えよ。

疾患Ｄに罹患している群

		検査法Ｂ		
		陽性	陰性	計
検査法	陽性	65	7	72
Ａ	陰性	16	2	18
計		81	9	90

疾患Ｄに罹患していない群

		検査法Ｂ		
		陽性	陰性	計
検査法	陽性	2	16	18
Ａ	陰性	7	85	92
計		9	101	110

〔1〕 この試験のデータから推定される検査法Ａおよび検査法Ｂの感度を求めよ。また，同様に検査法Ａおよび検査法Ｂの陽性的中率を求めよ。

〔2〕 検査法ＡとＢの真の感度を比較したい。このとき次の仮説

$$\begin{cases} H_0 : \text{検査法 A の真の感度} = \text{検査法 B の真の感度} \\ H_1 : \text{検査法 A の真の感度} \neq \text{検査法 B の真の感度} \end{cases}$$

に対して，正規近似を用いたスコア型の検定統計量（ただし連続性の補正は行わなくてよい）により有意水準５％で検定せよ。

（ヒント：疾患Ｄに罹患している群のみを考えればよく，（検査法Ａ，検査法Ｂ）の結果が異なるという条件の下で，（陽性，陰性）セルの観測度数は，帰無仮説 H_0 の下で $\mathrm{Bin}(23, 0.5)$ の二項分布に従うことを用いる。）

〔3〕 検査法Ａと検査法Ｂの真の陽性的中率に関する仮説

$$\begin{cases} H_0 : \text{検査法 A の真の陽性的中率} = \text{検査法 B の真の陽性的中率} \\ H_1 : \text{検査法 A の真の陽性的中率} \neq \text{検査法 B の真の陽性的中率} \end{cases}$$

を検定することを考える。

上記の陽性的中率に関する仮説検定を考えるにあたって，先の観測度数に基づく表を改めて次のように示すことにする。

疾患 D に罹患している群

		検査法 B		
		陽性	陰性	計
検査法	陽性	x_{++D}	x_{+-D}	$x_{+\bullet D}$
A	陰性	x_{-+D}	x_{--D}	$x_{-\bullet D}$
計		$x_{\bullet+D}$	$x_{\bullet-D}$	$x_{\bullet\bullet D}$

疾患 D に罹患していない群

		検査法 B		
		陽性	陰性	計
検査法	陽性	$x_{++\overline{D}}$	$x_{+-\overline{D}}$	$x_{+\bullet\overline{D}}$
A	陰性	$x_{-+\overline{D}}$	$x_{--\overline{D}}$	$x_{-\bullet\overline{D}}$
計		$x_{\bullet+\overline{D}}$	$x_{\bullet-\overline{D}}$	$x_{\bullet\bullet\overline{D}}$

また，上の表に対する真の確率構造を

疾患 D に罹患している群

		検査法 B		
		陽性	陰性	計
検査法	陽性	π_{++D}	π_{+-D}	$\pi_{+\bullet D}$
A	陰性	π_{-+D}	π_{--D}	$\pi_{-\bullet D}$
計		$\pi_{\bullet+D}$	$\pi_{\bullet-D}$	$\pi_{\bullet\bullet D}$

疾患 D に罹患していない群

		検査法 B		
		陽性	陰性	計
検査法	陽性	$\pi_{++\overline{D}}$	$\pi_{+-\overline{D}}$	$\pi_{+\bullet\overline{D}}$
A	陰性	$\pi_{-+\overline{D}}$	$\pi_{--\overline{D}}$	$\pi_{-\bullet\overline{D}}$
計		$\pi_{\bullet+\overline{D}}$	$\pi_{\bullet-\overline{D}}$	$\pi_{\bullet\bullet\overline{D}}$

とする。ここで，$\boldsymbol{x} = (x_{++D}, x_{+-D}, \ldots, x_{-+\overline{D}}, x_{--\overline{D}})'$（記号 $'$ はベクトルの転置を表す）は，確率ベクトル $\boldsymbol{\pi} = (\pi_{++D}, \pi_{+-D}, \ldots, \pi_{-+\overline{D}}, \pi_{--\overline{D}})'$ を持つ多項分布に従うとする。このとき，$x_{\bullet\bullet D} + x_{\bullet\bullet\overline{D}} = n$，$\boldsymbol{p} = \dfrac{\boldsymbol{x}}{n}$ とすると，$n \to \infty$ で

$$\sqrt{n}(\boldsymbol{p} - \boldsymbol{\pi})$$

は多変量中心極限定理により近似的に平均ベクトルが $\mathbf{0}$ の多変量正規分布に従う。この統計量の分散共分散行列を $\boldsymbol{\pi}$ またはその成分を用いて表せ。

〔4〕

$$f(\boldsymbol{\pi}) = \frac{\pi_{+\bullet D}}{\pi_{+\bullet D} + \pi_{+\bullet\overline{D}}} - \frac{\pi_{\bullet+D}}{\pi_{\bullet+D} + \pi_{\bullet+\overline{D}}}$$

とするとき，デルタ法の近似による $\sqrt{n}f(\boldsymbol{p})$ の分散を〔3〕で用いた行列によって表現せよ（要素まで計算する必要はない）。

〔5〕 上問〔3〕および〔4〕を用いて，〔3〕で与えられた陽性的中率に関する仮説を有意水準 5 %で検定せよ。ただし，〔4〕で求めた分散における未知の確率 $\boldsymbol{\pi}$ を $\boldsymbol{p}$ に置き換えた分散の推定値は 0.42 であることを用いてよい。

解答例

〔1〕 この試験における検査法 A および検査法 B の感度（SE）は「実際に疾患 D に罹患している人」の中で「検査法 A（もしくは検査法 B）によって陽性と判断された人」の割合なので，それぞれ

$$\widehat{SE}_A = \frac{72}{90} = 0.8, \quad \widehat{SE}_B = \frac{81}{90} = 0.9$$

となる。また，陽性的中率（Positive Predictive Value;PPV）は「検査法 A（もしくは検査法 B）によって陽性と判断された人」の中で「実際に疾患 D に罹患している人」の割合なので，それぞれ

$$\widehat{PPV}_A = \frac{72}{72+18} = 0.8, \quad \widehat{PPV}_B = \frac{81}{81+9} = 0.9$$

となる。

〔2〕 疾患 D に罹患している群における集計表を次の問〔3〕の表記にならって次のように表す。

観測値データ

		検査法 B		
		陽性	陰性	計
検査法	陽性	x_{++D}	x_{+-D}	$x_{+\bullet D}$
A	陰性	x_{-+D}	x_{--D}	$x_{-\bullet D}$
計		$x_{\bullet+D}$	$x_{\bullet-D}$	$x_{\bullet\bullet D}$

真の確率構造

		検査法 B		
		陽性	陰性	計
検査法	陽性	π_{++D}	π_{+-D}	$\pi_{+\bullet D}$
A	陰性	π_{-+D}	π_{--D}	$\pi_{-\bullet D}$
計		$\pi_{\bullet+D}$	$\pi_{\bullet-D}$	$\pi_{\bullet\bullet D}$

このとき，観測値が（陽性，陰性）もしくは（陰性，陽性）のセルに入るという条件の下で，（陽性，陰性）セルの観測度数は二項分布 $B(23, 0.5)$ に従う。したがって，

$$M = \frac{x_{+-D} - \dfrac{23}{2}}{\sqrt{\dfrac{23}{4}}}$$

は帰無仮説の下で近似的に標準正規分布に従う。得られたデータからは $M = -1.88$ となるので，これは有意水準 5 %で棄却されない。したがって 2 つの検査法 A と B の真の感度に統計的な有意差はない。

※上記の検定統計量を 2 乗したものでも検定を行うことはでき（この場合は M^2 は自由度 1 のカイ二乗分布に従う），これは McNemar 検定もしくは Bowker の対称性の検定として知られている。

〔3〕 このデータ（観測度数）はサンプルサイズ（n）が固定された下で多項分布に従う。した

2019年11月

がって，$\sqrt{n}\boldsymbol{p}$ の分散共分散行列は

$$\begin{pmatrix} \pi_{++D}(1-\pi_{++D}) & -\pi_{++D}\pi_{+-D} & \cdots & -\pi_{++D}\pi_{--\overline{D}} \\ \vdots & \ddots & & \vdots \\ -\pi_{++D}\pi_{--\overline{D}} & -\pi_{--\overline{D}}\pi_{+-D} & \cdots & \pi_{--\overline{D}}(1-\pi_{--\overline{D}}) \end{pmatrix}$$

と表せる。行列を用いれば，これは

$$\boldsymbol{D} - \boldsymbol{\pi}\boldsymbol{\pi}'$$

と表現できる。ここに $\boldsymbol{D}$ は $\boldsymbol{\pi}$ の各成分を対角成分とする対角行列である。

〔4〕 上問〔3〕より

$$\sqrt{n}(\boldsymbol{p}-\boldsymbol{\pi}) \approx N_8(\boldsymbol{0}, \boldsymbol{D}-\boldsymbol{\pi}\boldsymbol{\pi}')$$

である。ただし，N_8 は 8 変量正規分布を表す。デルタ法より，

$$\sqrt{n}(f(\boldsymbol{p})-E[f(\boldsymbol{p})]) \simeq \sqrt{n}(f(\boldsymbol{p})-f(\boldsymbol{\pi})) \approx N\left(0, \left[\frac{\partial f(\boldsymbol{\pi})}{\partial \boldsymbol{\pi}'}\right](\boldsymbol{D}-\boldsymbol{\pi}\boldsymbol{\pi}')\left[\frac{\partial f(\boldsymbol{\pi})}{\partial \boldsymbol{\pi}'}\right]'\right)$$

となり，N は 1 変量正規分布を表す。

したがって，$\sqrt{n}f(\boldsymbol{p})$ の分散は

$$\left[\frac{\partial f(\boldsymbol{\pi})}{\partial \boldsymbol{\pi}'}\right](\boldsymbol{D}-\boldsymbol{\pi}\boldsymbol{\pi}')\left[\frac{\partial f(\boldsymbol{\pi})}{\partial \boldsymbol{\pi}'}\right]'$$

となる。

実際に成分まで計算すると，

$$PPV_A = \frac{\pi_{+\bullet D}}{\pi_{+\bullet D}+\pi_{+\bullet\overline{D}}}, \quad PPV_B = \frac{\pi_{\bullet+D}}{\pi_{\bullet+D}+\pi_{\bullet+\overline{D}}}$$

と置き，上記の分散を σ^2 と置けば，

$$\begin{aligned} \sigma^2 = & \frac{PPV_A(1-PPV_A)}{\pi_{+\bullet D}+\pi_{+\bullet\overline{D}}} + \frac{PPV_B(1-PPV_B)}{\pi_{\bullet+D}+\pi_{\bullet+\overline{D}}} \\ & -2\times\frac{\pi_{++D}(1-PPV_A)(1-PPV_B)+\pi_{++\overline{D}}PPV_A PPV_B}{(\pi_{+\bullet D}+\pi_{+\bullet\overline{D}})(\pi_{\bullet+D}+\pi_{\bullet+\overline{D}})} \end{aligned}$$

となる。

〔5〕 帰無仮説の下では $f(\boldsymbol{\pi})=0$ より，これを検定するには次の統計量を用いればよい。

$$z = \frac{\sqrt{n}f(\boldsymbol{p})}{\sqrt{\hat{\sigma}^2}}$$

ただし，$\hat{\sigma}^2$ は，σ^2 に含まれる未知の $\boldsymbol{\pi}$ を $\boldsymbol{p}$ に置き換えたものである。この統計量は近似的に標準正規分布に従う。$n = 200, f(\boldsymbol{p}) = -0.1, \hat{\sigma}^2 = 0.42$ より，$z = -2.18$ となり，有意水準 5 %で有意である。したがって，検査法 A と B の陽性的中率には有意差がある。

統計応用（医薬生物学）　問 4

ある希少疾患の臨床試験において，計 6 名の被験者にランダムに薬剤 A もしくは薬剤 B を投与し，ある検査の観察終了時の測定値を表にまとめた。以下の各問に答えよ。

群	測定値			平均	標準偏差
薬剤 A	2.79	4.64	7.03	4.82	2.13
薬剤 B	0.21	0.73	5.52	2.15	2.93

〔1〕 上表のデータに対して，両側有意水準 5 %で帰無仮説を「2 つの群における母平均は等しい」とする Student の t 検定を適用し，有意性を判定せよ。また，この検定の適用が妥当であるための条件を 3 つ示せ。

〔2〕 上表のデータに対して，ノンパラメトリック法である Wilcoxon の順位和検定を適用する。この検定における帰無仮説を述べよ。

〔3〕 上問〔2〕で適用する Wilcoxon の順位和検定における検定統計量を示し，上表のデータにおけるその検定統計量の実現値を求めよ。

〔4〕 上問〔3〕で示された Wilcoxon の検定統計量に対して，帰無仮説の下での取り得る値とそれぞれの値を取る確率を求めよ。

〔5〕 上表のデータに対して，Wilcoxon の順位和検定を適用したときの正確な両側 p 値を求めよ。さらに，このデータに対して上記の検定を有意水準 5 %で行うときの第 1 種の過誤確率を求め，この状況における Wilcoxon の順位和検定の問題点を指摘せよ。

解答例

〔1〕 Student の t 検定の検定統計量は，

$$t = \sqrt{3+3-2} \times \frac{(4.82-2.15)}{\sqrt{(2\times 2.13^2 + 2\times 2.93^2)\times\left(\frac{1}{3}+\frac{1}{3}\right)}} = 1.28$$

となる。この統計量は自由度 4 の t 分布に従い，その上側 2.5 %点は 2.78 であるので，有意水準 5 %の両側検定で有意ではない。

この検定の帰無仮説は，薬剤 A 群の母平均を μ_1，薬剤 B 群の母平均を μ_2 とするとき，

$$H_0 : \mu_1 = \mu_2$$

である。この検定の適用が妥当であるための条件は，

1. 各測定値が互いに独立であり，
2. 各群の測定値の母集団分布が正規分布であり，
3. 各群の分散が等しいこと

である。

〔2〕 薬剤 A 群の測定値の分布の分布関数を $F_1(x)$，薬剤 B 群の測定値の分布の分布関数を $F_2(x)$ とするとき，Wilcoxon の順位和検定における帰無仮説は，

$$H_0 : F_1(x) = F_2(x)$$

である。

〔3〕 表のデータを順位に変換すると下表のようになる。

群	測定値の順位		
薬剤 A	3	4	6
薬剤 B	1	2	5

検定統計量は，薬剤 A 群の順位和であり，

$$W_A = 3 + 4 + 6 = 13$$

となる。検定統計量は薬剤 B 群の順位和でもよく，その場合は

$$W_B = 1 + 2 + 5 = 8$$

となる。

〔4〕 帰無仮説下では，薬剤 A 群の順位和は全部で 6 個のデータからランダムに 3 個を選んだときの順位和の分布となる。今の場合，${}_6C_3 = 20$ 通りあり，これらのどれもが等確率 1/20 で生じる。したがって，順位和として取り得る値とそれぞれの値を取る確率は次のようになる。

順位和	確率
6	0.05
7	0.05
8	0.10
9	0.15
10	0.15
11	0.15
12	0.15
13	0.10
14	0.05
15	0.05

〔5〕 与えられたデータにおける Wilcoxon の順位和統計量 W_A の実現値は 13 であり，上問〔4〕より，

$$P(13 \leq W_A | H_0) = 0.2$$

である。したがって，両側 p 値は $2 \times 0.2 = 0.4$ となる。このデータに対して，有意水準 5 %（もしくはそれ以下）で Wilcoxon の順位和検定を行うときは，p 値が 0.05 未満になることはない。したがって，第 1 種の過誤確率は 0 となる。このように，サンプルサイズが極端に小さい場合には，第 1 種の過誤確率は 0 となり，有意になることはない。これは，分布の離散性に起因する問題である。

統計応用（医薬生物学） 問 5

統計応用（人文科学）問 5 と共通問題。173 ページ参照。

付　表

付表 1. 標準正規分布の上側確率

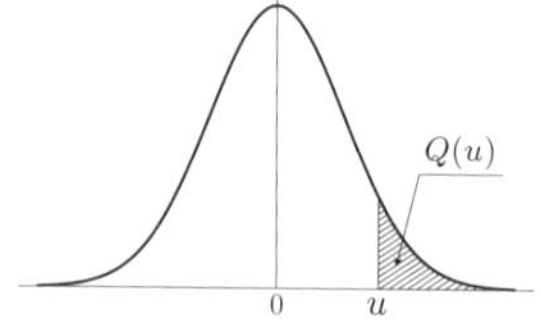

u	.00	.01	.02	.03	.04	.05	.06	.07	.08	.09
0.0	0.5000	0.4960	0.4920	0.4880	0.4840	0.4801	0.4761	0.4721	0.4681	0.4641
0.1	0.4602	0.4562	0.4522	0.4483	0.4443	0.4404	0.4364	0.4325	0.4286	0.4247
0.2	0.4207	0.4168	0.4129	0.4090	0.4052	0.4013	0.3974	0.3936	0.3897	0.3859
0.3	0.3821	0.3783	0.3745	0.3707	0.3669	0.3632	0.3594	0.3557	0.3520	0.3483
0.4	0.3446	0.3409	0.3372	0.3336	0.3300	0.3264	0.3228	0.3192	0.3156	0.3121
0.5	0.3085	0.3050	0.3015	0.2981	0.2946	0.2912	0.2877	0.2843	0.2810	0.2776
0.6	0.2743	0.2709	0.2676	0.2643	0.2611	0.2578	0.2546	0.2514	0.2483	0.2451
0.7	0.2420	0.2389	0.2358	0.2327	0.2296	0.2266	0.2236	0.2206	0.2177	0.2148
0.8	0.2119	0.2090	0.2061	0.2033	0.2005	0.1977	0.1949	0.1922	0.1894	0.1867
0.9	0.1841	0.1814	0.1788	0.1762	0.1736	0.1711	0.1685	0.1660	0.1635	0.1611
1.0	0.1587	0.1562	0.1539	0.1515	0.1492	0.1469	0.1446	0.1423	0.1401	0.1379
1.1	0.1357	0.1335	0.1314	0.1292	0.1271	0.1251	0.1230	0.1210	0.1190	0.1170
1.2	0.1151	0.1131	0.1112	0.1093	0.1075	0.1056	0.1038	0.1020	0.1003	0.0985
1.3	0.0968	0.0951	0.0934	0.0918	0.0901	0.0885	0.0869	0.0853	0.0838	0.0823
1.4	0.0808	0.0793	0.0778	0.0764	0.0749	0.0735	0.0721	0.0708	0.0694	0.0681
1.5	0.0668	0.0655	0.0643	0.0630	0.0618	0.0606	0.0594	0.0582	0.0571	0.0559
1.6	0.0548	0.0537	0.0526	0.0516	0.0505	0.0495	0.0485	0.0475	0.0465	0.0455
1.7	0.0446	0.0436	0.0427	0.0418	0.0409	0.0401	0.0392	0.0384	0.0375	0.0367
1.8	0.0359	0.0351	0.0344	0.0336	0.0329	0.0322	0.0314	0.0307	0.0301	0.0294
1.9	0.0287	0.0281	0.0274	0.0268	0.0262	0.0256	0.0250	0.0244	0.0239	0.0233
2.0	0.0228	0.0222	0.0217	0.0212	0.0207	0.0202	0.0197	0.0192	0.0188	0.0183
2.1	0.0179	0.0174	0.0170	0.0166	0.0162	0.0158	0.0154	0.0150	0.0146	0.0143
2.2	0.0139	0.0136	0.0132	0.0129	0.0125	0.0122	0.0119	0.0116	0.0113	0.0110
2.3	0.0107	0.0104	0.0102	0.0099	0.0096	0.0094	0.0091	0.0089	0.0087	0.0084
2.4	0.0082	0.0080	0.0078	0.0075	0.0073	0.0071	0.0069	0.0068	0.0066	0.0064
2.5	0.0062	0.0060	0.0059	0.0057	0.0055	0.0054	0.0052	0.0051	0.0049	0.0048
2.6	0.0047	0.0045	0.0044	0.0043	0.0041	0.0040	0.0039	0.0038	0.0037	0.0036
2.7	0.0035	0.0034	0.0033	0.0032	0.0031	0.0030	0.0029	0.0028	0.0027	0.0026
2.8	0.0026	0.0025	0.0024	0.0023	0.0023	0.0022	0.0021	0.0021	0.0020	0.0019
2.9	0.0019	0.0018	0.0018	0.0017	0.0016	0.0016	0.0015	0.0015	0.0014	0.0014
3.0	0.0013	0.0013	0.0013	0.0012	0.0012	0.0011	0.0011	0.0011	0.0010	0.0010
3.1	0.0010	0.0009	0.0009	0.0009	0.0008	0.0008	0.0008	0.0008	0.0007	0.0007
3.2	0.0007	0.0007	0.0006	0.0006	0.0006	0.0006	0.0006	0.0005	0.0005	0.0005
3.3	0.0005	0.0005	0.0005	0.0004	0.0004	0.0004	0.0004	0.0004	0.0004	0.0003
3.4	0.0003	0.0003	0.0003	0.0003	0.0003	0.0003	0.0003	0.0003	0.0003	0.0002
3.5	0.0002	0.0002	0.0002	0.0002	0.0002	0.0002	0.0002	0.0002	0.0002	0.0002
3.6	0.0002	0.0002	0.0001	0.0001	0.0001	0.0001	0.0001	0.0001	0.0001	0.0001
3.7	0.0001	0.0001	0.0001	0.0001	0.0001	0.0001	0.0001	0.0001	0.0001	0.0001
3.8	0.0001	0.0001	0.0001	0.0001	0.0001	0.0001	0.0001	0.0001	0.0001	0.0001
3.9	0.0000	0.0000	0.0000	0.0000	0.0000	0.0000	0.0000	0.0000	0.0000	0.0000

$u = 0.00 \sim 3.99$ に対する，正規分布の上側確率 $Q(u)$ を与える。
例：$u = 1.96$ に対しては，左の見出し 1.9 と上の見出し .06 との交差点で，
$Q(u) = 0.0250$ と読む。表にない u に対しては適宜補間すること。

付表 2. t 分布のパーセント点

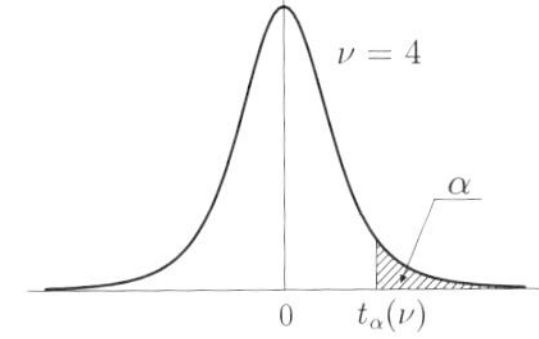

ν	α = 0.10	0.05	0.025	0.01	0.005
1	3.078	6.314	12.706	31.821	63.656
2	1.886	2.920	4.303	6.965	9.925
3	1.638	2.353	3.182	4.541	5.841
4	1.533	2.132	2.776	3.747	4.604
5	1.476	2.015	2.571	3.365	4.032
6	1.440	1.943	2.447	3.143	3.707
7	1.415	1.895	2.365	2.998	3.499
8	1.397	1.860	2.306	2.896	3.355
9	1.383	1.833	2.262	2.821	3.250
10	1.372	1.812	2.228	2.764	3.169
11	1.363	1.796	2.201	2.718	3.106
12	1.356	1.782	2.179	2.681	3.055
13	1.350	1.771	2.160	2.650	3.012
14	1.345	1.761	2.145	2.624	2.977
15	1.341	1.753	2.131	2.602	2.947
16	1.337	1.746	2.120	2.583	2.921
17	1.333	1.740	2.110	2.567	2.898
18	1.330	1.734	2.101	2.552	2.878
19	1.328	1.729	2.093	2.539	2.861
20	1.325	1.725	2.086	2.528	2.845
21	1.323	1.721	2.080	2.518	2.831
22	1.321	1.717	2.074	2.508	2.819
23	1.319	1.714	2.069	2.500	2.807
24	1.318	1.711	2.064	2.492	2.797
25	1.316	1.708	2.060	2.485	2.787
26	1.315	1.706	2.056	2.479	2.779
27	1.314	1.703	2.052	2.473	2.771
28	1.313	1.701	2.048	2.467	2.763
29	1.311	1.699	2.045	2.462	2.756
30	1.310	1.697	2.042	2.457	2.750
40	1.303	1.684	2.021	2.423	2.704
60	1.296	1.671	2.000	2.390	2.660
120	1.289	1.658	1.980	2.358	2.617
240	1.285	1.651	1.970	2.342	2.596
∞	1.282	1.645	1.960	2.326	2.576

自由度 ν の t 分布の上側確率 α に対する t の値を $t_\alpha(\nu)$ で表す。
例：自由度 $\nu = 20$ の上側 5%点 ($\alpha = 0.05$) は，$t_{0.05}(20) = 1.725$ である。
表にない自由度に対しては適宜補間すること。

付表 3. カイ二乗分布のパーセント点

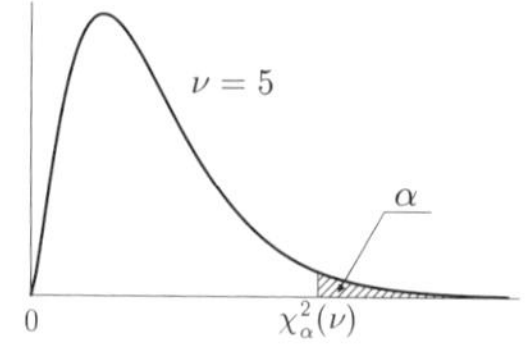

ν	0.99	0.975	0.95	0.90	0.10	0.05	0.025	0.01
1	0.00	0.00	0.00	0.02	2.71	3.84	5.02	6.63
2	0.02	0.05	0.10	0.21	4.61	5.99	7.38	9.21
3	0.11	0.22	0.35	0.58	6.25	7.81	9.35	11.34
4	0.30	0.48	0.71	1.06	7.78	9.49	11.14	13.28
5	0.55	0.83	1.15	1.61	9.24	11.07	12.83	15.09
6	0.87	1.24	1.64	2.20	10.64	12.59	14.45	16.81
7	1.24	1.69	2.17	2.83	12.02	14.07	16.01	18.48
8	1.65	2.18	2.73	3.49	13.36	15.51	17.53	20.09
9	2.09	2.70	3.33	4.17	14.68	16.92	19.02	21.67
10	2.56	3.25	3.94	4.87	15.99	18.31	20.48	23.21
11	3.05	3.82	4.57	5.58	17.28	19.68	21.92	24.72
12	3.57	4.40	5.23	6.30	18.55	21.03	23.34	26.22
13	4.11	5.01	5.89	7.04	19.81	22.36	24.74	27.69
14	4.66	5.63	6.57	7.79	21.06	23.68	26.12	29.14
15	5.23	6.26	7.26	8.55	22.31	25.00	27.49	30.58
16	5.81	6.91	7.96	9.31	23.54	26.30	28.85	32.00
17	6.41	7.56	8.67	10.09	24.77	27.59	30.19	33.41
18	7.01	8.23	9.39	10.86	25.99	28.87	31.53	34.81
19	7.63	8.91	10.12	11.65	27.20	30.14	32.85	36.19
20	8.26	9.59	10.85	12.44	28.41	31.41	34.17	37.57
25	11.52	13.12	14.61	16.47	34.38	37.65	40.65	44.31
30	14.95	16.79	18.49	20.60	40.26	43.77	46.98	50.89
35	18.51	20.57	22.47	24.80	46.06	49.80	53.20	57.34
40	22.16	24.43	26.51	29.05	51.81	55.76	59.34	63.69
50	29.71	32.36	34.76	37.69	63.17	67.50	71.42	76.15
60	37.48	40.48	43.19	46.46	74.40	79.08	83.30	88.38
70	45.44	48.76	51.74	55.33	85.53	90.53	95.02	100.43
80	53.54	57.15	60.39	64.28	96.58	101.88	106.63	112.33
90	61.75	65.65	69.13	73.29	107.57	113.15	118.14	124.12
100	70.06	74.22	77.93	82.36	118.50	124.34	129.56	135.81
120	86.92	91.57	95.70	100.62	140.23	146.57	152.21	158.95
140	104.03	109.14	113.66	119.03	161.83	168.61	174.65	181.84
160	121.35	126.87	131.76	137.55	183.31	190.52	196.92	204.53
180	138.82	144.74	149.97	156.15	204.70	212.30	219.04	227.06
200	156.43	162.73	168.28	174.84	226.02	233.99	241.06	249.45
240	191.99	198.98	205.14	212.39	268.47	277.14	284.80	293.89

（表頭の α は 0.99〜0.01 の全列にかかる。）

自由度 ν のカイ二乗分布の上側確率 α に対する χ^2 の値を $\chi^2_\alpha(\nu)$ で表す。
例：自由度 $\nu = 20$ の上側 5%点 $(\alpha = 0.05)$ は，$\chi^2_{0.05}(20) = 31.41$ である。
表にない自由度に対しては適宜補間すること。

付表 4. F 分布のパーセント点

$\alpha = 0.05$

$\nu_2 \backslash \nu_1$	1	2	3	4	5	6	7	8	9	10	15	20	40	60	120	∞
5	6.608	5.786	5.409	5.192	5.050	4.950	4.876	4.818	4.772	4.735	4.619	4.558	4.464	4.431	4.398	4.365
10	4.965	4.103	3.708	3.478	3.326	3.217	3.135	3.072	3.020	2.978	2.845	2.774	2.661	2.621	2.580	2.538
15	4.543	3.682	3.287	3.056	2.901	2.790	2.707	2.641	2.588	2.544	2.403	2.328	2.204	2.160	2.114	2.066
20	4.351	3.493	3.098	2.866	2.711	2.599	2.514	2.447	2.393	2.348	2.203	2.124	1.994	1.946	1.896	1.843
25	4.242	3.385	2.991	2.759	2.603	2.490	2.405	2.337	2.282	2.236	2.089	2.007	1.872	1.822	1.768	1.711
30	4.171	3.316	2.922	2.690	2.534	2.421	2.334	2.266	2.211	2.165	2.015	1.932	1.792	1.740	1.683	1.622
40	4.085	3.232	2.839	2.606	2.449	2.336	2.249	2.180	2.124	2.077	1.924	1.839	1.693	1.637	1.577	1.509
60	4.001	3.150	2.758	2.525	2.368	2.254	2.167	2.097	2.040	1.993	1.836	1.748	1.594	1.534	1.467	1.389
120	3.920	3.072	2.680	2.447	2.290	2.175	2.087	2.016	1.959	1.910	1.750	1.659	1.495	1.429	1.352	1.254

$\alpha = 0.025$

$\nu_2 \backslash \nu_1$	1	2	3	4	5	6	7	8	9	10	15	20	40	60	120	∞
5	10.007	8.434	7.764	7.388	7.146	6.978	6.853	6.757	6.681	6.619	6.428	6.329	6.175	6.123	6.069	6.015
10	6.937	5.456	4.826	4.468	4.236	4.072	3.950	3.855	3.779	3.717	3.522	3.419	3.255	3.198	3.140	3.080
15	6.200	4.765	4.153	3.804	3.576	3.415	3.293	3.199	3.123	3.060	2.862	2.756	2.585	2.524	2.461	2.395
20	5.871	4.461	3.859	3.515	3.289	3.128	3.007	2.913	2.837	2.774	2.573	2.464	2.287	2.223	2.156	2.085
25	5.686	4.291	3.694	3.353	3.129	2.969	2.848	2.753	2.677	2.613	2.411	2.300	2.118	2.052	1.981	1.906
30	5.568	4.182	3.589	3.250	3.026	2.867	2.746	2.651	2.575	2.511	2.307	2.195	2.009	1.940	1.866	1.787
40	5.424	4.051	3.463	3.126	2.904	2.744	2.624	2.529	2.452	2.388	2.182	2.068	1.875	1.803	1.724	1.637
60	5.286	3.925	3.343	3.008	2.786	2.627	2.507	2.412	2.334	2.270	2.061	1.944	1.744	1.667	1.581	1.482
120	5.152	3.805	3.227	2.894	2.674	2.515	2.395	2.299	2.222	2.157	1.945	1.825	1.614	1.530	1.433	1.310

自由度 (ν_1, ν_2) の F 分布の上側確率 α に対する F の値を $F_\alpha(\nu_1, \nu_2)$ で表す。
例：自由度 $\nu_1 = 5, \nu_2 = 20$ の上側 5%点 $(\alpha = 0.05)$ は，$F_{0.05}(5, 20) = 2.711$ である。
表にない自由度に対しては適宜補間すること。

付表 5. 指数関数と常用対数

指数関数			
x	e^x	x	e^x
0.01	1.0101	0.51	1.6653
0.02	1.0202	0.52	1.6820
0.03	1.0305	0.53	1.6989
0.04	1.0408	0.54	1.7160
0.05	1.0513	0.55	1.7333
0.06	1.0618	0.56	1.7507
0.07	1.0725	0.57	1.7683
0.08	1.0833	0.58	1.7860
0.09	1.0942	0.59	1.8040
0.10	1.1052	0.60	1.8221
0.11	1.1163	0.61	1.8404
0.12	1.1275	0.62	1.8589
0.13	1.1388	0.63	1.8776
0.14	1.1503	0.64	1.8965
0.15	1.1618	0.65	1.9155
0.16	1.1735	0.66	1.9348
0.17	1.1853	0.67	1.9542
0.18	1.1972	0.68	1.9739
0.19	1.2092	0.69	1.9937
0.20	1.2214	0.70	2.0138
0.21	1.2337	0.71	2.0340
0.22	1.2461	0.72	2.0544
0.23	1.2586	0.73	2.0751
0.24	1.2712	0.74	2.0959
0.25	1.2840	0.75	2.1170
0.26	1.2969	0.76	2.1383
0.27	1.3100	0.77	2.1598
0.28	1.3231	0.78	2.1815
0.29	1.3364	0.79	2.2034
0.30	1.3499	0.80	2.2255
0.31	1.3634	0.81	2.2479
0.32	1.3771	0.82	2.2705
0.33	1.3910	0.83	2.2933
0.34	1.4049	0.84	2.3164
0.35	1.4191	0.85	2.3396
0.36	1.4333	0.86	2.3632
0.37	1.4477	0.87	2.3869
0.38	1.4623	0.88	2.4109
0.39	1.4770	0.89	2.4351
0.40	1.4918	0.90	2.4596
0.41	1.5068	0.91	2.4843
0.42	1.5220	0.92	2.5093
0.43	1.5373	0.93	2.5345
0.44	1.5527	0.94	2.5600
0.45	1.5683	0.95	2.5857
0.46	1.5841	0.96	2.6117
0.47	1.6000	0.97	2.6379
0.48	1.6161	0.98	2.6645
0.49	1.6323	0.99	2.6912
0.50	1.6487	1.00	2.7183

常用対数			
x	$\log_{10} x$	x	$\log_{10} x$
0.1	-1.0000	5.1	0.7076
0.2	-0.6990	5.2	0.7160
0.3	-0.5229	5.3	0.7243
0.4	-0.3979	5.4	0.7324
0.5	-0.3010	5.5	0.7404
0.6	-0.2218	5.6	0.7482
0.7	-0.1549	5.7	0.7559
0.8	-0.0969	5.8	0.7634
0.9	-0.0458	5.9	0.7709
1.0	0.0000	6.0	0.7782
1.1	0.0414	6.1	0.7853
1.2	0.0792	6.2	0.7924
1.3	0.1139	6.3	0.7993
1.4	0.1461	6.4	0.8062
1.5	0.1761	6.5	0.8129
1.6	0.2041	6.6	0.8195
1.7	0.2304	6.7	0.8261
1.8	0.2553	6.8	0.8325
1.9	0.2788	6.9	0.8388
2.0	0.3010	7.0	0.8451
2.1	0.3222	7.1	0.8513
2.2	0.3424	7.2	0.8573
2.3	0.3617	7.3	0.8633
2.4	0.3802	7.4	0.8692
2.5	0.3979	7.5	0.8751
2.6	0.4150	7.6	0.8808
2.7	0.4314	7.7	0.8865
2.8	0.4472	7.8	0.8921
2.9	0.4624	7.9	0.8976
3.0	0.4771	8.0	0.9031
3.1	0.4914	8.1	0.9085
3.2	0.5051	8.2	0.9138
3.3	0.5185	8.3	0.9191
3.4	0.5315	8.4	0.9243
3.5	0.5441	8.5	0.9294
3.6	0.5563	8.6	0.9345
3.7	0.5682	8.7	0.9395
3.8	0.5798	8.8	0.9445
3.9	0.5911	8.9	0.9494
4.0	0.6021	9.0	0.9542
4.1	0.6128	9.1	0.9590
4.2	0.6232	9.2	0.9638
4.3	0.6335	9.3	0.9685
4.4	0.6435	9.4	0.9731
4.5	0.6532	9.5	0.9777
4.6	0.6628	9.6	0.9823
4.7	0.6721	9.7	0.9868
4.8	0.6812	9.8	0.9912
4.9	0.6902	9.9	0.9956
5.0	0.6990	10.0	1.0000

注: 常用対数を自然対数に直すには 2.3026 をかければよい。

■**統計検定ウェブサイト**：https://www.toukei-kentei.jp/

検定の実施予定，受験方法などは，年によって変更される場合もあります。最新の情報は上記ウェブサイトに掲載しているので，参照してください。

●本書の内容に関するお問合せについて

本書の内容に誤りと思われるところがありましたら，まずは小社ブックスサイト（jitsumu. hondana. jp）中の本書ページ内にある正誤表・訂正表をご確認ください。正誤表・訂正表がない場合や訂正表に該当箇所が掲載されていない場合は，書名，発行年月日，お客様の名前・連絡先，該当箇所のページ番号と具体的な誤りの内容・理由等をご記入のうえ，郵便，FAX，メールにてお問合せください。

〒163-8671 **東京都新宿区新宿 1-1-12 実務教育出版 第二編集部問合せ窓口**

FAX：03-5369-2237 E-mail：jitsumu_2hen@jitsumu.co.jp

【ご注意】

※**電話でのお問合せは，一切受け付けておりません。**

※**内容の正誤以外のお問合せ（詳しい解説・受験指導のご要望等）には対応できません。**

日本統計学会公式認定

統計検定１級 公式問題集〈2019～2022年〉

2023年５月31日 初版第１刷発行 〈検印省略〉

編　者 一般社団法人 日本統計学会 出版企画委員会

著　者 一般財団法人 統計質保証推進協会 統計検定センター

発行者 小山隆之

発行所 株式会社 実務教育出版

〒163-8671 東京都新宿区新宿1-1-12

☎編集 03-3355-1812 販売 03-3355-1951

振替 00160-0-78270

組　版 ZACCOZ

印　刷 シナノ印刷

製　本 東京美術紙工

ISBN 978-4-7889-2049-1 C3040 Printed in Japan

乱丁，落丁本は本社にておとりかえいたします。

本書の印税はすべて一般財団法人 統計質保証推進協会を通じて統計教育に役立てられます。

統計的にどれだけ正しく判断できるか、クイズ形式でチェック！

統計力クイズ

そのデータから何が読みとれるのか？

涌井良幸 著

定価：1,540円／ISBN：978-4-7889-1150-5

身のまわりの様々な統計現象に焦点を当て、経験や直感だけでなく、統計的にどれだけ正しく判断できるかを、クイズ形式でチェックできる本です。さあ、楽しみながら「統計センス」を磨きましょう！

ぜひ「速算術」をあなたの武器としてください！

数的センスを磨く超速算術

筆算・暗算・概算・検算を武器にする74のコツ

涌井良幸・涌井貞美 著

定価：1,540円／ISBN：978-4-7889-1072-0

学校では教わらない、直面した問題に最適な特効薬的な速算術をたくさん紹介。さらに、おおざっぱに数をつかむ概算術、ミスを減らす検算術など実用性の高い手法もカバー。